Methoden der Fachsprachendidaktik und -analyse
Deutsche Wirtschafts- und Wissenschaftssprache

Werkstattreihe Deutsch als Fremdsprache

Herausgegeben von
Rolf Ehnert (Bielefeld)
und
Hartmut Schröder (Vaasa)
Muneshige Hosaka (Mito)

Band 45

PETER LANG
Frankfurt am Main · Berlin · Bern · New York · Paris · Wien

Klaus Morgenroth
(Hrsg.)

Methoden der Fachsprachen-didaktik und -analyse

Deutsche Wirtschafts- und Wissenschaftssprache

PETER LANG
Frankfurt am Main · Berlin · Bern · New York · Paris · Wien

Die Deutsche Bibliothek - CIP-Einheitsaufnahme

Methoden der Fachsprachendidaktik und -analyse : deutsche Wirtschafts- und Wissenschaftssprache / Klaus Morgenroth (Hrsg.). - Frankfurt am Main ; Berlin ; Bern ; New York ; Paris ; Wien : Lang, 1993
(Werkstattreihe Deutsch als Fremdsprache ; Bd. 45)
ISBN 3-631-45896-7

NE: Morgenroth, Klaus [Hrsg.]; GT

ISSN 0721-4278
ISBN 3-631-45896-7

Printed in Germany 1 2 4 5 6 7

Vorwort

Dieser Sammelband ist aus einer Lehrerfortbildungsveranstaltung hervorgegangen, die am 2. und 3. Juni 1992 in Zusammenarbeit des *Germanistischen Instituts* der Universität Metz mit der MAFPEN (*Mission Académique à la Formation des Personnels de l'Education Nationale*) organisiert wurde. Diese Veranstaltung mit dem Thema *Methoden der Fachsprachendidaktik* trug dem steigenden Bedürfnis französischer Deutschlehrer Rechnung, sich auf dem Gebiet der Fachsprachen, vor allem in den Bereichen Wirtschaft und Naturwissenschaften zu qualifizieren, Anregungen für die Unterrichtspraxis zu erhalten und sich auf neue Ausbildungsprofile und sich ändernde Lehrpläne einzustellen – vor allem innerhalb solcher fachhochschulähnlichen Ausbildungsgänge wie dem BTS *(Brevet de technicien supérieur)*, die in Frankreich institutionell weitgehend dem Sekundarbereich angeschlossen sind und dementsprechend von den Gymnasiallehren fachlich und organisatorisch betreut werden.

Referenten dieser Tagung waren neben Teilnehmern aus Frankreich, die einen kleinen Ausschnitt aus der französischen Fachsprachenforschung repräsentierten, entsprechend den partnerschaftlichen Schwerpunkten des Départements d'Allemand Teilnehmer der Universität Leipzig, deren Fachsprachenlinguistik unbestritten eine internationale Spitzenstellung einnimmt, sowie der Universität des Saarlandes, zu der nicht zuletzt aufgrund der geographischen Nähe eine langjährige und fruchtbare Zusammenarbeit besteht.

Neben den im Rahmen der Tagung vorgetragenen Beiträgen wurde dieser Sammelband um zusätzliche Artikel erweitert. Er bietet damit einen Einblick in aktuelle Forschungsgebiete der Fachsprachendidaktik und -analyse im Bereich Deutsch als Fremdsprache, wobei jedoch der methodische Rahmen der meisten Beiträge weiter gespannt und auf andere Sprachen ausgedehnt werden kann.

Wir sind folgenden Einrichtungen für ihre finanzielle Unterstützung, ohne die dieser Sammelband nicht zustandegekommen wäre, zu Dank verpflichtet: dem *Département d'Allemand*, dem *Centre d'Analyse syntaxique* der Faculté des Lettres sowie der *Cellule des Relations Internationales* der Universität Metz. Unser besonderer Dank gilt Herrn Prof. Michel Grunewald für seine "flankendeckende" Unterstützung und Frau Dr. Claudie Villard für ihre Mitarbeit bei der Durchführung des Kolloquiums und der Durchsicht des Manuskripts.

Inhaltsverzeichnis

Einleitung

Der vorliegende Sammelband zu ausgewählten Aspekten der Fachsprachendidaktik und -analyse am Beispiel der deutschen Wirtschafts- und Wissenschaftssprache gliedert sich in drei Rubriken: Die erste Rubrik *Textsorten und Wortschatzanalyse* beginnt mit dem Beitrag von Rosemarie GLÄSER: *Textsorten im universitären Fremdsprachenunterricht.* Die Textlinguistik der achtziger Jahre hat die Didaktik des Sprachunterrichts nicht unbeeinflußt gelassen. Im fachbezogenen Fremdsprachenunterricht müssen dementsprechend auch die unterschiedlichen Textsorten berücksichtigt und die Lernenden befähigt werden, "kommunikativ angemessene Texte" zu produzieren. Das von Gläser verfolgte Ziel besteht einerseits darin, "die Möglichkeiten des intra- und interlingualen Textsortenvergleichs im universitären Unterricht" aufzuzeigen und zum anderen zu einer Bestandsaufnahme und Untergliederung verschiedener – v.a. von der Forschung bisher vernachlässigter kleinerer – Textsorten zu gelangen. Die Feststellung der Verfasserin im Zusammenhang mit der Textsorte "Vorlesungsmitschrift", wonach "die universitäre Vorlesung eine Verschulung im Sinne der vordergründigen Stoffdarbietung vermeiden" soll, ist bedenkenswert, verweist sie doch auf eine reale Gefahr – gerade in der fachbezogenen Fremdsprachenausbildung.

Bei der Benennungsbildung im fachsprachlichen Bereich nimmt die Wortgruppe unter dem Einfluß des Englischen an Bedeutung zu. Ingrid WIESE (*Mehrwortbenennungen in der deutschen Wirtschaftssprache*) untersucht "Vorkommen und Benennungsleistung von Wortgruppen bei der Benennungsbildung im substantivischen Bereich der deutschen Wirtschaftslexik". Die Fachsprache Wirtschaft ist kein einheitliches Gebilde, sondern ein "Konglomerat von wirtschaftsbezogenen Fachsprachen", deren Zahl ständig zunimmt. Benennungen mit Wortgruppenstruktur werden zur "Verbalisierung der starken Differenzierung fachlicher Sachverhalte" genutzt. Dabei besteht der Vorteil der Wortgruppe in der Tatsache, daß durch "explizite Verbalisierung begrifflicher Merkmale" ein "hohes Maß an Genauigkeit" erzielt wird. Für Lernende von Fachsprachen besteht bei Mehrworttermini – im Unterschied zu Komposita – die Schwierigkeit darin, "eine lexikalisierte syntaktische Einheit von einer freien syntaktischen Einheit" zu unterscheiden. Die Mikrostruktur der Wörterbücher gibt in der Regel keinerlei Hilfestellung, syntaktische Fügungen verschiedenen Lexikalisierungsgrades korrekt zu interpretieren, da sie undifferenziert nebeneinanderstehen. Deshalb soll die

Problematik der lexikographischen Erfassung der Mehrwortbenennungen "in den fachbezogenen Fremdsprachenunterricht einbezogen werden".

Die Ermittlung lexikalischer Teilmengen und die Schaffung eines Bewußtseins für die Strukturiertheit von Wortschatzsystemen beim Fachsprachenlerner – dies ist das Anliegen des dritten Beitrags *Wortschatzanalyse als Orientierungshilfe im Fachsprachenunterricht* (Klaus MORGENROTH). Es werden drei Ansätze vorgestellt, die den lernpsychologischen Prozeß der Aneignung der Fachsprachenlexik mit Hilfe analytischer Methoden der Wortschatzsegmentierung erleichtern sollen: Unter Zugrundelegung eines fachsprachlichen Grundwortschatzes (Gesamtlexik) von etwa 1400 Einheiten und Heranziehung weiterer das Textverständnis optimierender Faktoren werden wirtschaftliche Fachtexte auf ihr Textdeckungsverhalten untersucht, wobei eine Textdeckungsquote von über 90% erzielt werden kann. Dieses Vorgehen wird an einem Beispiel demonstriert. – In einem zweiten Ansatz wird die qualitative und quantitative Struktur des wirtschaftsfachsprachlichen Grundwortschatzes untersucht. Dabei zeigt sich, daß die hohen Textdeckungsquoten mit einem fachterminologischen Kernwortschatz von etwa 500 Einheiten erzielt werden. – Schließlich liefert die von der russischen Lexikologie eingeführte Dichotomie Terminologie-Nomenklatur einen interessanten Ansatzpunkt für den Fachsprachenunterricht. Terminologieeinheiten haben eine aktive Gliederungsfunktion, während Nomenklaturen sich wie empirische Listen verhalten, die bestimmten Terminologieeinheiten zugeordnet sind. Eine systematische Untergliederung der Wirtschaftslexik in Form von klassifikatorischen Übersichten, die dieser dichotomischen Struktur von Terminologiesystemen Rechnung tragen, bietet ein zusätzliches Segmentierungskriterium im Hinblick auf eine – auch didaktisch relevante – Portionierung des Fachsprachenwortschatzes, die sich konkret in der Erstellung von Lernthesauri niederschlagen könnte.

Die zweite Rubrik (*Morphologisch-syntaktische Aspekte*) umfaßt drei Artikel: Annerose BUSCHA (*Morphologisch-syntaktische Strukturen in Fachtexten*) betont in ihrem Beitrag, daß sich in der Fachsprachendidaktik ein Konzept durchsetze, das dichotomische Denkweisen wie die Trennung in Systemlinguistik und Kommunikationslinguistik, Allgemeinsprache und Fachsprache mehr und mehr überwinde. Die Berücksichtigung morphologisch-syntaktischer Phänomene gehört daher genuin zum Gegenstandsbereich fachsprachlicher und fachsprachendidaktischer Forschung. Konkret untersucht werden die Funktionsverbgefüge, der Konjunktiv und der Relativsatz. – Funktionsverbgefüge "erfreuen sich großer Beliebtheit", sind aber in Deutsch als Fremdsprache "nicht immer leicht zu handhaben". Anhand einer Fehleranalyse werden Beispiele für falsche Verwendungen solcher Ausdrücke und Möglichkeiten zur Überwindung der begangenen Fehler besprochen. – Was den Konjunktiv betrifft, betont die Verfasserin "den spezifisch fachsprachlichen Gebrauch des

Konjunktiv Präsens in Verbindung mit dem Partizip II passivfähiger Verben", der in der Allgemeinsprache praktisch nicht vorkomme. In der Handelskorrespondenz ist der Konjunktiv Präteritum bei "festgefügten Formeln mit modalisierender Funktion" oder in Verbindung mit der Verwendung von Modalverben verbreitet. Auch der Konjunktiv Plusquamperfekt, der in den Lehrbüchern zu Unrecht vernachlässigt werde, kommt in dieser Textsorte vor. – Der Relativsatz schließlich ist "die häufigste Nebensatzform in der Fach- und Wissenschaftssprache". Die Unterscheidung in *appositive* und *restriktive Relativsätze* hat sich heute weitgehend durchgesetzt und soll auch in der Fachsprachendidaktik verstärkt Berücksichtigung finden.

"Lehren und lernen, wo eine NG anfängt und endet" und deren Bestandteile zu analysieren – dieses Ziel verfolgt Jean-Paul VERNON in seinem Beitrag *Rechtserweiterungen der NG in wissenschaftlichen Texten.* Der Autor stützt sich auf ein naturwissenschaftliches Textkorpus von Artikeln, die in der *Frankfurter Allgemeinen Zeitung* veröffentlicht wurden. Derartige Texte werden in Deutschkursen für Naturwissenschaftler an der Universität Le Mans verwendet. Unter Rechtserweiterung der Nominalgruppe versteht Vernon "alles, was hinter der Basis (...) der NG vorkommt, soweit die NG begrenzt werden kann; in diesem Sinne gehört die Apposition (mit Adjektiven, Partizipialgruppe und Relativsatz) zur NG...". Bei der Systematisierung der Rechtserweiterungen optiert der Autor für die "semantische Einheit" als konstitutives Untergliederungsmerkmal – und nicht für eine nach formalen Kriterien vorgenommene Differenzierung. Die von Vernon diskutierten Beispiele zeigen, wie schwierig es im konkreten Fall für den Lernenden häufig ist, die Struktur von Nominalgruppen zu identifizieren und zu desambiguieren.

In einem zweiten Beitrag (*Les énoncés dépendants et indépendants dans des textes scientifiques*) untersucht VERNON die logische Struktur deutscher Satzkonstruktionen. Hypotaktische Konstruktionen mit Nebensätzen verschiedenen (ersten bis dritten) Grades sowie "verschachtelte" Konstruktionen ("imbrications") werden graphisch veranschaulicht. Die statistische Auswertung von 1113 Sätzen zeigt, daß in der untersuchten Textsorte nebensatzlose Hauptsätze knapp 49% und Konstruktionen mit einem Nebensatz ersten Grades knapp 40% ausmachen, während komplexere Satzmuster – hier mit Nebensätzen zweiten und dritten Grades – mit nur etwa 11% vertreten sind. Anhand von Beispielen wird gezeigt, welche Faktoren (z.B. Ellipse der subordinierenden Konjunktion in gleichgeordneten zweigliedrigen Nebensatzkonstruktionen) das Textverständnis erschweren können. – Analysiert werden weiterhin die statistische Distribution der verschiedenen Arten von Nebensätzen sowie das Vorkommen der subordinierenden Konjunktionen: In kontrastiver Hinsicht (Sprachenpaar Deutsch-Französisch) sind v.a. solche Konjunktionen von Interesse, die verschiedene Entsprechungen im Französischen haben können.

Die Beiträge der dritten Rubrik (*Lehrmaterialien und Unterrichtsmedien*) sind methodischen und medialen Aspekten des fachbezogenen Fremdsprachenunterrichts am Beispiel der (deutschen) Wirtschaftssprache gewidmet. Drei dieser Beiträge beschreiben didaktische Ansätze, die sich schon in Form von Lehrwerken materialisiert haben und teilweise an französischen Universitäten Verwendung finden. Als verbindendes Moment für die einzelnen hier vorgestellten didaktischen Ansätze – und damit in gewissem Sinne als didaktisches Grundprinzip – bietet sich eine Art Methodenpluralismus an, der in der Vielfalt der Unterrichtssituationen und Lernersichten seinen Widerpart findet.

Der Beitrag von Claudie VILLARD (*Vergleichende Übersetzung am Beispiel deutsch-französischer Wirtschaftstexte*) ist ein Versuch, das an französischen Universitäten im Rahmen des Fremdsprachenunterrichts verbreitete Unterrichtsfach der Übersetzung aus der üblichen Trennung in Hin- und Herübersetzung (Thème und Version) herauszuführen und einen integrierten Ansatz zu entwickeln, der beide Richtungen in den Übersetzungsprozeß von vornherein einbezieht. Voraussetzung dafür ist die Arbeit mit parallelen Texten im jeweiligen Sprachenpaar (hier Deutsch und Französisch). – Anhand von aktuellen Beispielen der deutsch-französischen Wirtschaftssprache demonstriert die Verfasserin die Ergiebigkeit ihres streng kontrastiven Ansatzes, besonders bei neu geschaffenen Komposita, die nur langsam und lückenhaft Eingang in die Fachwörterbücher finden.

Die Konzeption eines Definitions- *und* Lernwörterbuchs für die französisch-deutsche Wirtschaftslexik mit benutzerfreundlicher Mikrostruktur und "mehrstufiger" (unterschiedliche Zugriffsmöglichkeiten bietender) Makrostruktur wird in dem Beitrag von Horst WAGNER (*Welche Wörterbücher brauchen Lernende von Fachsprachen?*) reflektiert. Entsprechend der vom Verfasser formulierten fachdidaktischen Grundforderung, daß fachsprachliche Kompetenz in der Fremdsprache als "Integration von Sprachfertigkeit und Fachwissen" zu verstehen ist, muß im Rahmen der fachsprachlichen Ausbildung ein "ausgewogenes Verhältnis von fachlichen und sprachlichen Lerninhalten" hergestellt werden. – Der Datenbestand eines Lernwörterbuchs muß für den Lernenden "flexibel erschließbar" sein, es müssen verschiedene Navigationsmöglichkeiten angeboten werden, die es ihm erlauben, sich von einer Information zur nächsten leiten zu lassen. Besondere Beachtung wird der Tatsache geschenkt, daß der Benutzer die in einem Lernwörterbuch präsentierten lexikalischen Einheiten nicht als isolierte Termini, sondern stets auch "in ihrer syntagmatischen/kontextuellen Einbettung" und dem zugehörigen Netz paradigmatischer Relationen erfaßt. – Der gewählte kontrastive Ansatz und die lexikographische Konzeption sind auch auf andere Sprachen und Sprachenkombinationen übertragbar.

Wie müssen Fachsprachen-Lehrwerke mit inhaltlicher Progression für Deutsch als Fremdprache konzipiert sein? Ansatzpunkte zur Beantwortung dieser Frage werden in dem Beitrag von Klaus MORGENROTH (*Zur Gestaltung einführender Lehrwerke für den fachbezogenen Fremdsprachenunterricht*) erörtert. Eine erste Überlegung berührt die Zweigliedrigkeit der Wirtschaftswissenschaften (Volkswirtschaftslehre-Betriebswirtschaftslehre), der in gängigen Lehrwerken zu "Wirtschaftsdeutsch" nicht genügend Rechnung getragen wird. Je nach anvisierter Zielgruppe (Nicht-Spezialisten bzw. Spezialisten) sollte entweder eine Gewichtung angestrebt werden, in der beide Teildisziplinen repräsentativ berücksichtigt werden, oder von vornherein eine Spezialisierung auf eine der beiden Richtungen vorgenommen werden. Der im Vergleich mit der Volkswirtschaftslehre insgesamt größere Praxisbezug der Betriebswirtschaftslehre und die stärkere Thematisierung nationaler Spezifika ermöglichen eine Osmose zwischen wirtschaftlichen und allgemein landeskundlichen Fragestellungen. Als methodische Vorgaben für die Realisierung von Lehrwerken für den fachbezogenen Fremdsprachenunterricht werden genannt: Wahrung des Charakters der unterliegenden Fachdisziplin/ -wissenschaft und weitgehende Anlehnung an deren inhaltliche Progression; Modularität; Konzeptualisierung und Reformulierung der gebotenen Sachinformation; Kontextualisierungsvielfalt; Erzeugung eines "fachsprachlichen Bewußtseins"; Einbeziehung der Muttersprache des Lernenden in den fachsprachlichen Lernprozeß. Die Inhalte dieses Kurses wurden in kondensierter Form in einem Computerprogramm didaktisch aufbereitet.

Der für dieses Lernprogramm erstellte Programmrahmen wird in dem Beitrag von Hans FINGER (*Computerübungen zum Fachwortschatz*) vorgestellt. Die beschriebene Sammlung von Programmen unterscheidet sich von Autorensystemen dadurch, daß die einzelnen Programmformate bereits auf dem Bildschirm ausgestaltet und durch ein Menü "gebrauchsfertig" miteinander verbunden sind. Die Testaufgaben und Übungen beziehen sich auf einen Basaltext und zielen durch ihre Fragestellung auf einzelne Aspekte der Gesamtinformation, wodurch vielfältige "sinnvolle Beziehungen" hergestellt werden. Im einzelnen handelt es sich um zwei Lehrprogramme (systematischer Einführungstext mit abrufbaren Worterklärungen; Begriffsdefinitionen) und vier Übungsprogramme (Lückentext; Fachausdruck und Beispiel; Begriffspaar; Falsch und richtig). Um weiterzulesen, muß der Benutzer Steuerbefehle geben. Dadurch wird der Stoff "auf dem Computerbildschirm deutlicher als im gedruckten Buch" interaktiv dargeboten. – Eine in Metz durchgeführte Fragebogenaktion zu diesem Lernprogramm führte zu der ermutigenden Schlußfolgerung, daß der Computer von den Lernenden (hier Studenten des Ausbildungsganges *Langues Etrangères Appliquées*) als Lernmittel weitgehend angenommen wird.

Daß auch im fachbezogenen Fremdsprachenunterricht eine orale Komponente nicht fehlen sollte, ist nicht nur aus lernpsychologischen (motivationsfördernden) Gründen, sondern auch deshalb erforderlich, "weil ein Großteil aller aktuellen Informationen in der außerschulischen bzw. außeruniversitären Realität über audiovisuelle Medien aufgenommen wird". Deshalb fordert Helmut SCHWARTZ in seinem Beitrag (*Videomaterial im Fachsprachenunterricht*), auch in diesem Bereich "frühzeitig und systematisch" eine mündliche Kompetenz aufzubauen. - Vor der eigentlichen Arbeit mit Videomaterial sind - neben rechtlichen Problemen - drei methodisch-didaktische Aspekte (Textlänge, Textschwierigkeit und Textfunktion) zu bedenken. - Der Verfasser behandelt schließlich das Problem der "Auswahl und Aufbereitung" der Texte und illustriert seine Überlegungen am Beispiel einer Schulfunksendung zum Problem der Standortverlagerung deutscher Unternehmen nach Portugal.

Ausgehend von spanischen Richtlinien zur *Educación General Básica*, in denen gefordert wird, daß auch in der Schule mit Gebrauchstexten gearbeitet wird, untersucht Rosa PIÑEL Möglichkeiten des *Einsatzes von Werbetexten im Fremdsprachenunterricht.* Die konkrete Arbeit mit Werbetexten siedelt die Verfasserin vor allem im Bereich der Phonetik an. Dabei wird die motivationshemmende, aber nützliche Übung des Nachsprechens schwieriger Lautkombinationen in Werbeslogans durch die motivationsfördernde ästhetische Form und Griffigkeit dieser Textsorte weitgehend wettgemacht (Lust zum Nachsprechen). - Im letzten Teil dieses Beitrags wird eine Bestandsaufnahme rhetorischer Figuren vorgenommen, die von der Werbesprache aufgegriffen werden (z.B. Anomination, Alliteration, Endreim, Epizeuxis, Anapher etc.).

Klaus Morgenroth

I Textsortenvergleich und Wortschatzanalyse

Textsortenvergleich im universitären Fremdsprachenunterricht

Rosemarie GLÄSER, Leipzig

1. Einleitung

Die Textlinguistik hat bereits in den achtziger Jahren auf die Didaktik des Sprachunterrichts einzuwirken begonnen und den Blick der Lehrenden und Lernenden für Struktur- und Funktionseigenschaften von Texten geschärft (vgl. BUHLMANN/FEARNS 1987; BAUSCH/CHRIST/HÜLLEN/KRUMM 1989). Lehrbücher für den fachübergreifenden Fremdsprachenunterricht an Hoch- und Fachschulen haben der Problematik der Textsorten in unterschiedlichem Maße – in Abhängigkeit von Ausbildungsgegenstand und -ziel – in dem Bemühen erhöhte Aufmerksamkeit geschenkt, ein möglichst breites Spektrum von *Textsorten der Alltagskommunikation* zu vermitteln. Spezialisierte Lehrbücher für den fachbezogenen Fremdsprachenunterricht (wie beispielsweise die teilprogrammierten Lehrbücher der Sprachkundigenausbildung in der DDR bis 1989, vgl. den Überblicksartikel von R. GLÄSER, 1992) sind so konzipiert, daß typische Kommunikationsverfahren bzw. “language functions” oder “rhetorical functions/rhetorical techniques” (Beschreiben, Vergleichen, Definieren, Begründen, Erörtern, Argumentieren, Beurteilen usw.) mit relevanten Textsorten des jeweiligen Fachgebiets verknüpft werden. In der herkömmlichen Terminologie des muttersprachlichen Unterrichts und in der journalistischen Praxis sind solche Textsorten noch unter der Bezeichnung “Gebrauchsformen” bekannt. Dazu gehören u. a. der Bericht, die Beschreibung, die Reportage, die Definition, die Problemerörterung, die Anweisung.

Eine wichtige Informationsquelle für die Arbeit mit Textsorten im universitären Fremdsprachenunterricht sind spezielle Lehr- und Handbücher zum Abfassen von Fachtexten im Deutschen und Englischen, die für Studierende und bereits im Beruf stehende Mediziner, Naturwissenschaftler und Techniker bestimmt sind. Sie sind in erster Linie sprachpraktische Handreichungen für den in der Muttersprache oder auch in der Fremdsprache kommunizierenden Fachmann. Die theoretische Erhellung von Textsorten und ihrer linguistischen Besonderheiten steht jedoch hier nicht im Vordergrund; wesentlich ist vielmehr die nutzerfreundliche Aufbereitung von “Textsortenwissen” für das Formulieren kommunikativ angemessener Texte. Vorbereitende Lehrbücher für das Deutsche sind u.a. die von WIESER/VON FABER (1983), von H.-R. FLUCK (1985) und von S. WEBER (1985). Einschlägige Handbücher für das Englische haben BRUSAW/ALRED/OLIU (1982); CALMAN/BARABAS (1983); EBEL/BLIEFERT/RUSSEY (1987); HAMP-LYONS/HEASLEY (1989); MEYER/

HEIDRICH (1990); JORDAN (1990) und HUCKIN/OLSEN (1991) vorgelegt. In diesen Lehrwerken werden ausgewählte Textsorten deskriptiv und präskriptiv behandelt. Vielfach werden Fehlerquellen anhand nicht normgerechter Texte aufgezeigt. Dabei wird auf die pragmatische Korrektheit besonderer Wert gelegt, d.h., der Verfasser eines Textes muß auch bestimmte kommunikative Strategien wie unpersönliche Ausdrucksweise, Förmlichkeit und Höflichkeit beachten.

Dennoch haben diese Lehr- und Nachschlagewerke einen sehr breiten Adressatenkreis, so daß sie nicht auf ein bestimmtes Niveau sprachlicher Vorleistungen zugeschnitten sein können. Sie bieten aber in der Regel ein Höchstmaß grammatischer, lexikalischer, textbezogener und arbeitstechnischer Einzelinformationen jeweils in *einer* Sprache. Ein kontrastiver Ansatz ist weder beabsichtigt noch in Anbetracht des heterogenen Nutzerkreises realisierbar. Die Vielfalt der Übungstypen der auf die Textsorten eingehenden Lehrbücher läßt sich aber für einen Text(sorten)vergleich im Prinzip nutzen.

2. Problemstellung

Da im universitären Fremdsprachenunterricht ein höherer Reifegrad und eine stärkere Lernmotivation im Hinblick auf die Aneignung einer anderen Sprache und Kultur ("language awareness") vorausgesetzt werden können, bieten sich Textsortenvergleiche zwischen der Mutter- und der Fremdsprache an. Das Augenmerk kann auf die Makrostruktur, die Gliederungssignale oder auch die Darstellungshaltung des Autors einer bestimmten Textsorte gerichtet werden. Die Lehrkraft kann die prototypischen Merkmale einer Textsorte herausarbeiten und auf individualstilistische Besonderheiten eines Autors hinweisen. Dabei sind auch Kommentare bedenkenswert zu den von GALTUNG formulierten und von CLYNE popularisierten kulturspezifischen nationalen "intellectual styles" (vgl. CLYNE 1991). Dieser *interlinguale Textsortenvergleich* auf einem fortgeschrittenen Niveau des Fremdsprachenunterrichts könnte wirksam ergänzt werden durch einen *intralingualen Textsortenvergleich*, indem die Lehrkraft die Lernenden auf Textsortenvarianten und deren sprachliche Merkmale (z.B. beim wissenschaftlichen Zeitschriftenartikel und beim Abstract) aufmerksam macht. Auch könnten die Kursteilnehmer selbständig bestimmte Sprachmittel verschiedenen Textsorten derselben Sprache zuordnen und damit ein Gespür für Textfunktionen entwickeln. Beide Methoden des universitären Textsortenvergleichs sind aber nur dann erfolgversprechend, wenn die Lernenden bereits über ein sicheres grammatisches und lexikalisches Wissen verfügen und in ihrem (nichtphilologischen) Studienfach die nötige Sachkompetenz erworben haben, um einen einfachen oder komplexen fachbezogenen Sachverhalt situativ adäquat vertexten zu können.

Ziel der folgenden Ausführungen ist es, Möglichkeiten des intra- und interlingualen Textsortenvergleichs im universitären Unterricht in Deutsch als Fremdsprache und in Englischkursen für deutsche Studierende natur-, geistes- und sozialwissenschaftlicher Fächer an der Universität Leipzig aufzuzeigen. Dabei werden Erfahrungen des (fachbezogenen) Fremdsprachenunterrichts ausgewertet, Ergebnisse der eigenen Analyse von Fachtextsorten des Englischen verarbeitet und die Empfehlungen der führenden Nachschlagewerke für die Abfassung bestimmter Textsorten am konkreten Material geprüft. In diesem Zusammenhang werden auch solche Textsorten berücksichtigt, die in diesen Handbüchern noch unzureichend beschrieben sind, aber auf Grund ihrer kommunikativen Wichtigkeit nicht vernachlässigt werden sollten.

3. Gegenstand und Methode

Die folgende Untersuchung gründet sich auf Unterrichtserfahrungen im Fach *Deutsch als Fremdsprache* für Germanistikstudenten verschiedener Länder, die am Herder-Institut der Universität Leipzig vorgebildet worden sind[1], und im Fach *Englisch* auf der Basis von *Schreibkursen* ("academic writing") für bereits im Beruf stehende Physiker und Chemiker sowie von *Spezialkursen für angehende Fachübersetzer* verschiedener Fachrichtungen an der Sektion Fremdsprachen der Universität Leipzig.

Im Mittelpunkt der Erörterung stehen

1. *Textsorten*, die überwiegend der *Vermittlung von Fachinformation* dienen (d.h. deskriptive, expositorische und argumentative Texte), mit dem Schwerpunkt auf *abgeleiteten Texten* im Verhältnis zum *Primär-Text*. Das betrifft die Textsorten *Konspekt*, *Vorlesungsmitschrift*, *Abstract eines Zeitschriftenaufsatzes*, *Thesen für eine akademische Graduierungsarbeit* und *Rezension*. Diese Textsorten eignen sich besonders für den intralingualen Textsortenvergleich.

2. *Textsorten*, die der *Kontaktpflege* zwischen Fachleuten dienen und die phatische bzw. interpersonale Funktion der Sprache zum Ausdruck bringen, z.B. *Lebenslauf*, *Wissenschaftlerbiographie* in einem Nachschlagewerk; *Würdigung*, *Nachruf*.

Als Einstieg in die unter linguistischem und unterrichtsdidaktischem Aspekt zu betrachtende Textsortenproblematik sollen zunächst einige notwendige Arbeits-

---

1 Die Hinweise auf Textsorten, die im Deutschunterricht für Ausländer am Herder-Institut und an der Sektion Germanistik der Universität Leipzig behandelt werden, verdankt die Verfasserin Frau Dr. phil. Annerose BUSCHA, die selbst solche Kurse konzipiert und hausinternes Lehrmaterial zu (Fach)textsorten ausgearbeitet hat.

begriffe definiert werden. Zu diesen zählen die Termini *Textsorte*, *Fachtextsorte*, *Makrostruktur*, *Gliederungssignal*; hinsichtlich der Kriterien der Textualität (Texthaftigkeit) sind ebenso zu definieren: *Primär-Text*, *abgeleiteter Text*, *Prä-Text* und *Quasi-Text*.

4. Begriffsdefinitionen

Die *Textsorte* ist ein historisch entstandenes, gesellschaftlich akzeptiertes, produktives und in der Regel empirisch beherrschtes, graphisch oder akustisch materialisiertes Textbildungsmuster zur geistig-sprachlichen Verarbeitung eines komplexen Sachverhalts.

Die *Fachtextsorte* ist ein Textbildungsmuster zur geistig-sprachlichen Verarbeitung eines fach- und tätigkeitsspezifischen Sachverhalts, das in Abhängigkeit vom Spezialisierungsgrad des Kommunikationsgegenstandes von kommunikativen Normen bestimmt ist, die einzelsprachlich ausgeprägt sein können.

Nach den Kriterien der Textualität und nach dem Status der Eigenständigkeit einer Textsorte ist zu unterscheiden zwischen

1. Primär-Texten
2. abgeleiteten Texten
3. Prä-Texten und
4. Quasi-Texten.

Primär-Texte sind selbständige Originaltexte, die unabhängig von einer auf den gleichen Kommunikationsgegenstand referierenden Textvorlage verfaßt und kommuniziert werden. Der Text ist in sich abgeschlossen, und sein Verständnis ist ohne einen Basistext möglich. Primär-Texte in diesem Sinne sind Monographien, wissenschaftliche Zeitschriftenaufsätze ("Originalia"), Fallstudien, Experimentalberichte, Dissertationen, Essays, Patentschriften, Handbücher usw. Auch solche Textsorten, die ihre Information aus dem Wissensbestand eines Faches und aus unterschiedlichen Textquellen beziehen, z.B. Lehrbücher, Lexikonartikel und populärwissenschaftliche Aufsätze, sind noch zu den Primär-Texten zu zählen, weil sie nicht unmittelbar auf einen Vorgängertext bezogen sind. Auch sind sie nicht schlechthin kompilatorisch, sondern verarbeiten sowohl tradiertes als auch innovatives Wissen mit Hilfe verschiedener Kommunikationsstrategien (Didaktisierung, Popularisierung, Werbung).

Abgeleitete Texte sind solche, die sich thematisch und kommunikativ-funktional auf einen Primär-Text beziehen und diesen faktisch erneut vertexten durch Auswahl, Verdichtung, Kommentierung oder Wertung (fachlicher) Informationen. Zu den abgeleiteten Texten gehören Abstracts/Resümees zu einem Zeitschriftenartikel oder einem Aufsatz in einem Sammelband; Abstracts in einem Referateorgan; Rezensionen und Gutachten zu Fachpublikationen; Dissertationsthesen und Vorlesungsmitschriften. Die Vertextung der im Basistext enthaltenen Information ist stets eine individuelle geistig-sprachliche Leistung des jeweiligen Textautors (des Studierenden wie des Fachmanns). Für Thesen, Gutachten zu Dissertationen und Verlagsmanuskripten sowie für Abstracts gelten inzwischen bestimmte Konventionen und sogar internationale Standards.

Prä-Texte sind solche Texte, die erst zu einem Volltext ausformuliert werden müssen. Ihre Ausgangsform ist ein vorläufiger Entwurf ("promissory version"), der noch Merkmale des Vagen und Unfertigen aufweist, aber dennoch das Kommunikationsziel und den Kommunikationsgegenstand erkennen läßt. Typische Prä-Texte sind Abstracts und Thesen für Vorträge auf wissenschaftlichen Konferenzen; das Exposé für Einzelkapitel einer Dissertation oder Buchveröffentlichung; die Gedankenführung für einen Vortrag, für einen Artikel oder für die Gesamtgliederung einer Diplomarbeit, einer Dissertations- oder Habilitationsschrift – oder auch das Stichwortgeländer für einen Diskussionsbeitrag. Prä-Texte dieser Art sind lediglich eine Zwischenstufe des Formulierungsvorgangs und haben ihren Zweck in der Regel erfüllt, wenn der angekündigte Text ausformuliert vorliegt. Prä-Texte können für einen fremden Adressaten (wie die o. g. Beispiele) oder für den Eigenbedarf (Stichwortzettel, Konzept) bestimmt sein. Konferenzabstracts sind nur Handreichungen und Orientierungshilfe für die jeweilige Veranstaltung und werden in den seltensten Fällen in die Konferenzmaterialien aufgenommen. Eine Ausnahme bilden hier die Bände der Jahrestagungen der GAL (Gesellschaft für Angewandte Linguistik), die einen Großteil der Diskussionsbeiträge als erweiterte Form des Abstracts, aber als stark reduzierte Form des vollen Vortragstextes abdrucken.

Quasi-Texte sind solche Texte, die durch das Fehlen kohäsiver sprachlicher Mittel gekennzeichnet sind und damit die Bedingung der Kohäsion als Merkmal der Textualität nicht erfüllen. Streng genommen dürften Reihungen von Nominationen oder elliptischen Konstruktionen ohne finites Verb, wie sie auf Fragebögen oder auf fomularähnlichen Vordrucken üblich sind, nicht als Texte gelten. Kommunikativ sind sie jedoch vollwertig und besitzen die Eigenschaften der (pragmatischen) Kohärenz, Situativität, Informatität, Intentionalität, Akzeptabilität und Intertextualität. Quasi-Texte in diesem Sinne sind Lieferscheine, Stücklisten, Weidetagebücher, Krankenregister und -akten, Arztrezepte, Prüfungsprotokolle, Regieanweisungen usw. Es ist das Verdienst der textlinguistischen Behandlung von Fachtextsorten durch MÖHN und PELKA (1984), daß kohäsionslose Texte dieser Art in die Analyse deutscher Fachtexte einbezogen worden sind. SAGER/DUNGWORTH und MCDONALD (1980) haben ähnliche Texte in das Inventar englischer Fachtextsorten ("traditional forms") aufgenommen. Damit sind die von DE BEAUGRANDE und DRESSLER (1981) formulierten Kriterien der Textualität sinnvoll erweitert und modifiziert worden.

Zentrale Kategorien für die Textanalyse sind die Makrostruktur und die Gliederungssignale.

Die *Makrostruktur* einer (Fach)textsorte ist das konventionalisierte Textablaufschema, das aus einer hierarchischen, aber in Grenzen flexiblen, Anordnung inhaltlich und funktional invarianter Textelemente zur gedanklich-sprachlichen Entfaltung eines fachbezogenen Themas besteht und das strukturelle Gerüst der Fachtextsorte bildet. Makrostrukturen von Fachtexten bestehen aus Teiltexten (Textsegmenten) unterschiedlicher Ausdehnung, die von einem Einzelkapitel in einer Monographie oder einem Lehrbuch bis zu einem durch Zwischenüberschrift abgehobenen thematischen Teil eines Zeitschriftenartikels oder dem Absatz eines Lexikonartikels reichen können.

Gliederungssignale sind Steuerungselemente eines Textes und unterstützen seine lineare Progression und letztlich seine Rezipierbarkeit. Dazu gehören Vor- und Rückverweise (Kataphorika und Anaphorika), die Ankündigung von Haupt- oder Teilthemen zu Beginn eines neuen Absatzes ("thematic sentences"), satzübergreifende (transphrastische) Aufzählungen, Parallelismen in der Formulierung und in der typographischen Gestaltung des Textes und nicht zuletzt die ausgewogene Verteilung nichtverbaler Informationsträger (Graphika, Tabellen, Abbildungen, Formeln usw.) im fortlaufenden verbalen Text. Gliederungssignale sind im Englischen unter dem Sammelbegriff "advance organizers" (SWALES 1990) bekannt.

5. Textsorten im Fremdsprachenunterricht

Im universitären Deutschunterricht für Ausländer, u.a. für angehende Germanistik-Studenten, haben Textsorten einen festen Platz sowohl in der Kenntnisvermittlung als auch in der Übungsgestaltung im Zusammenhang mit den Merkmalen der mündlichen und schriftlichen Kommunikation. Zunächst lernen die Studierenden Einzeltexte als Vertreter prototypischer Textsorten auf rezeptivem Wege kennen und analysieren ihre Makrostruktur und ihre Kommunikationsverfahren (bzw. "language functions"), ehe sie stufenweise an das selbständige Abfassen von (Fach)texten herangeführt werden.

5.1. Abgeleitete Texte

Als Beispiele für *abgeleitete Texte* werden solche Textsorten vermittelt wie die Vorlesungsmitschrift, das Resümee eines Vortrags (der auch vom Tonträger rezipiert werden kann), die Zusammenfassung eines Artikels, der Konspekt eines größeren Textpensums eines Quellenwerkes und Thesen einer akademischen Graduierungsarbeit.

5.1.1. Die Vorlesungsmitschrift

Bei der Herstellung einer Vorlesungsmitschrift müssen die Studierenden zunächst lernen, den Strukturplan einer Vorlesung anhand der von der Lehrkraft gegebenen Vorankündigung, ferner anhand von Gliederungssignalen und thematisch bedingten Leitbegriffen zu erkennen. Zusätzliche Orientierungshilfen sind Ankündigungen eines neuen Themenabschnitts, Hinweise auf Folien, auf das Tafelbild und Visualisierungen durch Arbeitsblätter. Allerdings setzen das aktive Hören und das sinnvolle thematische und textlinguistische Zuordnen auf seiten des ausländischen Rezipienten voraus, daß die Lehrkraft die Vorlesung hochschuldidaktisch durchgliedert und nutzerfreundlich gestaltet hat. Der Platz der Vorlesung im Universitätsstudium mag mancherorts umstritten sein, wofür der polemische Aufsatz von Jean-Marie ZEMB "Ist die Vorlesung noch zu retten? Überlegungen zu einigen Aporien der wissenschaftlichen Kommunikation" (1981) ein Beispiel ist; fest steht jedoch, daß die Vorlesung eine rationelle, problemorientierte und richtungsweisende Form der Wissensvermittlung und der akademischen Denk- und Darstellungsweise noch immer ist und prinzipiell auch bleiben wird. Dabei ist eine gut gewählte *Vorlesungsrhetorik* keine Zutat, sondern ein notwendiges Strukturelement. Sie findet ihren Ausdruck in einem impliziten Dialog mit der Zuhörerschaft (rhetorische Fragen, Antithesen, Parallelismen) und in paralingualen Mitteln (Sprechtempo, Modulation der Stimme, Gestik, Mimik und Motorik).

Die Studierenden können auf Strukturelemente einer gut konzipierten Vorlesungsstunde vorbereitet werden, indem sie eine prototypische Makrostruktur kennenlernen. Die Einzelvorlesung hätte dann folgendes Textablaufschema:

- Themenankündigung
- Einordnung des Vorlesungsthemas in einen größeren Sachkomplex
- Definition und Explikation von Begriffen
- Veranschaulichung durch Beispiele
- Visualisierung von Begriffssystemen
- Zusammenfassung von Teilergebnissen
- Problemdiskussion; Problemlösung und Ausblick auf größere Problemzusammenhänge
- Zusammenfassung von Hauptgedanken der Vorlesung und (sofern sie Bestandteil einer Semesterlehrveranstaltung ist) Vorankündigung des nächsten Teilthemas.

Der Aufbau einer Einzelvorlesung hängt jedoch weitgehend vom Fachgebiet, dem konkreten Fachgegenstand und dem Adressatenkreis ab. Ideengeschichtliche Problemvorlesungen werden sich schwerlich in genau abgrenzbare

Unterthemen aufgliedern lassen. Dennoch ist eine gedanklich transparente Gestaltung auch hier möglich. Auf jeden Fall sollte aber die universitäre Vorlesung eine Verschulung im Sinne der vordergründigen Stoffdarbietung vermeiden, auch wenn sie förderliche Redundanz, Gliederungssignale und Analogiebeispiele aus der Alltagserfahrung der Studierenden bietet.

Eine wichtige Fertigkeit, die bei Vorlesungsmitschriften entwickelt werden muß, ist die sichere Handhabung von *Notationssystemen* für den persönlichen Gebrauch. Notationstechniken werden in der Ausbildung von Dolmetschern und Übersetzern gelehrt. Aber auch Lehrbücher für den Englischunterricht verschiedener Fachrichtungen vermitteln Kürzel, Symbole und Abkürzungen für logische Operationen, die für Vorlesungsmitschriften gebraucht werden (vgl. JAMES/JORDAN/MATTHEWS/O'BRIEN 1991).

Als methodischer Weg bei der Entwicklung der Textsorte Vorlesungsmitschrift in der Fremdsprache empfiehlt es sich, daß zumindest im Anfangsstadium die Sprachlehrkraft an den Vorlesungen im Sachfach teilnimmt und die Aufzeichnungen der Studierenden kontrolliert. Sie hätte damit auch die Möglichkeit der Rückkoppelung zu dem betreffenden Hochschullehrer, der daraus erfährt, welchen "Extrakt" die ausländischen Studierenden aus seiner Vorlesung gewonnen haben. Aufschlußreich wären außerdem intralinguale Textsortenvergleiche zwischen einer Videoaufzeichnung einer Vorlesung und den Mitschriften in der Muttersprache und in der Fremdsprache. Dabei ist aber auch zu berücksichtigen, daß die Rezeption einer Vorlesung nicht nur von dem Sprach- und Sachverständnis, sondern auch von solchen Faktoren wie Interessiertheit und Arbeitsmotivation gesteuert wird.

5.1.2. Der Konspekt

Eine andere abgeleitete Textsorte, die im universitären Fremdsprachenunterricht behandelt wird, ist der *Konspekt*. Der Konspekt ist eine für den Eigenbedarf des Rezipienten bestimmte Zusammenfassung eines Originaltextes, wobei auch ausführliche Zitate der Quelle wiedergegeben werden können. Er ist eine meist kommentar- und wertungsfreie Inhaltsangabe, die nach subjektiven Gesichtspunkten der Informationsverarbeitung vorgenommen wird. Der Konspekt überschneidet sich teilweise mit der abgeleiteten Textsorte Exzerpt. Das Exzerpt ist ein mehr oder weniger ausführlicher Auszug aus einem Originaltext und eine für den Eigenbedarf bestimmte Informationsquelle für weitere Arbeitsgänge. Es ist eine in der Regel unkommentierte Reihung längerer vollständiger Passagen oder durch Auslassungen genau gekennzeichneter Zitate. Für die Aneignung von Textsorten des akademisch-wissenschaftlichen Arbeitens sind beide Formen der individuellen Informationsbeschaffung notwendig und berechtigt. Dem steht gegenüber, daß ein mechanischer Arbeitsvorgang wie das Kopieren mit einem Xerographiegerät zwar zeitsparend und bequem ist, aber keinerlei geistige Verarbeitung des Textes voraussetzt. Selbst die Entscheidung, welche Seiten kopiert werden sollen, ist nicht immer Ergebnis einer sorgfältigen Inhaltsanalyse und Wertung der thematischen Relevanz. In jedem Falle haben das Konspektieren und Exzerpieren den Vorteil, daß die Studierenden visuelle und graphisch-motorische Tätigkeiten ausprägen und auch die Rechtschreibung in der Fremdsprache üben.

5.1.3. Thesen akademischer Graduierungsarbeiten

Thesen sind ein nachgelieferter Begleittext zu einer akademischen Graduierungsarbeit, z.B. einer Diplom- oder Magisterarbeit, einer Dissertations- oder Habilitationsschrift. Sie müssen über Gegenstand, Ziel, Methoden und Ergebnisse einer solchen Arbeit eindeutig Auskunft geben und sind oft die einzige Informationsquelle für die Mitglieder einer Promotionskommission oder die Teilnehmer einer öffenlichen Verteidigung. Insofern sind Thesen auch ein Qualitätsnachweis der wissenschaftlichen Arbeit und ein Mittel der öffentlichen Bekanntgabe eines Qualifizierungsabschlusses. Für Thesen einer Diplom- oder Magisterarbeit gelten nur allgemeine Empfehlungen seitens des Betreuers (ihr Umfang beträgt in der Regel nicht mehr als zwei Normseiten). Für Thesen einer Dissertations- und Habilitationsschrift gelten *allgemeine Grundsätze* der jeweiligen Fakultät, die für den Doktoranden wie für den Gutachter der gesamten Qualifikationsschrift verbindlich sind. Sie beinhalten auch Anforderungen an die Thesen als Textsorte[2]. Als Richtlinien für den Promovenden oder Habilitanden können gelten:

1. Die Thesen einer Dissertation müssen dem in die spezielle Fachthematik nicht eingeweihten Vertreter derselben oder einer benachbarten Fachrichtung einen Grundbestand fachlicher Informationen bieten. Dazu gehören

- die Einordnung des Untersuchungsgebietes und des gewählten Ansatzes in den bisherigen *Forschungsstand*
- explizite Auskunft über *Gegenstand*, *Ziel*, *Methode*, *Kategorieninventar* und *Materialkorpus* (wo das zutrifft) der Arbeit
- *Darstellung* der *Ergebnisse* und des *Erkenntniszuwachses*
- Nennung der Anwendungsgebiete der Arbeit (wo das zutrifft).

---

2 Auf Grund langjähriger Erfahrungen in der Betreuung von Diplomanden und Doktoranden und einiger Schlußfolgerungen aus der wissenschaftlichen Propädeutik hat die Verfasserin im Jahre 1989 diese Vorstellungen als Arbeitspapier der Fakultät für Kultur-, Sprach- und Erziehungswissenschaften der Universität Leipzig unterbreitet. Sie fanden Eingang in fakultätsinterne Empfehlungen für Promovenden und Habilitanden.

2. Die Thesen einer Dissertation müssen den eigenen wissenschaftlichen Standpunkt des Promovenden/der Promovendin klar erkennen lassen. Referierende Passagen aus der Fachliteratur sind zugunsten einer verarbeitenden und wertenden Darstellung (unter Nennung der ausgewiesenen Vertreter einer Forschungsrichtung) zu vermeiden. Gleiches gilt für das wörtliche Zitieren von Sekundärliteratur in den Thesen. Zitate sind nur dort am Platze, wo sie der notwendige Bezugspunkt für eigene Argumentation und Polemik sind. Nicht zuletzt sollten die Thesen das Abstraktionsvermögen des/der Promovierenden/Habilitierenden nachweisen.

3. Die Thesen sind *sprachlich korrekt, klar, verständlich* sowie *sachlich widerspruchsfrei* in der Diktion einer *akademisch-wissenschaftlichen Arbeit* (nicht in einem populärwissenschaftlichen oder publizistischen Stil) abzufassen. Der Stil sollte ausgefeilt und emotional neutral sein. Die Ich-Form ist zu vermeiden. Zwischenüberschriften mit inhaltlichen Schwerpunkten und die durchgehende Numerierung der Thesen (nach der Dezimalklassifikation) dienen der besseren Übersichtlichkeit.

4. Der Umfang der Thesen ist durch die entsprechenden Festlegungen der Fakultät limitiert (bei Dissertationen 7-10 Normseiten; bei Habilitationsschriften etwa 15 Seiten). Literaturangaben, Illustrationen oder Analysebeispiele sind nicht Bestandteil der Thesen, sondern können in begründeten Fällen als Anhang beigefügt werden.

Aus diesen allgemeinen Anforderungen an Thesen akademischer Graduierungsarbeiten lassen sich Schlußfolgerungen für die Makrostruktur der Thesen und in bezug auf die Textverflechtung ableiten. Bei Thesen für Diplom- oder Magisterarbeiten hat sich wiederholt gezeigt, daß die Studierenden Schwierigkeiten haben, die Kommunikationsverfahren Berichten und Feststellen richtig zu verwenden und im Argumentieren selbst in der Muttersprache noch wenig geübt sind. In der Regel werden Thesen dieser Art in der Muttersprache abgefaßt. Bei Dissertationen ausländischer Promovenden, die an einer deutschen Universität eingereicht werden, sind die Festlegungen der jeweiligen Fakultät bindend. Der Fremdsprachenlehrer muß hier eine einfühlsame Hilfestellung, die den Originalbeitrag des/der Promovierenden jedoch nicht schmälert, leisten.

5.1.4. Das Abstract eines Zeitschriftenartikels

Zusammenfassungen wissenschaftlicher oder technischer Zeitschriftenartikel oder Beiträge in einem Sammelband, die dem Basistext entweder voran- oder nachgestellt, in einer oder in mehreren Sprachen abgefaßt sind und durch Schlüsselwörter ergänzt sein können, sind grundsätzlich von Abstracts in Referateorganen zu unterscheiden, die entweder von demselben Autor oder von einem fremden Bearbeiter bzw. einem hauptberuflichen Dokumentalisten stammen und als eigenständiger, vom Basistext isolierter Text veröffentlicht werden. Insofern sind die Abstracts von Zeitschriften- und Sammelbandaufsätzen als Teiltext mit partieller Autonomie nicht immer identisch mit den Kurzfassungen desselben Textes in einem Referateorgan. Das letztere hat eine ausführliche bibliographische Kennzeichnung und ist mit einer Sachgebietszuordnung verbunden.

Beide *Textsortenvarianten des Abstracts* werden im fachbezogenen Fremdsprachenunterricht sowohl in Kursen des "academic writing" als auch in Kursen für Fachübersetzer behandelt. Das Abstract ist ein Kurzreferat, das die Information eines Dokuments (Basistextes) wertungsfrei wiedergibt und auf eine persönliche Stellungnahme verzichtet. Für die Abfassung von Abstracts für Zeitschriftenaufsätze gelten unterschiedliche Richtlinien von Redaktionen und Verlagen. Der Umfang sollte 400 Wörter nicht überschreiten und 200 Wörter nicht unterschreiten. Das Abstract sollte ein in sich geschlossenes Textsegment ohne Absatzuntergliederung sein. Es sollte die Inhaltsstruktur des Basistextes übersichtlich widerspiegeln, Fachbegriffe konsequent verwenden (dabei auch auf die Überschrift des Zeitschriftenaufsatzes abgestimmt sein) und einen unpersönlichen Stil einhalten. Personalpronomen der 1. und 2. Person und Elemente eines impliziten Dialogs sowie der förderlichen Redundanz sind nicht üblich. Leitprinzip ist Inhaltsverdichtung und gute Überschaubarkeit. Englische Abstracts sollten auf einen Wechsel zwischen Aktiv- und Passivformen finiter Verben verzichten und das Passiv durchgehend anwenden. Zitate und Literaturhinweise sind in Abstracts zu Zeitschriftenaufsätzen nicht angebracht, können aber in begründeten Fällen in Abstracts in einem Referateorgan aufgenommen werden.

Beide Textsortenvarianten des Abstracts sind streng sachlich auf den Basistext und auf den Rezipienten orientiert. Explikationen von Fakten oder Termini verbieten sich aus Gründen der Knappheit. Neu eingeführte Begriffe des Basistextes müssen jedoch analog dazu definiert werden. Alle Sätze müssen vollständig sein; Ellipsen sind nicht zulässig. Abstracts haben keine emotional-expressiven oder individuellen Stilelemente.

Das Verfassen von Abstracts ist ein übungsintensiver Ausbildungsabschnitt in Schreibkursen und in der Fachübersetzerausbildung, wo die adäquate deutsche Version eines englischsprachigen Abstract erarbeitet werden muß. Die Studierenden müssen lernen, daß das Abstract eines naturwissenschaftlichen oder technischen Zeitschriftenartikels auch in linearer Folge Auskunft geben muß über Untersuchungsobjekt und Methode; Untersuchungsabsicht; Resultat und Schlußfolgerungen aus den Versuchen. Dazu werden feststehende lexikalisch-syntaktische Elemente vermittelt: *have been reported, have been studied/ examined/analysed to obtain....*; *experiments showed that....*; *gave/yielded a number of data; this fact can be interpreted as....; it is recommended that...; the results confirm the previous postulates that...* (vgl. H.J. MEYER/H. HEIDRICH 1990:180 f, R. GLÄSER 1990:117ff).

Im fachbezogenen Sprachunterricht (z.B. für Medizin- und Physikstudenten am Fachsprachenzentrum der Universität Leipzig) sind Textsortenvergleiche zwischen dem Basistext sowie dem Abstract als vorangestellter Teiltext und auch als selbständiger Text mit bibliographischen Angaben in einem Referateorgan vorgenommen worden. Für den intralingualen Textsortenvergleich aufschlußreich sind die Termini und Leitbegriffe (von denen einige auch als Schlüsselwörter auftreten können).

5.1.5. Die wissenschaftliche Rezension

Der Basistext der Rezension als einer abgeleiteten Textsorte ist die *Rezensionsvorlage.* Die Rezension (im englischen *book review*) erweist sich als Oberbegriff für drei Textsortenvarianten. Zu diesen gehören

1. die wissenschaftliche oder technische *Rezension eines Einzelwerkes* in einer Fachzeitschrift;

2. die *Sammelrezension* mehrerer Neuerscheinungen des gleichen Fachgebietes als kumulativer Beitrag in einer Fachzeitschrift und

3. der *Rezensionsartikel* (*review article*), der unter einem übergreifenden Aspekt (z.B. Theoriebildung, Methodologie, Entwicklungstendenzen in einem Wissenschaftsparadigma) in der Regel mehrere thematisch verwandte Neuerscheinungen vertiefend behandelt und zum Gegenstand der Erörterung und Polemik macht.

Diese Textsortenvarianten sind für den Fachmann eine wichtige Informationsquelle. Sie sind außerdem eine Orientierungshilfe für wissenschaftliche Bibliotheken in bezug auf notwendige oder entbehrliche Neuerwerbungen.

Fachübersetzer müssen in der Lage sein, eine Rezension auch stilistisch adäquat in die Zielsprache zu übersetzen. Natur-, Geistes- und Sozialwissenschaftler, die sich in einem Schreibkurs mit der Produktion von Fachtexten beschäftigen, müssen imstande sein, eine Fachbuchrezension nach den für das Englische wie Deutsche geltenden Gepflogenheiten der Inhaltsbeschreibung und persönlichen Wertung zu verfassen. Dabei ist zu berücksichtigen, daß sich der Fachwortschatz der Rezensionsvorlage bis zu einem gewissen Grade auch in der Rezension, namentlich in den referierenden oder zitierenden Teiltexten widerspiegelt. Für die *Makrostruktur* der wissenschaflichen Rezension existiert zwar kein verbindliches Textbildungsmuster, wohl aber gibt es invariante Inhaltselemente, die variabel angeordnet werden können und bei jedem Schreibakt zu berücksichtigen sind. Solche Inhaltselemente sind:

- Bibliographische Daten: Autor(en), Titel der Veröffentlichung, Verlag, Erscheinungsort und -jahr, Seitenzahl, Format, Einbandgestaltung; Anzahl der Abbildungen, Preis
- Textkörper

  Anlaß der Veröffentlichung (z.B. Forschungsprojekt, Drucklegung einer Dissertation, Konferenzmaterialien, Festschrift usw.)

  Gegenstand und Ziel der Veröffentlichung

  Angaben zum Autor und zu dem Adressaten des Buches

  Kommentar zur Forschungslage als theoretischer Hintergrund der Neuerscheinung (fakultativ)

  Darstellung des Inhalts

  Diskussion des Forschungsansatzes und der Methode(n)

  Wertung des Inhalts (Erkenntniszuwachs, Neuheitswert) sowie der Darstellung (Stil, Logik der Gedankenführung) und der verlagstechnischen Ausstattung (Illustrationen, typographische Gestaltung)

  Anwendungmöglichkeiten der Ergebnisse; Praxisnutzen (fakultativ)
- Angaben zur Person des Rezensenten: Name, Arbeitsort, wissenschaftliches Profil bzw. akademischer Status.

Der Rezensent muß sich bestimmter Kommunikationsverfahren in den Textsegmenten der Inhaltswiedergabe und der Wertung bedienen. Häufig verwendet werden das Berichten, Beschreiben, Referieren, Zitieren, Zusammenfassen und Feststellen im Teiltext; Inhaltswiedergabe (unter Benutzung von Verben der Redewiedergabe *describe, hold/the opinion/, vertritt die Ansicht, daß, ..., legt dar.., demonstriert...*). Im Teiltext Wertung sind die Kommunikationsverfahren Argumentieren, Erörtern und Beurteilen am Platze. Jede Wertung ist eine subjektive Meinungsäußerung. Der in der Fremdsprache kommunizierende Wissenschaftler braucht dafür syntaktische und stilistische Fertigstücke, die sich für eine Nuancierung des Ausdrucks eignen. Die meisten Handbücher für den Wissenschaftler übergehen die Textsorte Rezension und geben keine Hilfestellung für die Formulierung maßvoller oder prononcierter Kritik. So obliegt es dem Sprachlehrer, aus den eigenen Analyseerfahrungen mit der Textsorte Rezension das notwendige Sprachmaterial einzuführen, z.B. Wendungen wie *It is no criticism at all that...; I regret to say that..., A minor criticism concerns..., A more correct title for the book, in fact, would be...; dem dritten Teil hätte etwas mehr Optimismus gutgetan; hier wird ...zu einseitig gesehen; die Schrift stellt eine brauchbare Einführung in... dar; trotz dieser – als positive Kritik zu verstehenden – Einwände wird das Werk auf diesem Gebiet nützliche Hilfe leisten.*

Rezensionen können im polemischen Teil wirksame Stilfiguren im Dienste einer geschliffenen Rhetorik verwenden. Im Fremdsprachenunterricht für ausländische Germanistikstudenten kann die Lehrkraft aufschlußreiche Betrachtungen über die Individualstilistika des Rezensenten anstellen und Paralleltexte aus anderen Sprachen zum Vergleich heranziehen. In Schreibkursen für deutsche Wissenschaftler und Techniker ist aber hinsichtlich stilistischer Wagnisse Vorsicht geboten, weil Grenzen des Taktes in der Fremdsprache unwissentlich und unbeabsichtigt sehr bald überschritten werden und daraus unvorhersehbare Reaktionen entstehen können. Die Lehrkraft kann aber Rezensionen als Gegenstand des interlingualen Vergleichs und insbesondere Textsortenvarianten als Gegenstand des intralingualen Textsortenvergleichs auswählen. Dabei bieten sich auch Vergleiche mit populärwissenschaftlichen Buchbesprechungen an (vgl. R. GLÄSER 1990: 108 ff und 195 ff).

5.2. Textsorten der interpersonalen Kommunikation

In Textsorten der interpersonalen Kommunikation spiegelt sich die kontaktive oder auch phatische Funktion der Sprache wider. Diese Texte dienen der Herstellung und Aufrechterhaltung privater oder öffentlicher Kontakte zwischen den Kommunikationspartnern. Sie bieten auch Möglichkeiten der Selbstdarstellung. In der Fachsprachenforschung, in der kommunikativ-funktionalen Sprachwissenschaft und in der Sprechakttheorie sind kontaktherstellende Texte der mündlichen und schriftlichen Kommunikation der "interpersonalen Funktion der Sprache", "phatischen Sprechakten" bzw. "kontaktiven Kommunikationsverfahren" zugeordnet worden (vgl. R. GLÄSER 1991).

Interpersonale (Fach)textsorten sind *Briefe* (Einladungen, Glückwunsch- und Kondolenzschreiben, Entschuldigungen), *offizielle Schreiben* (Bewerbung um einen Reise- oder Druckkostenzuschuß, um Finanzierung eines Forschungsprojekts), *Leserbriefe* an die Redaktion einer Fachzeitschrift; *Replik* eines Autors auf eine Rezension; *Würdigungen* von Personen des öffentlichen Lebens in einer Festschrift oder in einer Fachzeitschrift; *Grußadressen* zu Jubiläen einer Einzelperson oder einer Institution; die *Laudatio* eines Wissenschaftlers bei einem Ehrenkolloquium; der *Nachruf* auf einen Wissenschaftler oder eine Persönlichkeit des öffentlichen Lebens in einer Fachzeitschrift oder in den Medien.

Eine interpersonale Textsorte ist auch der *Lebenslauf* (als Begleitdokument amtlichen Schriftwechsels) bzw. die *Biographie* (eines Wissenschaftlers, Künstlers, Politikers, usw. in Nachschlagewerken).

5.2.1. Der Lebenslauf

Im Fremdsprachenunterricht befassen sich die Studierenden mit ihrem eigenen Lebenslauf. Diese Textsorte kann in den Varianten *tabellarischer Lebenslauf* oder *ausformulierter Lebenslauf* vorkommen. Lebensläufe können trotz dieser Grobeinteilung einzelsprachliche und kulturbedingte Unterschiede aufweisen, was die Untersuchung von U. FRIES (1986) an deutschen und englischen Lebensläufen im Anhang von Dissertationsschriften und die Analyse von R. GLÄSER (1990) anhand von Lebensläufen von Nobelpreisträgern, die in englischer Sprache abgefaßt sind, verdeutlicht haben.

Daraus ergibt sich für die Abfassung des eigenen Lebenslaufes folgende Makrostruktur, die sich die Kursteilnehmer aneignen müssen:

- Identifikation des Verfassers/der Verfasserin (Nennung des vollen Namens); Angaben zum Geburtstag und Geburtsort; zum Beruf des Vaters und der Mutter; Angaben über Geschwister
- Bildungsweg (Schulen, berufliche Ausbildung neben dem Unterricht, z.B. Facharbeiterbrief, Schweißerpaß)
- beruflicher Status (Mitglied nationaler oder internationaler Vereinigungen); Abschlüsse, akademische Titel.

Für den Fremdsprachenunterricht ist der Lebenslauf keine Trivialtextsorte, denn er bietet im Englischen wie im Deutschen sprachliche Probleme. Im Englischen ist bereits die Eingangsformel "I was born" einzuüben und auf den durchgängigen Gebrauch des Präteritums hinzuweisen. Narrative Strukturen (etwa das Schildern) sind in einem für eine Dienststelle bestimmten Lebenslauf nicht am Platze. Es wird das nüchterne und sachliche Feststellen und Berichten erwartet. Ebenso unangebracht sind Eigenlob durch bewertende Hinweise auf Leistungsstipendium oder besondere Akzentuierung von Noten der Studienabschlüsse. Abwegig wären auch Beteuerungen der eigenen Leistungsfähigkeit in Lebensläufen, die einer Stellenbewerbung beigefügt sind. In Handbüchern werden gelegentlich Negativbeispiele dieser Art aus Bewerbungsschreiben angeführt.

In tabellarischen, rein faktographischen Lebensläufen wird auf die Ich-Form gewöhnlich verzichtet; nominale Wortgruppen herrschen vor; finite Verbformen sind kaum üblich.

Lebensläufe in Nachschlagewerken verwenden das Pronomen der dritten Person Singular und sind emotional neutral. Die Studierenden befassen sich gewöhnlich mit Biographien von Schriftstellern, Wissenschaftlern, Politikern, Künstlern und Erfindern, die zumeist Nachschlagewerken entnommen sind und auch für eine Hörverstehensübung mit nachfolgenden Kontrollfragen geeignet sind. In Sammelbänden wird es zunehmend üblich, im Anhang die Verfasser der Beiträge durch eine "Bio-Bibliographie" vorzustellen und eine Auswahl der eigenen Publikationsliste beizugeben. Auch solche Texte eignen sich für die Illustration der Textsorte Lebenslauf, wobei bei dieser Textsortenvariante die stichwortartige Kurzfassung bevorzugt wird. Beispiel aus dem Sammelband von Theo BUNGARTEN (Hrsg.), *Wissenschaftssprache und Gesellschaft. Aspekte der wissenschaftichen Kommunikation und des Wissenstransfers in der heutigen Zeit*, Edition Akademion, Hamburg, 1986:409, Anhang "Zu den Autoren":

"KITWOOD, Tom
Geboren 1937 in Boston. 1957-1960 Studium der Naturwissenschaften an der Universität Cambridge. 1960-1972 Gymnasiallehrer in Großbritannien und Uganda. 1972-1974 wissenschaftlicher Assistent an der *School of Science and Society* der Universität Bradford. 1974 M. Phil. 1977 Promotion zum Dr. phil. im Bereich Sozialpsychologie des Industrialismus. 1977-1979 Habilitation. Seit 1979 Dozent an der *School of Science and Society/ Universität Bradford*, Yorkshire, England. Forschungsschwerpunkte im Bereich soziale Aspekte von Wissenschaft und Technik".

Es folgen "Veröffentlichungen" (Bücher und Aufsätze) und die Adresse des Verfassers. Sein Beitrag in dem Sammelband ist Bestandteil einer Gemeinschaftsarbeit.

5.2.2. Würdigung einer Wissenschaftlerpersönlichkeit

Würdigungen einer Persönlichkeit des öffentlichen Lebens erscheinen

a) in *Vorworten* zu *Sammelbänden* oder *Festschriften* zu Ehren eines Wissenschaftlers, Lehrers oder Künstlers anläßlich eines besonderen Geburtstags, eines Dienstjubiläums oder der Emeritierung

b) als *Würdigungsartikel* in der *Tagespresse* oder in einer *Fachzeitschrift*

c) als *Laudatio* im Zusammenhang mit der *Verleihung eines Preises* oder einer akademischen Auszeichnung bzw. anläßlich einer *Ehrenpromotion*. Diese auf Festveranstaltungen mündlich vorgetragenen, aber ausformuliert vorliegenden Texte werden später im vollen Wortlaut veröffentlicht.

In der Regel folgt dem Würdigungsartikel eine entweder vollständige oder auswählende Übersicht über die Veröffentlichungen und anderen Leistungen des/der zu Ehrenden. In Festschriften findet man gelegentlich Übersichten über Ehrenämter und Ehrentitel und die Mitgliedschaft in nationalen und internationalen Vereinigungen des/der Betreffenden.

Ein Vergleich englischer und deutscher Würdigungen von Wissenschaftlern in Festschriften und in Artikeln von Fachzeitschriften (vgl. R. GLÄSER 1991) kann den Studierenden interessante Gemeinsamkeiten und bestimmte Unterschiede in der akademischen Tradition veranschaulichen. Die Überschriften solcher Beiträge lauten "Preface", "Editor's Note", "Editor's Preface" oder "Editorial Note"; im Deutschen wird gewöhnlich sofort der Name der zu ehrenden Person genannt: "XY zum 60. Geburtstag" oder "XY - 60 Jahre" oder "XY zum sechzigsten Geburtstag am ...".

In beiden Sprachen kann man eine etwa übereinstimmende Makrostruktur eines Würdigungsartikels in folgenden invarianten Inhaltselementen feststellen:

- Überschrift; Name des Jubilars/der Jubilarin - Anlaß und Datum der Würdigung
- Kurzbiographie; wissenschaftliche Arbeit, Fachgebiet
- Leistungen in Forschung und Lehre, Ausbildung von Nachwuchswissenschaftlern, Publikationen
- Ausdruck der Anerkennung und des Dankes
- Gratulationsformel
- Unterschrift: Einzelperson, Redaktionsrat einer Fachzeitschrift.

Jeder Würdigungstext beginnt mit einer Art Einleitungsformel. Englische Beispiele dafür sind: "To mark the occasion of Prof. XY's fiftieth birthday on ..., some of his friends, colleagues and former pupils decided to publish this festschrift; It is with the greatest pleasure that we congratulate XY on the occasion of his sixtieth birthday." Deutsche Beispiele: "Am ... begeht der langjährige Leiter des Wissenschaftsbereiches..., Prof. XY, seinen 60. Geburtstag. Das vorliegende Beiheft der von ihm mitbegründeten Reihe ist dem Jubilar gewidmet. ... Dieses Buch ist XY gewidmet. Viele Leser in der ganzen Welt wissen, wer der ist, dem zum Dank die Autoren ihre Beiträge geschrieben haben, und sehen den Zusammenhang zwischen dem Namen und den verschiedenen Themen."

In dem Teiltext, der die Leistungen des Wissenschaftlers würdigt, neigen die deutschen Texte zu einer Häufung pathetisch wirkender Epitheta, auch wenn eine Individualisierung der zu ehrenden Person beabsichtigt ist: "Die Früchte seines Schaffens ... sind im höchsten Grade beeindruckend; Engagement im wissenschaftlichen Leben seiner Universität und des Landes; Wirken in anleitender Tätigkeit im nationalen und internationalen Maßstab; XY gehört zu den profiliertesten Vertretern der ...forschung; XY hat unermüdlich die Wissenschaftsentwicklung vorangebracht..., hat ein unvergleichliches Arbeitspensum bewältigt; vielseitige und fruchtbare wissenschaftliche Tätigkeit; zielstrebige/hingebungsvolle Arbeit; großartige wissenschaftliche Leistung; große und tiefschürfende Leistungen...; kameradschaftliches und uneigennütziges Wesen; große Fähigkeit zur Duldsamkeit; gleichbleibender Enthusiasmus; genügsame Schlichtheit."

Demgegenüber wirken die englischen Würdigungen wesentlich zurückhaltender: "XY has made a major intellectual contribution to knowledge; and for that we honour him here; XY is well known in ... circles not only for his technical competence, but also for his quiet and pleasant, but nevertheless effective manner...; he is famous for his kindness to young scholars; in addition to the domains of foreign language instruction, XY has regularly pursued 'hard core' linguistics...".

In der Glückwunschformel gleichen sich die englischen und deutschen Texte weitgehend (s. ausführlicher R. GLÄSER 1991). Es versteht sich von selbst, daß eine Würdigung nur positive Eigenschaften der zu ehrenden Person erwähnt und problematische Charakterzüge, fragwürdige hochschulpolitische Entscheidungen und anfechtbare wissenschaftliche Standpunkte unerwähnt läßt. Polemische Elemente sind mit der Textsorte Würdigung ebenso unvereinbar wie mit der Textsorte Nachruf.

5.2.3. Der Nachruf

Nachrufe als Textsorte der interpersonalen Kommunikation sind bereits mehrfach beschrieben worden: von R. GLÄSER (1990) für das Englische und (1991) für das Deutsche; von W. SPERBER (1992) für das Deutsche, Englische und Russische. Der Nachruf informiert die Öffentlichkeit ("the scientific community") über das Ableben einer bekannten Persönlichkeit und würdigt deren Verdienste als Lebenswerk. Der Nachruf in einer Fachzeitschrift ist meist ein retrospektiver Artikel. Die Verfasser solcher Texte sind Fachkollegen oder Beauftragte eines Redaktionskollegiums. Der Stil eines Nachrufs wird bis zu einem gewissen Grade von dem Verhältnis zwischen dem Verfasser und der verstorbenen Person mitbestimmt.

Im Englischen lautet die Textsortenbezeichnung *obituary* oder *necrology*, im Deutschen *Nachruf* oder auch *Nekrolog*. Als Überschriften in beiden Sprachen sind üblich: "In memoriam XY", "A tribute to XY", "Commemorating XY" oder "XY – An Appreciation"; "XY zum Gedenken" oder "XY zum Gedächtnis".

Auch der Nachruf hat eine Makrostruktur invarianter Inhaltselemente, die aber individuelle Variationen zulassen. Sie stimmen im Englischen und Deutschen im wesentlichen überein:

- Überschrift: Name (und sämtliche Vornamen) des/der Verstorbenen
- Angabe der akademischen Titel oder der bekleideten staatlichen Ämter
- Angabe des Todesdatums (im Englischen sehr häufig auch der Todesursache) und des Alters des/der Verstorbenen

- Rückblick auf den Bildungsgang und die berufliche Tätigkeit (als Wissenschaftler, Hochschullehrer, Schriftsteller, Herausgeber, Mitarbeiter in Gremien)
- Würdigung der wissenschaftlichen und gesellschaftlichen Arbeit
- Nennung staatlicher bzw. internationaler Auszeichnungen (fakultativ)
- Würdigung der wissenschaftlichen Gesamtleistung als Beitrag zur Entwicklung eines Fachgebietes bzw. Würdigung des Œuvres als Schriftsteller oder der Leistung als Politiker
- individuelle/idiosynkratische Charakterzüge des/der Verstorbenen (in Form einer persönlichen Reminiszenz des Verfassers des Nachrufs; Hinweis auf Liebhabereien, sportliche und künstlerische Interessen; diese stark persönliche Komponente kommt in englischen Nachrufen besonders zur Geltung, in deutschen dagegen kaum)
- familiäre Verhältnisse (Anzahl der hinterbliebenen Familienangehörigen; als fakultativer Teiltext kennzeichnend für englische Nachrufe)
- Beileidsbekundung gegenüber den Hinterbliebenen
- Unterschrift des Verfassers (voller Name oder Initialen)[3]

In Einzelfällen kann dem Nachruf eine Auswahlbibliographie folgen. Jedoch werten und polemisieren Nachrufe nicht. Die vorherrschenden Kommunikationsverfahren sind das Mitteilen, Berichten, Charakterisieren und Beurteilen (letzteres nur im wertpositiven Sinne).

Der Schlußteil des Nachrufs enthält gewöhnlich eine Beteuerungsformel, daß das Andenken des/der Verstorbenen in Ehren gehalten wird, womit eine Beileidsbekundung gegenüber den Hinterbliebenen verbunden ist. Beispiele aus dem Englischen: "Our heart-felt condolences are extended to XY's family; to his wife, we send our love and respects; a cherished friend long to be remembered; s/he will be remembered for his/her work in ...; We owe him a great deal and we shall miss him; His work survives in print. We will always cherish his memory; he will be remembered by all who knew him as a man deeply committed to...; he will be sorely missed; die ...forscher unseres Landes werden sein Andenken stets in Ehren halten. Sein Tod reißt eine schmerzliche Lücke in die ...forschung, zu deren Ausbau XY viel beigetragen hat... . Das Andenken an diesen uneigennützigen, rastlos arbeitenden Wissenschaftler... wird bei seinen Schülern und Nachfolgern immer lebendig bleiben."

---

3 Vgl. ausführlicher R. GLÄSER 1990:137 f.

6. Ausblick

Die textlinguistische Vertiefung der Arbeit mit Textsorten im (fach)bezogenen Fremdsprachenunterricht lohnt in jedem Falle den konzeptionellen und methodischen Aufwand, was auch der Erfahrungsaustausch auf internationalen Konferenzen bestätigt hat. Ein systematischer Textsortenvergleich ist jedoch in diesen Kursformen nur in Grenzen möglich, da der Fremdsprachenunterricht für Nichtphilologen stets den praktischen Kommunikationsbedürfnissen der angehenden Fachleute Rechnung tragen muß. Demzufolge müssen textlinguistische Einsichten und Zusammenhänge vereinfacht dargestellt werden, ohne daß die Gefahr der Trivialisierung durch die Anpassung an ein bestimmtes Kursniveau entsteht.

Im Rahmen des vorliegenden Aufsatzes konnten nur einige allgemeine Erfahrungen des Textsortenvergleichs in Deutsch-Kursen für Ausländer und in Englisch-Kursen für Fachübersetzer und Teilnehmer des Kurses "academic writing" mitgeteilt werden. Zweifellos bieten konkrete Lehrmaterialien weitere Anregungen für bestimmte sprachliche Erscheinungen, die den Textsortenvergleich unterstützen.

Eine streng systematische Analyse von Textsorten als intralingualer und interlingualer Vergleich muß jedoch Seminaren für Germanistik- bzw. Anglistik-Studenten verschiedener Studiengänge und Fachkombinationen vorbehalten bleiben, wobei eine enge Verbindung zwischen einem breiten philologischen Wissen und einer tiefen linguistischen Problemsicht anzustreben ist.

Bibliographie

BAUSCH, K.-R./CHRIST, H./HÜLLEN, W./KRUMM, H.-J. (eds.) (1989): *Handbuch Fremdsprachenunterricht.* Tübingen.

BEISBART, O./DOBNIG-JÜLCH, E./EROMS, H.-W./KOSS, G. (1976): *Textlinguistik und ihre Didaktik.* Donauwörth.

BRUSAW, C.T./ALRED, G.J./OLIU, W.E. (1982): *Handbook of Technical Writing.* Second edition. New York.

BUHLMANN, R./FEARNS, A. (1987): *Handbuch des Fremdsprachenunterrichts. Unter besonderer Berücksichtigung naturwissenschaftlich-technischer Fachsprachen.* Berlin.

BUNTROCK, G./BONNAFOUS, J./KOPYLOVA, G. (1989): *Konferenzsprache Deutsch-Englisch-Französisch-Russisch.* 2. Auflage Leipzig.

CALMAN, J./BARABAS, A. (1983): *Speaking at Medical Meetings. A practical guide.* London.

CLYNE, M. (1991): "The Sociocultural Dimension: The Dilemma of the German-speaking Scholar." In: *Subject-oriented Texts. Languages for Special Purposes and Text Theory.* Ed. by H. Schröder. Berlin-New York, p. 49-67.

DE BEAUGRANDE, R./DRESSLER, W. (1981): *Introduction to Text Linguistics.* London and New York.

DUDLEY-EVANS, T. (ed) (1987): *Genre Analysis and E.S.P. English Language Research Journal.* Vol.1. The University of Birmingham.

EBEL, H.F./BLIEFERT, C./RUSSEY, W.E. (1987): *The Art of Scientific Writing. From Student Reports to Professional Publications in Chemistry and Related Fields.* Weinheim.

FLUCK, H.-R. (1985): *Fachdeutsch in Naturwissenschaft und Technik.* Heidelberg.

FRIES, U. (1986): "A textlinguistic analysis of German and English curricula vitae." In: *Linguistics across Historical and Geographical Boundaries.* Vol. 2. Descriptive and Applied Linguistics. In Honour of Jacek Fisiak. Eds. D. Kastovsky and A. Swedek. Berlin-New York, p. 1204-1217.

GLÄSER, R. (1988): "Textproduktion als Stufenprogramm". In: *Grundfragen der Textsynthese.* Wissenschaftliche Beiträge der Ernst-Moritz-Arndt-Universität Greifswald. Greifswalder Germanistische Forschungen 9 (1988), S.102-116.

GLÄSER, R. (1990): *Fachtextsorten im Englischen.* Tübingen.

GLÄSER, R. (1991): "Interpersonale Textsorten in der Fachkommunikation (dargestellt an Beispielen aus dem Englischen)". In: *Forum Angewandte Linguistik. Ein Europa – Viele Sprachen.* Hrsg. K.L. Mattheier. Frankfurt a.M., S.133-134.

GLÄSER, R. (1991): "LSP text types and traditional text forms of interpersonal communication in English and German." In: *Fackspråk och översättningsteori.* VAKKI-seminarium XI. Vörå 9.-10.2. 1991. Vaasa, p. 60-77.

GLÄSER, R. (1992): "Die Arbeit mit Textsorten im fachbezogenen Fremdsprachenunterricht". In: *Fremdsprachenunterricht im internationalen Vergleich: Perspektive 2000.* Hrsg. C. GNUTZMANN/F.G. KÖNIGS/W. PFEIFFER, Schule und Forschung, Schriftenreihe für Studium und Praxis. Frankfurt am Main, S. 168-189.

HAMP-LYONS, L./HEASLEY, B. (1989): *Study Writing. A course in written English for academic and professional purposes.* Third printing. Cambridge.

HEINEMANN, W./VIEHWEGER, D. (1990): *Textlinguistik.* Leipzig.

HUCKIN, Th.N./OLSEN, L. O. (1991): *Technical Writing and Professional Communication. For Nonnative Speakers of English.* New York etc. Second edition.

JAMES, K./JORDAN, R.R./MATTHEWS, A.J./O'BRIEN, J.P. (1991): *Listening Comprehension & Note-taking Course.* London.

JORDAN, R.R. (1990): *Academic Writing Course.* London and Glasgow.

KRAUSE, W.-D. (1986): "Textsorten als strukturelle Prototypen." In: *Wissenschaftliche Zeitschrift der Pädagogischen Hochschule 'Karl Liebknecht' Potsdam.* 30.5., S.749-759.

MEYER, H.J./HEIDRICH, H. (1990): *English for Scientists. A Practical Writing Course.* Leipzig.

MICHEL, G. und Autorenkollektiv (1985): *Grundfragen der Kommunikationsbefähigung.* Leipzig.

MÖHN, D./PELKA, R. (1984): *Fachsprachen. Eine Einführung.* Tübingen.

PFEIFFER, W. (Hrsg.) (1990): *Deutsch als Fachsprache in der Deutschlehrerausbildung und -fortbildung.* Materialien des internationalen Symposiums des Polnischen Neuphilologenverbandes und des Internationalen Deutschlehrerverbandes Sopot, 23.-27.9.1988. Poznan.

SAGER, J.C./DUNGWORTH, D./MCDONALD, P.F. (1980): *English Special Languages. Principles and practice in science and technology.* Wiesbaden.

SPERBER, W. (1992): "Nekrologe in wissenschaftlichen Zeitschriften (auf der Grundlage englischer, russischer und deutscher Texte)". In: *Aktuelle Probleme der anglistischen Fachtextanalyse.* Hrsg. R. Gläser. Leipziger Fachsprachen-Studien 5, LFS 5, Frankfurt a.M., S.138-141.

SWALES, J. (1990): *Genre Analysis. English in Academic and Research Settings.* Cambridge etc.

WEBER, S. (1985): *Kommunikationsverfahren in Wissenschaft und Technik. Zur fachsprachlichen Aus- und Weiterbildung von Ausländern.* Leipzig.

WERLICH, E. (1988): *Student's Guide to Text Production.* Berlin.

WIESER, J./VON FABER, H. (1983): *Deutsch spezial. Studien- und Sprachführer für ausländische Studenten.* Wien.

ZEMB, J.-M. (1981): "Ist die Vorlesung noch zu retten? Überlegungen zu einigen Aporien der wissenschaftsdidaktischen Kommunikation." In: *Wissenschaftssprache. Beiträge zur Methodologie, theoretischen Fundierung und Deskription.* Hrsg. Th. BUNGARTEN. München, S. 454-466.

Mehrwortbenennungen in der deutschen Wirtschaftslexik

Ingrid WIESE, Leipzig

Die Fachlexik zeichnet sich durch eine hohe Dynamik aus. Innerhalb des Gesamtwortschatzes einer Sprache ist der Fachwortschatz am stärksten in Bewegung. Fachliche Benennungsbedürfnisse führen zu einem Anwachsen der Fachwortbestände sowie zu Umstrukturierungen innerhalb des terminologischen Systems. Insbesondere Fachgebiete, die durch die wissenschaftlich-technische Entwicklung stark beeinflußt werden, haben eine hohe Erneuerungsrate ihrer Fachwortbestände.

Eine der wichtigsten Quellen für Neuprägungen ist die Bildung von Fachwörtern nach den vom Sprachsystem vorgegebenen Wortbildungsmitteln. Entsprechend den Benennungserfordernissen der fachlichen Bereiche werden diese Modelle in spezifischer Weise genutzt.

Für das Deutsche gilt als bevorzugte Benennungsart im substantivischen Bereich die Wortbildungskonstruktion, d.h. die Bildung von Benennungen mittels Komposition und Derivation. In Publikationen, die sich mit dem deutschen Wortschatz beschäftigen, wird darauf aufmerksam gemacht, daß die Wortgruppe bei der Benennungsbildung im fachsprachlichen Bereich gegenwärtig an Bedeutung zunimmt (vgl. MÖHN 1986, S. 111 ff; VON HAHN 1980, S. 393). Aus fachsprachlicher Sicht wird die Benennung mit Wortgruppenstruktur – die Mehrwortbenennung – auch als terminologisches Wortgruppenlexem (*Deutsche Fachsprache der Technik* 1978, S. 39), terminologisierte Wortgruppe (FLEISCHER 1982, S. 76) bzw. Mehrwortterminus (HOFFMANN 1984, S. 170) bezeichnet.

D. MÖHN, der den Terminus Mehrwortbenennung bevorzugt, verweist darauf, daß in den Beschreibungen der Wortbildung im Deutschen dieser analytischen Benennungsbildungsart wenig Aufmerksamkeit geschenkt worden ist (MÖHN 1985, S. 115), und will "nicht zuletzt unter dem Gesichtspunkt des fachbezogenen Fremdsprachenunterrichts auf diese vernachlässigte Form von Benennungen in den deutschen Fachsprachen aufmerksam machen" (ebenda, S. 111).

Eine Begriffsprägung, die in Form eines Kompositums verbalisiert wird, ist auf Grund der graphischen Einheit der Neuprägung leicht erkennbar. Bei der Begriffsfixierung mittels Wortgruppe besteht – insbesondere für den Lernenden und für den Nichtfachmann – die Schwierigkeit darin, eine lexikalisierte syntaktische Einheit von einer freien syntaktischen Einheit unterscheiden zu müssen. Durch wiederholten Gebrauch wird die Wortgruppe zu einer reproduzierbaren Benennung, zu einem festen Bestandteil des Benennungsinventars.

Mehrwortbenennungen werden offensichtlich ebenso wie Komposita Benennungsbedürfnissen der fachlichen Kommunikation gerecht. Diese Benennungsbedürfnisse bestehen vor allem in der Versprachlichung der zunehmenden Differenzierung und Spezifizierung fachlicher Begriffsstrukturen. Beispiele wie *gemeiner Bruch, leere Menge, ideales Gas, spaltbares Material, spitzenloses Schleifen; grüner Star, autogenes Training* verdeutlichen, daß in vielen Disziplinen mathematisch-naturwissenschaftlicher, biomedizinischer und technischer Richtung Mehrwortbenennungen zu verzeichnen sind. Das gehäufte Auftreten von Mehrwortbenennungen in Disziplinen wie Informatik und elektronischer Datenverarbeitung – z. B. *integrierte Schaltung, direkter Zugriff, intelligentes Terminal, nichtflüchtiger Speicher, optische Speicherplatte* – zeigt, daß sicherlich bei der Wahl dieser Benennungsart auch das englische Vorbild eine Rolle spielt (vgl. HAHN 1980, S. 393).

In einer kürzlich vorgelegten Untersuchung zu Personenbezeichnungen, die Mehrwortstrukturen aufweisen, stellt P. BRAUN fest, daß es 220 bis 240 Beispiele für personale Mehrwortbenennungen in der deutschen Standardsprache gibt und daß auch in diesem Bereich diese Wortbildungsart noch produktiv ist (BRAUN 1990, S. 49).

Im folgenden sollen Vorkommen und Benennungsleistung von Wortgruppen bei der Benennungsbildung im substantivischen Bereich der deutschen Wirtschaftslexik dargestellt werden sowie auf die fachlexikographische Erfassung dieser Benennungsart eingegangen werden[1].

Die Fachsprache der Wirtschaft ist ein komplexer sprachlicher Bereich mit einer starken Binnendifferenzierung. R. BUHLMANN und A. FEARNS betonen, daß "die sprachliche Kompetenz im Bereich Wirtschaft generell an ein höheres sprachliches Niveau gebunden ist als die sprachliche Kompetenz im naturwissenschaftlich-technischen Bereich" (BUHLMANN/FEARNS 1987, S. 323). Die Bezeichnung Fachsprache der Wirtschaft repräsentiert einen Sammelbegriff. F.-J. SCHAARSCHUH spricht von einer Bereichssprache der Wirtschaft und konstatiert, daß "Wirtschaftsdeutsch" ein Konglomerat von wirtschaftsbezogenen Fachsprachen darstellt (SCHAARSCHUH 1991, S. 144).

Die Zahl der wirtschaftsbezogenen Fachsprachen hat in den letzten Jahrzehnten stark zugenommen. Der technische Fortschritt und die starke Internationalisierung haben zu einem Umbruch in der Wirtschaft geführt. Das *Gabler Wirtschaftslexikon* verweist im Vorwort zur 12. Auflage (1988) darauf, daß es für die vorgelegte Neubearbeitung notwendig war, neben der Darstellung der klassischen Themenbereiche Betriebswirtschaft, Volkswirtschaft, Steuern und

---

1 Die in den Ausführungen gegebenen Beispiele entstammen den im Quellenverzeichnis angeführten Wörterbüchern.

Recht neue Arbeitsfelder und aktuelle Wissensgebiete aufzunehmen. Als Beispiele für wichtige neue Gebiete werden 36 Themenbereiche genannt, so z.B. die Bereiche Betriebssoziologie, Bürokommunikation, Controlling, Energiepolitik, Harmonisierung in der EG, Internationale Unternehmenskooperation, Insolvenzrechtsreform, Joint Venture, Käuferverhalten, Krisenmanagement, Konjunktur- und Stabilitätspolitik, Künstliche Intelligenz, Logistik, Neue Politische Ökonomie, Öffentliche Unternehmen, Personalmanagement, PPS-Systeme, Risk-Management, Strategisches Management, Theorie der Unternehmung, Umwelt- und Ressourcenpolitik, Unternehmenskultur, Unternehmensverfassung, Wirtschaftsförderung. Auch innerhalb traditioneller Bereiche haben einschneidende Umbruchstendenzen stattgefunden. Dies trifft z.B. auf die Kreditwirtschaft zu, da das Wertpapiergeschäft, das Auslandsgeschäft und die Bankautomation "durch neue gesetzliche Regelungen, binnen- und (welt-) wirtschaftliche Strukturveränderungen und eine rasche Verbreitung des sogenannten 'Electronic Banking' " (*Bank-Lexikon* 1988, S. VIII) geprägt sind.

Die durch diese einschneidenden Umbrüche bedingte hohe Innovationsrate des wirtschaftssprachlichen Wortschatzes ist an der Veränderung des Stichwortbestandes bei Neuauflagen von Wörterbüchern ablesbar. So konstatieren die Verfasser des *Wörterbuches für Wirtschaft, Recht und Handel* (Deutsch-Französisch), daß in der 1982 erschienenen 2. Auflage gegenüber der 1964 erschienenen Ausgabe ein Zehntel der Stichwörter weggelassen wurde. Dies betraf u. a. auch Stichwörter, die an Aktualität eingebüßt hatten. Durch die Aktualisierung des Stichwortbestandes umfaßt die Neuauflage 35 Prozent mehr Titelwörter (vgl. POTONNIER 1982, S. V). Die 1990 erschienene 2. Auflage des zweiten Bandes (Französisch-Deutsch) enthält gegenüber der 1970 erschienenen Ausgabe 20 Prozent mehr Titelwörter (vgl. POTONNIER 1990, S. XI).

Wie die Aufzählung der Wissensgebiete zeigt, sind die zu benennenden Sachverhalte im Bereich Wirtschaft sehr vielfältig. Neben Sachverhalten der wirtschaftlichen Praxis sind verschiedenartige theoretische Sachverhalte und juristische Begriffe sprachlich zu realisieren.

Betrachtet man das terminologische Inventar unter dem Aspekt der zur Benennungsbildung verwendeten Benennungsarten, so zeigt sich, daß neben der Komposition auch die Wortgruppe zur Verbalisierung der starken Differenzierung fachlicher Sachverhalte genutzt wird, da Kompositum und Wortgruppe hinsichtlich ihrer Benennungsfunktion gleichwertig sind. Zur Verdeutlichung sollen einige Beispiele genannt werden. Eine starke Differenzierung liegt beim Begriff des Preises vor. Da die Preisbestimmung verschiedenartigen Modifizierungen unterliegt, werden die Preisarten nach bestimmten Gesichtspunkten eingeteilt. Für die Aufstellung einer Typologie der wesentlichen Preisarten werden beide Benennungsarten genutzt. Durch die

Marktform bestimmte Preise sind: *Allgemeinpreis*, *garantierter Preis*, "*open price*", *Schleuderpreis*, *vorgeschriebener Preis* u.a.; Preise nach der Art der Käufer sind u.a. *Ladenpreis*, *Sonderpreis*, *psychologischer Preis* (KAPFERER 1984, 437 ff). Die Verwendung von Bezeichnungen kann auch verbindlich festgelegt sein: "Die Gerichte in der Bundesrepublik Deutschland gestatten die Verwendung der Bezeichnung '*unverbindlicher Richtpreis*' nicht. Für die Kennzeichnung von empfohlenen Preisen läßt das Kartellgesetz nur die Bezeichnung '*unverbindliche Preisempfehlung*' oder '*unverbindlicher empfohlener Preis*' zu" (KAPFERER 1984, S. 461).

Die Charakterisierung der Art der Erwerbstätigkeit führt zu differenzierten Benennungen: Arbeiter werden unter dem Aspekt ihrer Berufsausbildung als *ungelernte Arbeiter*, *angelernte Arbeiter*, *Facharbeiter* (auch *gelernte Arbeiter* genannt) bezeichnet. Angestellte können u. a. *leitende Angestellte* bzw. *Führungskräfte* sein. Weitere Beispiele für Mehrwortbenennungen, die Formen der Erwerbstätigkeit bezeichnen, sind: *mithelfende Familienangehörige*, *freie Mitarbeiter*, *freie Berufe*.

Im Bereich von Handels- und Geschäftstätigkeit müssen viele Sachverhalte nach spezifischen Aspekten unterschieden und eingeteilt werden. Zur sprachlichen Fixierung dieser Spezifizierungen und Differenzierungen dienen Wortgruppen aus Adjektiv/Partizip und Substantiv. Tradierte Benennungen mit Wortgruppenstruktur sind z. B. *unlauterer Wettbewerb*, *doppelte Buchführung*, *flüssige Mittel*, *stille Reserve*, *offene Rechnung*, *schwarzer Markt*, *grauer Markt*, *unbestellte Waren*, *kombinierter Verkehr*, *kleiner Grenzverkehr*, *schwebende Geschäfte*, *schleichende Inflation*.

Wirtschaftliche Grundbegriffe erscheinen vielfach als Basiskomponente von Benennungen mit Wortgruppenstruktur. Mit der Basiskomponente "Geld" sind u. a. folgende Mehrwortbenennungen zu finden: *heißes Geld* (Geldkapital, das zur Erzielung von Spekulationsgewinnen kurzfristig international mobilisierbar ist), *neutrales Geld* (Geld, das sich infolge einer entsprechenden Geldpolitik zum Ablauf des Wirtschaftslebens neutral verhält), *billiges Geld* (geldpolitisches Konzept für eine expansive Geldpolitik), *fluktuierende Gelder* (Geldbeträge, die aus Angst vor Geldentwertungen von Land zu Land geschoben werden), *fremde Gelder* (die einer Bank anvertrauten Gelder), *aufgenommene Gelder* (Gelder, die von einem Kreditinstitut zur Verstärkung der eigenen Liquidität hereingenommen werden), *tägliches Geld* (Leihgeld mit täglicher Kündigung).

Adjektive als Bestandteile von Benennungen mit Wortgruppenstruktur können reihenbildend sein: frei (*freie Güter*, *freie Marktwirtschaft*, *freie Rücklagen*), fest (*fester Wechselkurs*, *feste Kosten*, *fester Verrechnungspreis*, fix (*fixe (feste) Kosten*, *fixer Erlös*, *fixer Verbrauch*), flexibel (*flexibler Wechselkurs*, *flexible Arbeitszeit, flexible Altersgrenze*), offen (*offene Rechnung, offene Inflation, offene Rücklagen*), öffentlich (*öffentliche Hand, öffentlicher Dienst, öffentliche Ausgaben*).

Bei Benennungen mit Wortgruppenstruktur sind antonyme Bildungen charakteristisch. Dadurch werden die begrifflichen Strukturen leichter erkennbar. Die Bedeutungsbeschreibungen innerhalb der Lexika beziehen die Antonyme zumeist in ihre Beschreibungen ein. Antonyme im betriebs- und volkswirtschaftlichen Bereich sind beispielsweise Benennungen wie *fixe* und *variable Kosten*, *offener* und *geschlossener Markt*, *vollkommener* und *unvollkommener Markt*, *negative* und *positive Wirtschaftsgüter*, *fundiertes* und *unfundiertes Einkommen*. Aktien können *leichte* und *schwere Papiere* sein. Währungen werden in *harte* und *weiche Währungen* unterschieden. Antonyme im Bereich der Rechtsbegriffe sind z. B. *grobe* und *leichte Fahrlässigkeit*, *vertretbare* und *unvertretbare Handlung*. Antonyme Beziehungen können auch durch unterschiedliche Benennungsarten realisiert werden, z. B. *variabler Markt* und *Einheitsmarkt*, *freie Stücke* und *Sperrstücke*.

Erscheinungen der Synonymie sind vor allem durch synonyme Beziehungen im adjektivischen Bereich bedingt: *fixe (feste) Kosten*, *variable (veränderliche) Kosten*, *starre (feste, stabile) Wechselkurse*, *gespaltener (multipler) Wechselkurs*, *unfundierte (schwebende) Schulden*.

Im fachlichen Sprachgebrauch kann auch ein paralleler Gebrauch von Wortgruppe und entsprechendem Kompositum vorliegen. Beispiele für solche konkurrierenden Formen sind *fixe (feste) Kosten – Fixkosten/Festkosten*, *berufliche Bildung – Berufsbildung*, *freier Verkehr – Freiverkehr*, *gleitende Arbeitszeit – Gleitarbeitszeit*. Im Text können die Benennungen variierend verwendet werden. Dies zeigen folgende Auszüge aus einem Kapitel zum Thema Fixkosten-Controlling: "Der Begriff der *Fixkosten* ist üblicherweise entscheidungsbezogen verstanden. Die Trennung zwischen *fixen* und *variablen Kosten* resultiert nach diesem Verständnis daraus, daß die Kostenrechnung nur ein unvollständiges Entscheidungsfeld betrachtet..." (SPREMANN/ZUR 1992, S. 543) – "Aber auch abgesehen von *bestellfixen Kosten* ist ein Lagervorgang mit *Fixkosten* verbunden..." (ebenda, S. 550). Die Wahl der Varianten wird offenbar auch durch die Kontexteinbettung beeinflußt.

Die Wortgruppe als Benennung bietet die Möglichkeit, vielgliedrige Benennungen zu bilden. Durch die explizite Verbalisierung begrifflicher Merkmale eignet sich die Wortgruppe zur Bildung von Benennungen, die ein hohes Maß an Genauigkeit anstreben, z. B. Benennungen für rechtliche Sachverhalte. So kann für die Bezeichnung des Spezialfalles einer außerordentlichen Kündigung der Begriff weiter spezifiziert werden: *außerordentliche Kündigung mit sozialer Auslauffrist*. In dieser Benennung kommt zum Ausdruck, daß bei einer *außerordentlichen Kündigung*, die im Regelfall eine *fristlose Kündigung* ist, eine "Sozialfrist" gewährt werden kann. Der Begriff der *Sozialhilfe* wird differenziert in *Hilfe zum Lebensunterhalt* und *Hilfe in besonderen Lebenslagen*.

Weitere Beispiele für tradierte Mehrwortbenennungen rechtlicher Sachverhalte sind: *Handeln auf eigene Gefahr*, *Fälligkeit der Leistung*, *Sorgfalt in eigenen Angelegenheiten*, *Übereignung kurzer Hand*.

Für die Benennung komplexer wirtschaftlicher Sachverhalte werden Wortgruppen verwendet, z. B. *Flucht in Sachwerte*, *Prinzip kaufmännischer Vorsicht*, *Humanisierung der Arbeit*, *Länder der Dritten Welt*.

Benennungen für wirtschaftspolitische Konzepte repräsentieren umfangreiche Sachverhaltsaussagen, z. B. *Politik des erweiterten Zugangs*, *Politik des billigen Geldes*, *Politik des individuellen Schornsteins*, *Politik schrittweiser Reformen*.

Die Angaben von Abkürzungen in den Lexika verweisen darauf, daß komplexe lexikalische Einheiten im Sprachgebrauch aus sprachökonomischen Gründen abgekürzt werden. Dies ist beispielsweise bei mehrgliedrigen steuerrechtlichen Bezeichnungen für Abschreibungen der Fall: *Absetzung für Abnutzung (AfA)*, *Absetzung für Substanzverringerung (AfS)*, *Absetzung für außergewöhnliche technische und wissenschaftliche Abnutzung (AfaA)*.

Charakteristisch für die Fachsprache der Wirtschaft sind Handelsklauseln. Es sind Abkürzungen, mit denen man präzise Vereinbarungen zum Ausdruck bringen kann. So heißt es in der Definition des Begriffs Fabrikpreis: "Die Preisstellung erfolgt *ab Werk* (in der Industrie), *ab Hof* (in der Landwirtschaft) und *ab Kai* (in der Fischwirtschaft)" (KAPFERER 1984, S. 449). Der Abschluß von Kaufverträgen kann unter verschiedenen Bedingungen geschehen: *Kauf auf Abruf*, *Kauf auf Probe/nach Muster*, *Kauf zur Probe*, *Kauf auf/gegen Ziel*.

Im Bankwesen werden ebenfalls Klauseln verwendet: *oder Überbringer*, *aller Orten zahlbar*.

Einen wesentlichen Anteil an den fachsprachlichen Mehrwortbenennungen stellen die Benennungen mit Eigennamenkonstituente dar. Am häufigsten werden Benennungen mit Personennamen gebildet, um den Entdecker bzw. Erfinder auf diese Weise zu ehren. Daneben werden auch geographische Namen zur Benennungsbildung verwendet. Dieses Benennungsprinzip wird in den einzelnen Fachgebieten unterschiedlich genutzt. Eine starke Nutzung des onymischen Benennungsprinzips ist beispielsweise in den technischen Fachsprachen (vgl. NEUBERT 1980) und in der medizinischen Fachsprache (vgl. WIESE 1985) zu verzeichnen. In der Wirtschaftslexik sind Benennungen mit

Eigennamenkonstituente nicht stark vertreten. Als Beispiele sind Benennungen für Gesetze, Theorien, Modelle zu nennen: *Wagnersches Gesetz*, *Mengersche Güteordnung*, *Harzburger Modell*, *Berliner Testament*, *Berliner Verfahren*, *Stuttgarter Verfahren*.

Für die Fachlexikographie stellen Mehrwortbenennungen hinsichtlich ihrer Einordnung in die alphabetische Reihenfolge ein Problem dar. Wenn das Nestverfahren angewandt wird, dann werden die Wortgruppen unter dem inhaltlich bestimmenden Substantiv in das Alphabet eingeordnet. So verfährt beispielsweise das *Lexikon des Rechnungswesens* (1991), das durch Stichwortaufsätze dem Lexikon den Charakter eines Handbuches verleihen will. Im Regelfall wird in den einsprachigen Fachlexika auch bei Mehrwortbenennungen die streng alphabetische Reihenfolge eingehalten. In der Benutzungsanleitung des *Bank-Lexikons* heißt es: "Zusammengesetzte Begriffe wie 'ausländische Wertpapiere', 'beschädigte Banknoten', 'nicht an Order', 'stille Reserven' sind unter dem Wort alphabetisch eingeordnet, wo der Leser sie im allgemeinen suchen wird, das ist in der Regel das Beiwort (Adjektiv)..." (*Bank-Lexikon* 1988, S. X).

Ein weiteres Problem ergibt sich für den Lernenden bzw. Nichtfachmann bei der Benutzung zweisprachiger Wörterbücher. In dem Bemühen, adäquate Übersetzungshilfen zu bieten, wird innerhalb der einzelnen Stichwortartikel lexikalisches Material angeboten. Dabei entsteht die Schwierigkeit, daß syntaktische Fügungen verschiedenen Lexikalisierungsgrades nebeneinander stehen, z. B. *Gemeinsamer Markt*, *flauer Markt*, *lustloser Markt*, *überdachter Markt*, *nicht überdachter Markt* (DIETL 1989, S. 236).

Die Problematik der lexikographischen Erfassung der Mehrwortbenennungen sollte in den fachbezogenen Fremdsprachenunterricht einbezogen werden.

Bibliographie

Quellenverzeichnis

Bank-Lexikon 1988: Handwörterbuch für das Geld-, Bank- und Börsenwesen. 10., vollst. überarb. und erw. Aufl. Wiesbaden.

DIETL, Clara-Enka 1989: *Wirtschaftswörterbuch.* Teil I. Deutsch-englisch. 2., neubearb. und erw. Aufl. Wiesbaden.

Gablers Wirtschafts-Lexikon 1988: 12., vollst. neubearb. und erw. Aufl. Wiesbaden.

KAPFERER, Clodwig 1984: *Kapferer's Marketing-Wörterbuch.* 2. Aufl. 1984. Hamburg-Zürich.

Lexikon des Rechnungswesens 1991: Handbuch der Bilanzierung und Prüfung der Erlös-, Finanz-, Investitions- und Kostenrechnung. Hrsg. von Walther BUSSE VON COLBE. 2., überarb. und erw. Aufl. München-Wien.

POTONNIER, Georges Ed. 1982: *Wörterbuch für Wirtschaft, Recht und Handel.* Bd. 1, Deutsch-Französisch. 2., völlig neu bearb. u. erw. Aufl.. Wiesbaden.

POTONNIER, Georges Ed. 1990: *Wörterbuch für Wirtschaft, Recht und Handel.* Bd. 2 Französisch-Deutsch. 2., völlig neu bearb. und erw. Aufl.. Wiesbaden.

SPREMANN, Klaus/ZUR, Eberhard (Hrsg.) 1992: *Controlling. Grundlagen - Informationssysteme.* Wiesbaden.

Vahlens Großes Wirtschaftslexikon 1987: Hrsg. von Erwin DICHTL und Otmar ISSING. München.

Sekundärliteratur

BRAUN, Peter 1991: "Personale Mehrwortbenennungen in der deutschen Gegenwartssprache". In: *Muttersprache* 101 (1991), S. 48-60.

BUHLMANN, Rosemarie/FEARNS, Anneliese 1987: *Handbuch des Fachsprachenunterrichts.* Berlin-München.

Deutsche Fachsprache der Technik 1978: Von einem Autorenkollektiv unter der Leitung von W. Reinhardt, 2., durchges. Aufl., Leipzig.

FLEISCHER, Wolfgang 1982: *Phraseologie der deutschen Gegenwartssprache.* Leipzig.

HOFFMANN, Lothar 1984: *Kommunikationsmittel Fachsprache. Eine Einführung.* 2., überarb. Aufl. Berlin.

MÖHN, Dieter 1986: "Determinativkomposita und Mehrwortbenennungen im deutschen Fachwortschatz. Hinweise auf einen vernachlässigten Benennungstyp". In: *Jahrbuch Deutsch als Fremdsprache* 12. München, S. 111-133.

NEUBERT, Gottfried: "Eigennamen als Bestandteil von Benennungen". In: *Deutsch als Fremdsprache* 17 (1980), S. 331-336.

SCHAARSCHUH, Fritz-Jürgen 1991: "Wirtschaftsdeutsch = deutsche Fachsprache der Wirtschaft". In: *Deutsch als Fremdsprache* 28 (1991), 3, S. 140-144.

WIESE, Ingrid 1985: "Zur Leistung der Benennungen mit Eigennamenkonstituente in der deutschen medizinischen Fachsprache". In: *Linguistische Studien.* Reihe A. 129/II. Berlin, S. 414-419.

Wortschatzanalyse als Orientierungshilfe im Fachsprachenunterricht

Klaus MORGENROTH, Metz

Der folgende Beitrag befaßt sich mit Aspekten der Wortschatzanalyse im Fachsprachenunterricht unter besonderer Berücksichtigung der Wirtschaftssprache. Dies beinhaltet zunächst einmal eine Vernachlässigung von Morphologie und Syntax: Die Besonderheiten der Fachsprachen gegenüber der Gemeinsprache sind vor allem im Bereich der Lexik, der Terminologiesysteme (in der den Fachsprachen eigenen lexikalischen Systemhaftigkeit), weniger im Bereich von Morphologie und Syntax[1], angesiedelt. Zwar treten in den Fachsprachen morphologische und syntaktische Erscheinungen in spezifischer Form auf, es handelt sich hier aber um quantitative Verdichtungen bestimmter Phänomene, die auch in der Gemeinsprache existieren. Die Lexik besitzt dagegen eigene Struktur- und Gliederungsprinzipien, die in der Gemeinsprache, zumindest in dieser differenzierten Form, nicht vorkommen.

Für die Fachsprachendidaktik ist die Vermittlung lexikalischer Teilmengen und die Schaffung eines Bewußtseins für die Strukturiertheit von Wortschatzsystemen von Bedeutung, weil der lernpsychologische Prozeß der Aneignung der Fachsprachenlexik durch analytische Hilfestellungen wesentlich erleichtert, wenn nicht gar erst ermöglicht wird.

I

Ein allseits bekannter Ansatz zur Bestimmung lexikalischer Teilmengen stammt aus der *Grundwortschatzlexikographie*: Der Grundwortschatz wird hier von der Wortfrequenz her bestimmt. Die "häufigsten" Wörter werden in einer Wortschatzgruppe zusammengefaßt, die als "Grund"-, "Kern-" bzw. "Mindestwortschatz" bezeichnet wird[2]. Der Gesamtwortschatz läßt sich in derartigen Modellen als ein System von etagenförmig aufeinander aufbauenden

---

1 Vgl. Eugen WÜSTER: "Die allgemeine Terminologielehre – ein Grenzgebiet zwischen Sprachwissenschaft, Logik, Ontologie, Informatik und den Sachwissenschaften". In: *Linguistics* 119 (1974), S. 68.

2 Vgl. hierzu Peter KÜHN: *Der Grundwortschatz als Funktionswortschatz. Überlegungen zur Bestimmung, Analyse und Systematisierung des kommunikativen Wortschatzminimums.* Trier 1977; ders.: *Der Grundwortschatz, Bestimmung und Systematisierung.* Tübingen 1979.

Wortschatzsegmenten beschreiben. Der Grundwortschatz wird als prioritär zu lernender Ausschnitt des Gesamtwortschatzes betrachtet. Bekannt und vorbildhaft für diese Methode sind z. B. die in Frankreich durchgeführten Untersuchungen zum *Français fondamental*[3], die einen starken Einfluß auf die Fremdsprachendidaktik ausgeübt haben.

Es existieren zahllose Untersuchungen zur Grundwortschatzlexikographie. Besonders in den sechziger Jahren wurde eine Vielzahl von Frequenzlisten erarbeitet, die mehr oder weniger direkt in die Grundwortschatzlexikographie eingegangen sind, wobei durchaus auch kritisch angemerkt wurde und angemerkt werden soll, daß dieses Vorgehen zu einer gewissen Einseitigkeit geführt hat, denn gerade differenziertere Sachverhalte werden von solchen sprachlichen Einheiten ausgedrückt, die im Text mit geringerer Häufigkeit auftreten, also nicht zum Grundwortschatz gehören. Trotzdem dürfte feststehen, daß derartige statistische Untersuchungen eine wertvolle Hilfe für die Ermittlung der Wortschatzkomponente bei der Erstellung von Lehrbüchern für den Fremdsprachenunterricht gewesen sind.

Eine interessante Anwendungungsmöglichkeit von nach statistischen Gesichtspunkten definierten Teilmengen ist der sogenannte Textdeckungstext, wie ihn z. B. Lothar HOFFMANN[4] (in Anlehnung an den französischen Sprachstatistiker GUIRAUD[5]) vorgestellt hat. Auf der Grundlage statistischer Untersuchungen wird für die untersuchte Fachsprache ein Grundwortschatz von etwa 1200 Einheiten ermittelt. Hervorzuheben ist dabei, daß zu dieser Gruppe von 1200 Einheiten nicht nur die Fachwörter gehören, sondern die Gesamtlexik, also auch Strukturwörter und Wörter des nichtfachsprachlichen Wortschatzes, aber eben in der für die gegebene Fachsprache spezifischen Distribution. Erfahrungswerte zeigen nun, daß mit Hilfe dieses Ausschnitts aus dem Gesamtwortschatz zwischen 80 bis 90% aller Wörter, die in einem beliebigen Text einer gegebenen Fachsprache vorkommen, verstanden werden können. Konkret verfährt man dabei so, daß man jedes Wort, das in einem Text vorkommt, mit der Liste der 1200 häufigsten Wörter abgleicht. Wenn es auf der Liste steht, wird es im Text markiert bzw. eliminiert. Der Prozentsatz der markierten Wörter bezogen auf die Gesamtzahl der im Text vorkommenden Wörter entspricht der Textdeckungsquote.

---

3 GOUGENHEIM, Georges/MICHÉA, René/RIVENC, Paul/SAUVAGEOT, Aurélien: *L'élaboration du français fondamental (1er degré). Etude sur l'établissement d'un vocabulaire de base.* Nouvelle édition refondue et augmentée. Paris 1964.

4 Vgl. z. B. Lothar HOFFMANN: *Kommunikationsmittel Fachsprache. Eine Einführung.* Tübingen 1985, S. 259-260.

5 Pierre GUIRAUD: *Problèmes et méthodes de la statistique linguistique.* Dordrecht 1959.

HOFFMANN schlägt dann weiter vor, in einem zweiten Schritt die internationalen Wörter zu markieren, da diese – zumindest in Sprachenpaaren wie Deutsch-Französisch – häufig die gleiche Bedeutung haben und als bekannt vorausgesetzt werden können, und in einem dritten Schritt die Komposita, deren Konstituenten auf der Liste stehen, sowie die Derivativa von auf der Liste stehenden Ausgangswörtern bei diesem Eliminierungsprozeß zu berücksichtigen.

Wir haben diese Methode auf ein Korpus der deutschen *Betriebswirtschaftslehre* angewendet[6] und gehen dabei von einer etwas umfangreicheren Liste dieses fachsprachlichen Grundwortschatzes aus (1400 Einheiten). Der Unterschied zwischen 1200 und 1400 ergibt sich aus der Tatsache, daß man in dem Gesamtkorpus irgendwo eine Zäsur vornehmen muß, und es ist sinnvoll diese Zäsur zwischen zwei Frequenzsegmenten anzusetzen. Was die Größe der untersuchten Texte angeht, so geht man aus Gründen der Überschaubarkeit und didaktischen Realisierbarkeit von Texten zwischen 100 und 200 Wörtern aus. Der Textdeckungstest kann in folgenden drei Etappen durchgeführt werden:

Erste Etappe: Man eliminiert im Text sämtliche Wörter, die auf der Liste der (1400) häufigsten Wörter stehen.

Zweite Etappe: Man eliminiert alle internationalen Wörter, die im Deutschen und Französischen gebräuchlich sind und etwa die gleiche Bedeutung haben. Im Falle semantischer Verschiebungen zwischen den beiden Sprachen ("falsche Freunde") müssen diese Abweichungen vom Lehrenden natürlich erklärt werden.

Dritte Etappe: a) Man spaltet zusammengesetzte Wörter in ihre Konstituenten auf (Dekomposition) und eliminiert diejenigen Konstituenten, die entweder auf der Liste der 1400 Wörter stehen oder zu den internationalen Wörtern gehören; b) man entfernt diejenigen Wörter, die in enger morphologischer Verwandtschaft zu den lexikalischen Einheiten der Bezugsliste stehen bzw. zu den Internationalismen gehören.

Zu welchen konkreten Ergebnissen man anbei kommt, sei anhand eines Textbeispiels kurz erläutert[7]:

---

6 Vgl. Klaus MORGENROTH: *Le terme technique. Approches théoriques, études statistiques appliquées à la langue de spécialité économique du français et de l'allemand.* Tübingen, Niemeyer 1993.

7 Dieses sowie drei weitere Beispiele werden ausführlich diskutiert in Klaus MORGENROTH: *Le terme technique ...*, op. cit., S. 101ff.

Textbeispiel 1

Der Markt

I. Der empirische Begriff

Die Unternehmen beschaffen auf Märkten und setzen auf Märkten ab. Was ist nun unter dem Begriff "Markt" zu verstehen? Für den Verkäufer bedeutet jede Käufergruppe oder jeder Käufer einen unterschiedlichen Markt. Die Empirie kennt für ein gleiches Gut, das an gleichen oder verschiedenen Orten, zu gleichen oder verschiedenen Zeiten angeboten wird, verschiedene Preise.

Neben diesem abstrakten Marktbegriff gibt es den konkreten Marktbegriff, mit dem man den Ort der Zusammenkunft von Käufer und Verkäufer und/oder Ware bezeichnet. Das ist sowohl der Standort eines Kaufhauses, das ist die Messe, die Auktion, die Börse, letztlich jeder Platz, an dem ein Warenaustausch erfolgt.

Die Ortsanwesenheit der Ware ist nicht unbedingt erforderlich; Beschreibungen, Muster oder Substitute können an ihre Stelle treten. Auch die Zusammenkunft von Käufer und Verkäufer ist nicht unerläßlich. Die Verbindung kann durch Kommunikationsmittel, so Telefon, Post, zustande gebracht werden.

Nach der Art der Abnehmer werden beispielsweise der Großhandels- und Einzelhandelsmarkt unterschieden.

Nach der Art der Ware werden der Weizen-, Baumwoll-, Tabakmarkt unterschieden.

Weitere Differenzierungen des Marktes beziehen sich auf den Marktumfang, so z.B. lokaler Markt oder Weltmarkt.

Erste Bestandsaufnahme:

Gesamtzahl der Wörter: 181

Getreu dem entwickelten Modell werden in der ersten Etappe sämtliche auf der Liste der 1400 häufigsten Wörter stehenden Einheiten entfernt. Man gelangt dann zu folgendem Ergebnis:

Textbeispiel 2

... .

. ... empirische ....

... .
... ... "....." .. ..? ...
... . Käufergruppe ....
.... Empirie ....
...., ..., ..
...., ...
....

.... abstrakten Marktbegriff ....
Marktbegriff, ... Zusammenkunft ... .
... ./.... ....
.... Kaufhauses, ... Messe, ... Auktion, ...
Börse, letztlich ..... Platz, ... Warenaustausch ....
... Ortsanwesenheit ... . unbedingt ....;
............., Muster .... Substitute ....
.... Zusammenkunft ... .
..... unerläßlich. ... .
Kommunikationsmittel, .. Telefon, Post, zustande gebracht ......
.

.... Abnehmer ....
Großhandels- ... Einzelhandelsmarkt ....

.... Weizen-, Baumwoll-, Tabakmarkt
....

....
Marktumfang, ... lokaler .... Weltmarkt.

Bilanz der ersten Etappe:

Gesamtzahl der Wörter:	**181**
Abgleich mit der Liste der 1400 häufigsten Wörter:	**148**
Textdeckungsquote:	**81,77%**

In der zweiten Etappe werden die Internationalismen eliminiert, die als bekannt vorausgesetzt werden können. Es handelt sich um folgende Wörter:

Internationalismen abstrakt, Empirie, empirisch, Kommunikations-, lokal, Post, Substitut, Tabak, Telefon.

Der Text präsentiert sich nach Eliminierung dieser Wörter nun folgendermaßen:

Textbeispiel 3

... .

. ...
... .
... ... "....." .. ..? ...
... . Käufergruppe ....
....
...., ..., ..
...., ...
....

.... Marktbegriff ....
Marktbegriff, ... Zusammenkunft ... .
... ./.... ....
.... Kaufhauses, ... Messe, ... Auktion, ...
Börse, letztlich ..... Platz, ... Warenaustausch ....
.

... Ortsanwesenheit ... . unbedingt ....;
..............., Muster ....
.... Zusammenkunft ... .
..... unerläßlich. ... .
..............mittel, ..., ..., zustande (gebracht)
....

.... Abnehmer ....
Großhandels- ... Einzelhandelsmarkt ....

.... Weizen-, Baumwoll-, ...markt
....

....
Marktumfang, ... Weltmarkt.

Bilanz der zweiten Etappe:

Gesamtzahl der Wörter:	**181**
Abgleich mit der Liste der 1400 häufigsten Wörter:	**148**
Internationale Wörter:	**9**
Textdeckungsquote:	**86,74%**

Schließlich – und dies ist die dritte Etappe – werden die Konstituenten von zusammengesetzten Wörtern und Derivativa (sowie solche Einheiten, die unzweifelhaft zum deutschen Grundwortschatz gehören) aus dem Text entfernt:

Durch Dekomposition rekonstruierbar: Einzelhandelsmarkt (Einzelhandel; Markt), Großhandelsmarkt (Großhandel; Markt), Käufergruppe (Käufer; Gruppe), Marktbegriff (Markt; Begriff), Marktumfang (Markt; Umfang), Waren- (Ware), Zusammen- (zusammen), -mittel (Mittel);

Durch Ableitung rekonstruierbar: Abnehmer (abnehmen), Kauf- (kaufen), letztlich, (letzt-), -austausch (austauschen);

Deutscher Grundwortschatz: Ort, Platz, [unbedingt], -anwesenheit, -haus.

Nun präsentiert sich der Text folgendermaßen:

Textbeispiel 4

```
... .....
. ... ........... ........
... ........... .......... ... ....... ... ......... ... .......
... ... ... ... ..... ... ....... "....." .. ............? ...
... .......... ......... .... .............. .... ...... .......
..... ................. ...... ... ....... ..... ... ...
........ ..., ... .. ......... .... ............. ....., ..
........ .... ............ ...... ......... ...., ............
...... .

..... ....... .......... ............ .... .. ... .........
............, ... ... ... ... ... ... (Zusammen)kunft ... ......
... .......... .../.... .... ........... . ... ... ....... ...
........ ..... ..........., ... ... ... Messe, .... Auktion,
... Börse, ......... ..... ....., .. ... ... .............
.......

... ............. ... .... ... ..... ......... ............;
..............., Muster .... ......... ...... .. .... ......
....... .... ... (Zusammen)kunft ... ...... ... ......... ...
..... unerläßlich. ... .......... .... .....
..................., .. ......., ...., zustande (gebracht)
...... .

.... ... ... ... ....... ...... ............ ...
............ ... .................. ............ .

.... ... ... ... .... ....... ... Weizen-, Baumwoll-, .........
............ .

....... ................ ... ....... .......... .... ... ...
..........., .. .... ....... .... .... ......... .
```

Bilanz der dritten Etappe:

Gesamtzahl der Wörter:	181
Abgleich mit der Liste der 1400 häufigsten Wörter:	148
Internationale Wörter:	9
Durch Ableitung und Dekomposition rekonstruierbar:	14
Textdeckungsquote:	94,47%

Natürlich kann es sich hierbei nur um Anhaltspunkte handeln, die genannten Prozentsätze dürfen nicht absolut gesetzt werde, die Ergebnisse können von

Text zu Text verschieden sein. Allerdings sei zur Validierung dieser Methode festgestellt, daß bei der Analyse verschiedener Texte durchweg Textdeckungsquoten von 90 - 95 % erzielt wurden.

Der Textdeckungstest kann also durchaus als unterrichtsrelevantes Werkzeug betrachtet werden, weil der Lernende das Gefühl vermittelt bekommt, mit begrenzten Mitteln den Einstieg in eine Fachsprache, dazu in der fremden Sprache, zu erhalten. Unabdingbare Voraussetzung wäre allerdings, daß derartige fachwissenschaftliche Grundwortschatzinventare verstärkt auf dem Buchmarkt zu finden sind, damit die Lehrer das Material an die Schüler weitergeben können.

II

Es wäre nun weiter interessant zu wissen, wie derartige lexikalische Inventare in Fachsprachen qualitativ und quantitativ strukturiert sind. Hinsichtlich der *qualitativ-inhaltlichen* Struktur von Fachwortschätzen hat z.B. der französische Lexikologe André PHAL[8] die lexikalische Kategorie des *vocabulaire d'orientation scientifique* eingeführt, der von dem eigentlichen fachsprachlichen Wortschatz abzugrenzen ist. Wenn man noch andere Ansätze hinzunimmt, so z.B. den der deutschen Romanistin IHLE-SCHMIDT[9], läßt sich die Wortschatzstruktur der Wirtschaftssprache in folgende fünf lexikalische Kategorien untergliedern:

Strukturwörter (mots structuraux), z.B.: nach, für; zwei; sein, ihr; haben etc.

Wörter der Gemeinsprache (mots généraux), z.B.: verstehen; gut; Wort; Haus etc.

Allgemeiner wissenschaftlicher Wortschatz (vocabulaire général d'orientation scientifique), z.B.: Reduktion; abstrakt; Extrapolation; Hochrechnung

Allgemeiner wirtschaftlicher Wortschatz (vocabulaire général d'orientation économique), z.B.: Arbeitslosigkeit; Wachstum; Inflation etc.

Wirtschaftlicher Fachwortschatz (termes techniques), z.B.: Außenfinanzierung; Investitionsrücklage; Cash flow.

---

8 André PHAL: "Le vocabulaire général d'orientation scientifique: Essai de définition et méthode d'enquête". In: *Les Langues de spécialité. Analyse linguistique et recherche pédagogique*. Actes du stage de Saint-Cloud du 23 au 30 novembre 1967. Strasbourg 1970.

9 Liselotte IHLE-SCHMIDT: *Studien zur französischen Wirtschaftssprache*. Frankfurt am Main 1983.

Der Nutzen solcher Untergliederungen besteht darin, daß der subjektive Eindruck, den man beim Lernen von Fremdsprachen (und Fachsprachen) häufig hat, nämlich einem unendlich großen sich beliebig erneuernden Material gegenüberzustehen, auf diese Weise relativiert werden kann: Es genügt, wenn man sich ein paar hundert Wörter des fachsprachlichen Wortschatzes aneignet, denn die 1200 (bzw 1400) Wörter umfassende Liste besteht ja nur zum Teil aus fachsprachlichem Material, ein Teil der Wörter kann als bekannt vorausgesetzt werden (Strukturwörter; fachsprachenspezifischer Wortschatz der Gemeinsprache; Internationalismen etc.).

Es sei an dieser Stelle noch einmal auf den oben angesprochenenen möglichen Einwand eingegangen, daß gerade die seltener vorkommenden Fachwörter die Hauptträger der wissenschaftlichen Information sind und daß daher die Anwendung der Mindestwortschatzlexikographie auf den Fachsprachenbereich fehl am Platze sei, weil ja gerade die seltener vorkommenden Fachtermini für die Fachsprachen konstitutiv sind. Der Einwand ist zunächst einmal nicht von der Hand zu weisen. Allerdings läßt er sich dahingehend relativieren, daß wesentliche Bedeutungsanteile der selten vorkommenden Fachwörter erst im syntagmatischen Zusammenhang entstehen, wo sie entwickelt und definiert werden, während bei den häufiger vorkommenden Grundwortschatzwörtern die Bedeutung auf paradigmatischer Ebene in stärkerem Maße vorgegeben und im Text ohne weitergehende Festlegungen verständlich wird. Die Bedeutung der (selten vorkommenden) Fachbegriffe kann also häufig im Kontext erschlossen werden: Sie werden im Text *bearbeitet*, während die fachsprachlichen Grundwortschatzwörter im Text *verwendet* werden.

Nachdem bisher auf die inhaltlich-qualitative Untergliederung des Wortschatzes in seine verschiedenen lexikalischen Kategorien eingegangen wurde, soll nun noch kurz zusammengefaßt werden, wie sich diese Untergliederung *quantitativ* niederschlägt, d. h. welcher prozentuale Anteil den einzelnen Kategorien jeweils zukommt. Die Auszählung für den betriebswirtschaftlichen Mindestwortschatz (1400, genau: 1401 Einheiten) zeigte folgende Ergebnisse[10]: In dem untersuchten Ausschnitt gehörten 123 Wörter (8,78%) zu den Strukturwörtern, 575 (etwa 41%) zu den Wörtern der Gemeinsprache, 201 (etwa 14,35%) zum allgemeinwissenschaftlichen Wortschatz. Nur rund 500 Wörter (35,83%) waren Fachwörter, wobei wiederum gut die Hälfte davon zum allgemeinwirtschaftlichen Wortschatz gehörte und zum Teil bekannt sein dürfte. Man kann aus diesen Zahlen nur indikative Schlußfolgerungen ziehen:

---

10 Ibd., S. 69ff.

1) Die Vermittlung eines fachsprachlichen Grundwortschatzes von etwa 500 Einheiten führt zu durchaus befriedigenden Resultaten im Hinblick auf die Arbeit mit Fachtexten, vor allem beim *Textverständnis*, aber auch bei der *Textproduktion*, vorausgesetzt, daß ausreichende Grammatikkenntnisse sowie ein erweiterter Basiswortschatz zur Kompetenz des Lerners gehören.

2) Die Untergliederung dieses Wortschatzes in a) einen allgemein-wirtschaftlichen Anteil und b) die eigentliche Fachterminolgie erleichtert in lernpsychologischer Hinsicht den Wortschatzerwerb, weil der Lernende sich darüber bewußt ist, daß nur etwa 250 (genau: 236) Wörter zu den seltenen, "schwierigeren" Wörtern gehören, während wiederum rund 250 (genau: 266) Einheiten zu den häufigeren, z. T. schon bekannten Wörtern gehören und bereits mit Bedeutungskonturen behaftet sind.

3) Eine generelle Berücksichtigung der Internationalismen[11] im Fachsprachenbereich scheint unerläßlich zu sein. Dieses Wortschatzsegment kommt (in unterschiedlicher Distribution) in allen Fachsprachen vor. Dessen Vermittlung sollte daher dem eigentlichen Fachsprachenunterricht, nicht unbedingt chronologisch, aber systematisch vorgelagert sein. Unabdingbare Voraussetzung dafür ist allerdings, daß charakteristische semantische Verschiebungen im interlingualen Bereich berücksichtigt werden. Das bedeutet konkret ein Eingehen auf die sogenannten *faux amis*, die "falschen Freunde". Erinnert sei an Wörter wie *Promotion* und *promotion*, *Kabinett* und *cabinet*, die im Deutschen und Französischen (partiell) unterschiedliche Bedeutungen haben.

III

Zur Bestimmung lexikalischer Teilmengen sind weiterhin solche Ansätze von Interesse, die den Wortschatz nach semantisch-logischen Gesichtspunkten untergliedern. In diesem Zusammenhang möchte ich von der in der russischen Terminologieforschung[12] entwickelten Opposition von *Terminologie* und *Nomenklatur* ausgehen und sie auf die Fachsprachendidaktik anwenden: Die Terminologie einer Fachsprache ist das gedanklich-systematische Gerüst der Wissenschaft, während Nomenklaturen wie bloße *empirische Listen* bestimmten Einheiten der Terminologie zugeordnet werden. Einheiten der Terminologie dienen also der *Systematisierung und Klassifikation* der Nomenklaturzeichen. Neben diesem Aspekt der *aktiven Gliederungsfunktion* von Terminologieeinheiten gegenüber der passiven Rolle des

---

11 Vgl. Peter BRAUN/Burkhard SCHAEDER/Johannes VOLMERT (Hgg.): *Internationalismen. Studien zur interlingualen Lexikologie und Lexikographie*. Tübingen 1990.

12 Vgl. Klaus MORGENROTH: *Le terme technique ...*, op. cit., S. 15ff.

Gegliedertwerdens bei Nomenklatureinheiten können noch weitere Kriterien zur Unterscheidung herangezogen werden:

Figur 1

Terminologiezeichen	Nomenklaturzeichen
Oberbegriffe	**Unterbegriffe**
motiviert	**konventionell**
autoexplikativ	**hermetisch**
Symbole	**Signale**
universelle Identifikation	**partielle Identifikation**
mit unbestimmtem Artikel	**nur mit bestimmtem Artikel**
Pluralform möglich	**nur im Singular verwendbar**
diachronisch stabil	**diachronisch instabil**

Terminologiezeichen sind nach unseren Beobachtungen stets *Oberbegriffe*, Nomenklaturzeichen stehen am Ende eines hierarchischen Klassifikationsprozesses, sind also *Unterbegriffe*. Terminologiezeichen sind begrenzt *autoexplikativ*, d.h. der Leser kann sich eine erste Vorstellung über die Bedeutung dieser Begriffe auch unabhängig vom Kontext machen. Nomenklaturzeichen sind *hermetisch*, d.h. ihre Bedeutung kann ohne zusätzliche Erklärung nicht selbsttätig erschlossen werden. Es liegt also eine gewisse *Motiviertheit* bei Terminologieeinheiten vor, während Nomenklaturzeichen ausschließlich *konventionell* sind. Diese tendenzielle Motiviertheit des Terminologiezeichens ergibt sich aus der Tatsache, daß es seine Bedeutung nicht nur aus der konventionellen Verknüpfung von *Signifikant* und *Signifikat* sondern auch aus seiner Stellung innerhalb eines Begriffssystems bezieht, was bei den Nomenklaturzeichen nicht der Fall ist. Insgesamt kann man bei Terminologiezeichen von einem *symbolischen Wert* sprechen, d.h. es liegen vielfältige gedankliche Verknüpfungen vor, die sich teils innerhalb des terminologischen Systems selbst bewegen, teils aus diesem hinausführen, während Nomenklaturzeichen sich wie *Signale* verhalten, in dem Sinne, daß die Motiviertheit des Signals geringer ist, es ist austauschbarer.

Im Bereich der wissenschaftlichen Kommunikation werden Terminologieeinheiten *universell identifiziert*, d. h. auch über die Grenzen wissenschaftlicher Schulen oder über nationale Grenzen hinweg. Der "Identifikationsradius" von Nomenklaturzeichen ist dagegen weitaus reduzierter.

Auf der syntaktischen Ebene können Nomenklaturzeichen nicht in den Plural gesetzt werden und auch nicht in Verbindung mit dem unbestimmten Artikel verwendet werden. Der letztgenannte Aspekt hat etwas mit den Konstruktionsprinzipien der Definition zu tun, was an dieser Stelle aber nicht weiter ausgeführt werden soll.

Schließlich kann im einzelnen nachgewiesen werden, daß die *diachronische Stabilität* von Terminologiezeichen größer ist als die der Nomenklaturzeichen. Dies bedeutet nichts anderes, als daß die "Langlebigkeit" der klassifikatorischen Terminologieeinheiten größer ist als die der stärker durch wechselnde Realitäten beeinflußten Nomenklatureinheiten. Die genannten Kriterien seien im folgenden anhand eines Beispiels verdeutlicht.

Das terminologische Subsystem der betrieblichen Steuern besteht aus den drei Terminologiezeichen *Umsatzsteuern*, *Gewinnsteuern* und *Vermögensteuern* und verschiedenen Nomenklaturzeichen, die ersteren zugeordnet sind. Die in *Figur 2* in Großbuchstaben gedruckten Terminologiezeichen sind *Oberbegriffe*, die in Groß- und Kleinbuchstaben gedruckten Nomenklaturzeichen sind ausschließlich Unterbegriffe.

Der partiell *autoexplikative* Charakter der Oberbegriffe ergibt sich aus dem jeweiligen Steuergegenstand (das, was besteuert wird), auf den diese Begriffe verweisen:

Figur 2

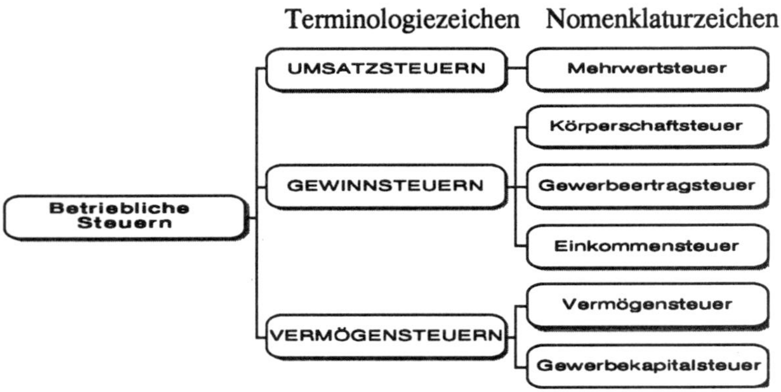

Man erhält lediglich über die Anschauung der Benennungen die Information, daß es sich um Steuern auf den Gewinn, auf das Vermögen und auf den Umsatz handelt. Außerdem erhält man die Information, daß sich die betrieblichen Steuern in drei Kategorien untergliedern lassen. Bei den Nomenklaturzeichen ist die semantische Entschlüsselung sehr viel schwieriger. Wie soll man bei der Mehrwertsteuer vom Begriff her auf das Prinzip der Mehrwertbesteuerung schließen können? Wer weiß schon, daß die *Mehrwertsteuer* eine *Umsatzsteuer* ist? Dies gilt noch mehr für die *Körperschaftsteuer*. Dem Normalverbraucher ist diese Steuer unbekannt, er weiß in der Regel nicht, daß es sich um eine Gewinnsteuer für juristische Personen handelt. Was die *Gewerbeertragsteuer* angeht, so wird hier ein fachsprachliches Synonym für *Gewinn*, nämlich *Ertrag* verwendet, ein Wort, dessen genaue Bedeutung ebenfalls unbekannt ist: Der *Gewerbeertrag* ist der *gewerbliche Gewinn*, den ein Unternehmen erzielt. Auf Grund dieser starken fachsprachlichen Prägung des Begriffs ist der selbst-erschließende Zugang zu dem Begriff zumindest erschwert. Im Falle der *Einkommensteuer* dürfte für die meisten Nicht-Fachleute verwirrend sein, zu verstehen, daß wir es in diesem Fall mit einer *Gewinnsteuer* zu tun haben, insofern, als der an natürliche Personen ausgeschüttete gewerbliche Gewinn im Rahmen der Einkommensteuer zu versteuern ist. Eine selbsterklärende Begriffserschließung wird hier also dadurch erschwert, daß die meisten die Einkommensteuer als eine Gehaltssteuer für Höherverdienende ansehen. Im Falle der *Vermögensteuer* (als Nomenklatureintrag) besteht die Schwierigkeit darin, daß hier Homonymie des Nomenklaturzeichens mit dem Terminologiezeichen vorliegt: Es gibt eben die *Vermögensteuer*, eine Landessteuer, die auf persönliches und gewerbliches Vermögen erhoben wird. Diese "Vermögensteuer" (als Nomenklaturzeichen und Unterbegriff) ist eine *Vermögensteuer* (als Terminologiezeichen und Oberbegriff): Es gibt andere Vermögensteuern, so die Gewerbekapitalsteuer oder die französische Vermögensteuer (ISF), deren Steuergegenstand und Einzugsverfahren von der deutschen Vermögensteuer stark abweichen.

Die *universelle Identifikation* bei den Terminologiezeichen ergibt sich aus der Tatsache, daß jeder Wirtschaftswissenschaftler, auch im internationalen Maßstab, die Terminologiezeichen *Umsatzsteuer*, *Gewinnsteuer* und *Vermögensteuer* ähnlich verstehen und definieren wird, aber nicht die inhaltliche Auffüllung der dazugehörigen Nomenklaturzeichen, die stark von den nationalen Gegebenheiten und historischen Gewohnheiten abhängig ist: Was von wem wann und wie besteuert wird, ist von einem Land zum anderen sehr unterschiedlich.

Hinsichtlich der Verwendung von *Pluralform und unbestimmtem Artikel* dürfte Einhelligkeit darüber bestehen, daß man nicht eine *Mehrwertsteuer* sagt, genausowenig wie man von *Mehrwertsteuern* sprechen kann (außer vielleicht um darauf hinzuweisen, daß es von einem Land zum anderen unterschiedliche Mehrwertsteuer*sätze* gibt). Das gleiche gilt für Verwendungen wie eine *Körperschaftsteuer*, eine *Gewerbeertragsteuer*, eine *Einkommensteuer*, eine *Vermögensteuer* (als Nomenklatureintrag) und eine *Gewerbekapitalsteuer*. Auch die Pluralformen *Mehrwertsteuern*, *Körperschaftsteuern*, *Gewerbeertragsteuern*, *Einkommensteuern*, *Vermögensteuern* (Vermögensteuer als Nomenklatureintrag) sowie *Gewerbekapitalsteuern* sind unzulässig. Daß diese Einschränkung bei den Terminologieeinheiten nicht vorhanden ist, braucht hier wohl nicht mehr vorgeführt zu werden.

Auf *diachronischer* Ebene scheinen Veränderungen in stärkerem Umfang auf der Ebene der Nomenklaturzeichen vorzukommen, eine größere Stabilität auf der Ebene der Benennungen wie der Bedeutungen scheint für die Terminologiezeichen kennzeichnend zu sein. So gibt es im zwanzigsten Jahrhundert unterschiedliche Formen der Umsatzbesteuerung. In den zwanziger Jahren war die Form der Besteuerung des Bruttoumsatzes (d.h. grosso modo der Gesamtheit der Bruttoverkaufspreise) üblich, während die heutige Mehrwertsteuer eine Nettoumsatzsteuer ist. Wechselnde Besteuerungsverfahren und dementsprechend wechselnde Bezeichnungen sind hier die Regel, die terminologische *Kategorie der Umsatzsteuer* dagegen blieb stabil.

Diese Feststellungen scheinen mir besonders interessant für die Fachsprachendidaktik. Den beiden beschriebenen logisch-begrifflichen Gliederungsebenen der Terminologiesysteme in Terminologie (im engeren Sinn) und Nomenklatur entsprechen auf der psychologisch-mentalen Ebene unterschiedliche Lernprozesse: Gliederungsbegriffe (Terminologieeinheiten) vermitteln den Zugang zur Fach*wissenschaft*, zu deren Aufbau, Methodik etc. Nomenklaturzeichen vermitteln zwischen wissenschaftlicher Methodik und *Empirie*.

Figur 3

Terminologiezeichen

↓

Nomenklaturzeichen

↓

empirische Welt

Diese beiden unterschiedlichen Gliederungsebenen, sowohl auf logisch-begrifflicher als auch auf lernpsychologischer Ebene können dem Teminologieunterricht zunutze gemacht werden. Dabei sollte im Unterricht immer zuerst das *terminologische* Subsystem vorgestellt werden, dem in einem zweiten Schritt die dazugehörigen Nomenklaturzeichen zugeordnet werden. Diese Reihenfolge erscheint geboten, denn Nomenklaturzeichen haben unabhängig vom System keinerlei Aussagekraft. Es ist aber leider in der Praxis häufig die Regel, daß der Lerner zuerst mit den Nomenklaturzeichen konfrontiert ist. Dies ist auch nicht verwunderlich, denn der Nomenklaturwortschatz ist unmittelbar aus der Empirie abgeleitet. So kommt der Normalverbraucher mit der *Grundsteuer*, der *Mehrwertsteuer*, der *Kraftfahrzeugsteuer* (Nomenklatureinheiten) zuerst in Berührung, er weiß aber häufig nichts darüber, ob es sich beispielsweise um eine direkte oder eine indirekte Steuer, um eine Umsatzsteuer, Verbrauchssteuer, Verkehrssteuer handelt.

Das *terminologische Subsystem* verschafft den Einblick in das logisch-begriffliche Gerüst eines bestimmten Gebietes. Das hierzu notwendige systematische Wissen muß bei der Einführung des jeweiligen Wissensgebiets mitgeliefert werden. Es müssen Grundlagen der Wissenschaft vermittelt werden, sonst hat Terminologieunterricht keinen Sinn. So muß in folgendem Beispiel (Figur 4) der Unterschied zwischen direkten und indirekten Steuern erklärt werden, zwischen Umsatzsteuern und Verbrauchsteuern usw. Bei diesen Erklärungen spielt neben den Terminologie- und Nomenklaturzeichen eine dritte Gruppe von Begriffen eine Rolle, die nicht selbst zu dem terminologischen Subsystem gehören und die man hier zunächst einmal als *Hilfsbegriffe* bezeichnen könnte. Sie werden bei Begriffsdefinitionen verwendet - häufig in binären logischen Konstellationen. Bei der Unterscheidung von direkten und indirekten Steuern z.B. hat sich der Begriff der *Steuerüberwälzung* vielfach als Hilfsbegriff durchgesetzt: Indirekte Steuern werden vom Verkäufer (Steuerzahler) auf den Käufer (Steuerträger) überwälzt, bei direkten Steuern ist der Steuerzahler mit dem Steuerträger identisch, eine Überwälzung kann somit nicht stattfinden[13].

Quantitativ gesehen sind solche terminologischen Subsysteme nicht sehr umfangreich. Zehn bis maximal zwanzig solcher Terminologieeinheiten genügen in der Regel, um ein ganzes Gebiet, so z.B. das der Steuern flächendeckend zu klassifizieren. Das Beispiel der Steuerterminologie (Subsystem *direkte - indirekte Steuern*) mag dies illustrieren, hier sind es sieben Terminologieeinheiten.

Wir haben derartige Klassifikationen im Bereich der betriebswirtschaftlichen Terminologie systematisch durchgeführt, die Terminologiesysteme sind durchweg überschaubar. Auch das Beispiel der *Rechtsformen* (*Figur 5*) zeigt, daß die Arbeit mit terminologischen Subsystemen im schulischen und universitären Fachsprachenunterricht durchaus praktikabel ist, zumal in diesem Fall die Liste der Nomenklaturzeichen die Liste der Terminologiezeichen quantitativ nicht übersteigt.

Das *Subsystem der Nomenklaturzeichen* vermittelt, wie bereits festgestellt, den Zugang zur Empirie. Während man bei der Terminologievermittlung Vollständigkeit anstreben sollte, kann und muß bei Nomenklatursystemen aufgrund des i.d.R. größeren Materialumfangs eine Auswahl getroffen werden. Kriterium für die Auswahl sollte neben der statistischen Repräsentativität und der zielgruppenorientierten Auswahl des didaktischen Materials auch die *landeskundliche Perspektive* sein, ein Aspekt, auf den zum Schluß noch kurz eingegangen werden soll: Empirische (nationale) Eigentümlichkeiten kommen

---

[13] Natürlich kann in diesem Rahmen nicht auf die Diskussion eingegangen werden, die in der *Fachwissenschaft* bezüglich der Validität bzw. Nicht-Validität des Kriteriums der Überwälzung für die Begriffsbestimmung der Dichotomie *direkte/indirekte Steuer* geführt wird.

nicht so sehr auf der Ebene der Terminologiesysteme sondern in weit stärkerem Maß auf der Ebene der Nomenklaturzeichen zum Ausdruck.

Es kann durchaus motivierend sein, wenn man solche landeskundlichen Elemente stärker im Unterricht berücksichtigt. Dies sei zum Schluß kurz anhand einiger Beispiele angedeutet: Die französische Rechtsform der *Société à responsabilité limitée* war vor 1918 in Frankreich unbekannt. Sie verbreitete sich in Frankreich in den zwanziger Jahren, nachdem in Lothringen unter der deutschen Besetzung zwischen 1871 und 1918 die *Gesellschaft mit beschränkter Haftung* eingeführt worden war und sich zunehmender Beliebtheit erfreute. Oder ein anderes Beispiel: Es existiert in Deutschland eine *Hundesteuer* (sie gehört neben der *Erbschaftsteuer* oder der *Grundsteuer* zu den *Besitzsteuern*) und - wen würde dies verwundern - eine *Biersteuer*.

Figur 4

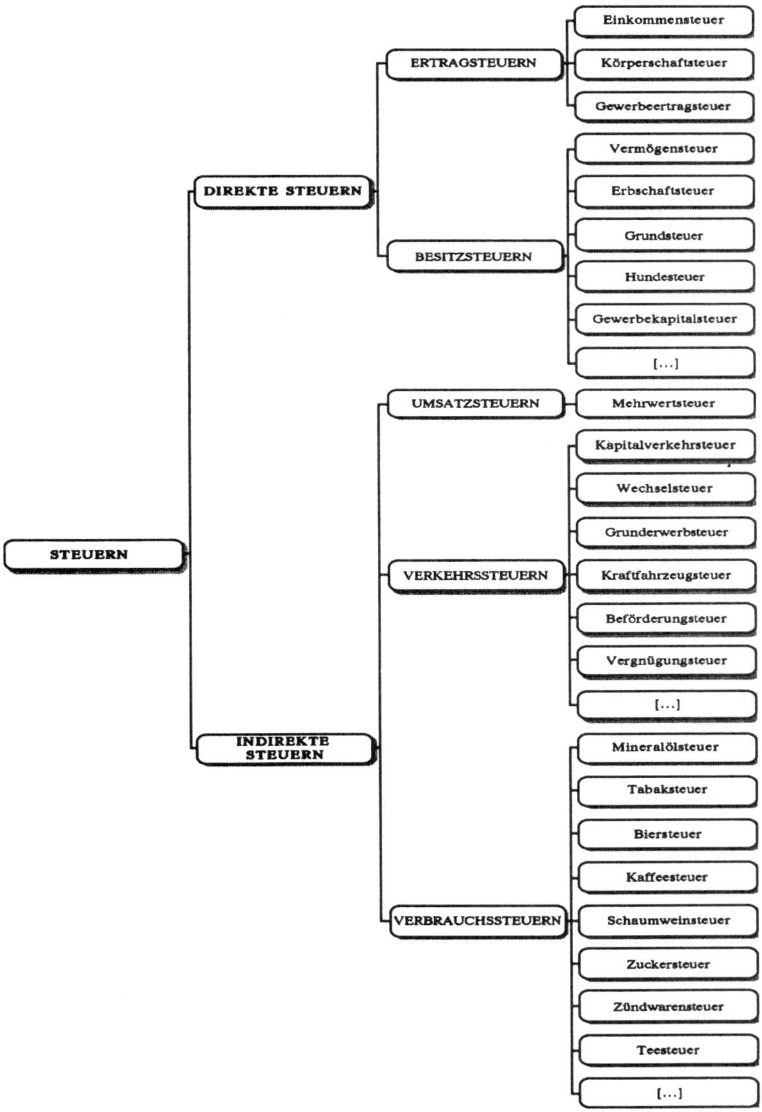
STEUERN
DIREKTE STEUERN
ERTRAGSTEUERN
Einkommensteuer
Körperschaftsteuer
Gewerbeertragsteuer
BESITZSTEUERN
Vermögensteuer
Erbschaftsteuer
Grundsteuer
Hundesteuer
Gewerbekapitalsteuer
[...]
INDIREKTE STEUERN
UMSATZSTEUERN
Mehrwertsteuer
VERKEHRSSTEUERN
Kapitalverkehrsteuer
Wechselsteuer
Grunderwerbsteuer
Kraftfahrzeugsteuer
Beförderungsteuer
Vergnügungsteuer
[...]
VERBRAUCHSSTEUERN
Mineralölsteuer
Tabaksteuer
Biersteuer
Kaffeesteuer
Schaumweinsteuer
Zuckersteuer
Zündwarensteuer
Teesteuer
[...]

Figur 5

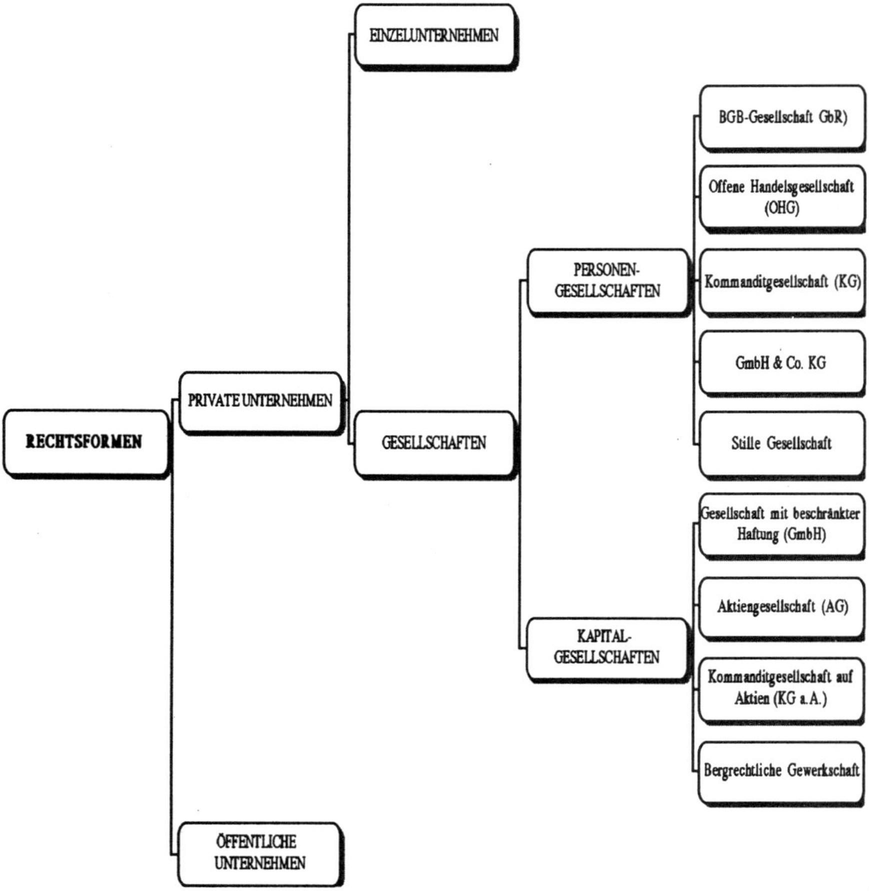
EINZELUNTERNEHMEN
BGB-Gesellschaft GbR)
Offene Handelsgesellschaft (OHG)
PERSONEN-GESELLSCHAFTEN
Kommanditgesellschaft (KG)
GmbH & Co. KG
PRIVATE UNTERNEHMEN
RECHTSFORMEN
GESELLSCHAFTEN
Stille Gesellschaft
Gesellschaft mit beschränkter Haftung (GmbH)
Aktiengesellschaft (AG)
KAPITAL-GESELLSCHAFTEN
Kommanditgesellschaft auf Aktien (KG a.A.)
Bergrechtliche Gewerkschaft
ÖFFENTLICHE UNTERNEHMEN

Bibliographie

BRAUN, Peter/SCHAEDER, Burkhard/VOLMERT, Johannes (Hgg.): *Internationalismen. Studien zur interlingualen Lexikologie und Lexikographie.* Tübingen 1990.

GOUGENHEIM, Georges/MICHÉA, René/RIVENC, Paul/SAUVAGEOT, Aurélien: *L´élaboration du français fondamental (1er degré). Etude sur l´établissement d´un vocabulaire de base.* Nouvelle édition refondue et augmentée. Paris 1964.

GUIRAUD, Pierre: *Problèmes et méthodes de la statistique linguistique.* Dordrecht 1959.

HOFFMANN, Lothar: *Kommunikationsmittel Fachsprache. Eine Einführung.* Tübingen 1985.

IHLE-SCHMIDT, Liselotte: *Studien zur französischen Wirtschaftssprache.* Frankfurt am Main 1983.

KÜHN, Peter: *Der Grundwortschatz als Funktionswortschatz. Überlegungen zur Bestimmung, Analyse und Systematisierung des kommunikativen Wortschatzminimums.* Trier 1977.

KÜHN, Peter: *Der Grundwortschatz, Bestimmung und Systematisierung.* Tübingen 1979.

MORGENROTH, Klaus: *Le terme technique. Approches théoriques, études statistiques appliquées à la langue de spécialité économique du français et de l´allemand.* Tübingen, Niemeyer 1993.

PHAL, André: "Le vocabulaire général d´orientation scientifique: Essai de définition et méthode d´enquête". In: *Les Langues de spécialité. Analyse linguistique et recherche pédagogique.* Actes du stage de Saint-Cloud du 23 au 30 novembre 1967. Strasbourg 1970.

WÜSTER, Eugen: "Die allgemeine Terminologielehre – ein Grenzgebiet zwischen Sprachwissenschaft, Logik, Ontologie, Informatik und den Sachwissenschaften". In: *Linguistics* 119 (1974), S. 61-106.

II Morphologisch-syntaktische Aspekte

Morphologisch-syntaktische Strukturen in Fachtexten

Annerose BUSCHA, Leipzig

Fachsprachenforschung hieß jahrzehntelang vor allem gründliche Analyse des Bestandes und der Entwicklungstendenzen von Fachwortschätzen. Hier wurde eine verdienstvolle Arbeit geleistet, der auch wir im Bereich Deutsch als Fremdsprache viele Anregungen und grundlegende Lehrwerke verdanken. Ende der sechziger Jahre traten weitergehende Fragestellungen auf, angeregt einerseits durch die Funktionalstilistik und andererseits bedingt durch die "pragmatische Wende" in der Linguistik, die eine kommunikativ orientierte Sprachbetrachtung förderten. In der Aufarbeitung der damals ins Bewußtsein gerückten Probleme wurde die isolierte Wortschatzarbeit aufgehoben in umfassenderen Modellen. Ausgehend vom Fachtext als wesentlichem Bestandteil fachlichen Handelns wurden in einer auf Ganzheitlichkeit orientierten Betrachtungsweise neben den Fachwortschätzen die Textlinguistik, die Pragmatik und nicht zuletzt die aus dem fachbezogenen Fremdsprachenunterricht gewonnenen Erfahrungen in die Diskussion einbezogen. Aus der Hinwendung zu größeren kommunikativen Zusammenhängen entsprangen Versuche zur Fixierung von Textsorten auf der Grundlage der Intentionen, Textfunktionen, Kommunikationsverfahren und Darstellungsarten. Wenn auch Lothar HOFFMANN schon 1984 einschränkend anmerkt, daß all diese Versuche der Vielfalt fachsprachlicher Prosa nicht gerecht werden, u.a. deshalb, weil die entsprechenden Typen nur selten scharf voneinander abgrenzbar und ihnen noch seltener bestimmte sprachliche Mittel zuzuordnen sind[1], so wurden doch durch diese komplexe Sichtweise Ergebnisse erreicht, die Sprachlehrern und Sprachlernern praktische Hilfen bei der Einordnung und Analyse von Fachtexten bieten.

Wenn ich mich im weiteren bei der Betrachtung bestimmter Textsorten vor allem morphologisch-syntaktischen Fragen zuwende, so sehe ich mich in diesem Vorgehen gerechtfertigt durch die von Lothar HOFFMANN vorgeschlagene ganzheitliche Textanalyse, unter der er "die Integration aller wichtigen distinktiven Merkmale auf den einzelnen Ebenen der sprachlichen Hierarchie in absteigender Richtung von den Makrostrukturen und Vertextungsmitteln über die Syntax und Lexik bis zu den grammatischen Kategorien und den sie repräsentierenden Morphemen"[2] versteht. Auch in der Fremdsprachendidaktik setzt sich wohl ein Konzept durch, das eine Trennung in "Systemlinguistik" und

---

1 Lothar HOFFMANN: "Fachtextlinguistik". In: *Fachsprache.* Wien 1984, Heft 2, S. 62.

2 Lothar HOFFMANN, ebd., S. 63.

"Kommunikationslinguistik" umgeht[3]. Die Zeit der pauschalisierenden Gegenüberstellungen ist offenbar vorüber. Auch die griffige Formel "Allgemeinsprache versus Fachsprache" ist in den achtziger Jahren zweifelhaft geworden. Schon 1981 spricht K. HYLDGAARD-JENSEN in seinem programmatischen Vortrag auf dem Poznaner Symposium zu Deutsch als Fremdsprache über "Wechselbeziehungen zwischen der Allgemeinsprache und der Fachsprache"[4].

Wie eng diese Beziehungen sind, zeigte sich uns nicht nur bei der Erarbeitung von Lehrmaterial für den fachsprachlich orientierten Deutschunterricht an Ausländer sowie bei der Lehrwerkanalyse in einem Seminar mit künftigen Deutsch als Fremdsprache-Lehrern an der Sektion Germanistik der Leipziger Universität, sondern auch bei der Erarbeitung der ersten Fassung der *Deutschen Grammatik. Ein Handbuch für den Ausländerunterricht* (1972) und der vergleichenden Betrachtung der neuen Fassung[5]. Die genannte Grammatik beschreibt die Allgemeinsprache, wobei aber entsprechend der Bedeutung der Fachsprachen mehrfach auf die Besonderheiten der Verwendung bestimmter morphologisch-syntaktischer Strukturen in den Fachsprachen Bezug genommen wird. Es sollen hier nur drei vieldiskutierte Komplexe untersucht werden, mit denen sich auch die Fachsprachenlinguistik immer wieder auseinandergesetzt hat: die Funktionsverbgefüge, der Konjunktiv und der Relativsatz.

1. Funktionsverbgefüge

1964 wurden im ersten Band des *Wörterbuchs der deutschen Gegenwartssprache* die Funktionsverbgefüge noch mit dem pejorativen Etikett "papierdeutsch" versehen, bis sie schließlich nach den Arbeiten von P. V. POLENZ, H.-J. HERINGER u.a. salonfähig wurden und auch in der deutschen Grammatik einen festen Platz fanden. In dem Aufsatz "Probleme der Beschreibung von Funktionsverbgefügen im Deutschen" beschreibt G. HELBIG Wesen und Gebrauch dieser schwierigen Konstruktionen, die zwischen Lexik und Grammatik stehen, indem er sie subklassifiziert, syntaktische Kriterien vorführt und die semantischen und kommunikativen Leistungen der Funktionsverbgefüge beschreibt.

---

3 Werner REINECKE: "Zum Verhältnis von grammatischer Paradigmatik und Syntagmatik bei der Aneignung von Fremdsprachen". In: *Deutsch als Fremdsprache.* Leipzig 1985, Heft 5, S. 258.

4 Karl HYLDGAARD-JENSEN: "Wechselbeziehungen zwischen der Allgemeinsprache und der Fachsprache". In: *Materialien des Internationalen Symposiums des Polnischen Neuphilologen-Verbandes und des Internationalen Deutschlehrer-Verbandes.* Poznan 1982, S.9-16.

5 Gerhard HELBIG/Joachim BUSCHA: *Deutsche Grammatik. Ein Handbuch für den Ausländerunterricht.* Berlin, München, Leipzig, Wien, Zürich, New York, 14. durchgesehene Auflage 1991.

Neben der Bedeutungsdifferenzierung in durative, inchoative und kausative Ausdrücke (in Bewegung sein, in Bewegung kommen, in Bewegung setzen) betont HELBIG insbesondere ihre bequeme Handhabung: "Da die FVG formelhaft sind und Modellcharakter haben, werden sie bevorzugt in solchen Textsorten (z.B. Fach- und Wissenschaftssprache) verwendet, in denen eine Art Dispositionsausdruck vorherrscht. Ein solcher Dispositionsausdruck arbeitet stärker mit vorgeformten Fertigteilen, die die Denkarbeit erleichtern können"[6]. Da nun die Funktionsverbgefüge fester Bestandteil sowohl der Allgemeinsprache als auch der Fachsprachen sind und von unseren Lernern gern und oft – wenn auch nicht immer richtig – verwandt werden, sind wir HELBIG für die Regeln im Gebrauch und der Variation dieser bequemen Mittel dankbar. Der Satz des Euripides "Variatio delectat" wird durch unsere folgende Lernersprachanalyse außer Kraft gesetzt:

(1) Es war seltsam, meinen ehemaligen Dozenten als Arbeitskollegen in Betracht zu ziehen.

(2) Man kann ein negatives Urteil über diese Art Werbung geben.

(3) Es gibt eine erste Phase im Team, wo man immer Vergleiche macht.

(4) Wir machten uns die Gedanken zum Problem der Umsatzsteigerung.

(5) Erst vor kurzem fand die Studie zum Kaufverhalten Abschluß.

(6) Die Käufer zeigten zu Ostprodukten zunächst kein Interesse.

(7) Man muß auf die Meinungsführer mehr Aufmerksamkeit schenken.

(8) Diese Kundenbefragungen hatten große Bedeutungen für die Werbestrategien.

(9) Ich habe Schlußfolgerungen ziehen müssen, daß nicht alles, was in der Werbung gesagt wird, wahr ist.

(10) Es fällt mir schwer zu unterscheiden, welche Adjektive die guten Seiten des Produkts zum besten Ausdruck bringen.

(11) Ich habe auf meinen Kollegen meinen ganzen Einfluß genommen, um ihn vor einem Fehler zu bewahren.

(12) Meine wichtigsten Erfahrungen wurden im Praktikum gewonnen.

Die von HELBIG gesetzten Verbotstafeln gelten der beliebigen Austauschbarkeit des Basisverbs *betrachten* und des FVG *in Betracht ziehen* in Satz (1), des Verbs *geben* anstatt *fällen*, *machen* anstatt *ziehen* in Satz (2) und (3), der Artikelwörter in Satz (4) und (5), der Präposition (Rektion) in Satz (6) und (7), der Austauschbarkeit von Singular und Plural in Satz (8) und (9); die Restrik-

6 Ibd., S. 105.

tionen gelten der beliebigen Attribuierung in Satz (10) und (11) sowie der Passiv-Bildung in Satz (12).

Wir alle sind uns der Schwierigkeit der Lernersprachanalyse und der Fehlertherapie bewußt, dennoch sollte an einem Beispiel die Möglichkeit, die uns linguistische Erkenntnisse an die Hand geben, vorgeführt werden.

2. Konjunktiv

Daß eine grammatische Kategorie, die fast nur noch dem historischen Sprachgebrauch zugeordnet wurde, wieder einen Platz in den grammatischen Beschreibungen einnimmt, zeigt sich speziell beim Konjunktiv Präsens. In der DG wird auf den spezifisch fachsprachlichen Gebrauch des Konjunktiv Präsens in Verbindung mit dem Partizip II passivfähiger Verben als Umschreibung mit *mögen* (wir möchten) hingewiesen[7]. Noch deutlicher wird dieser Sachverhalt von J. BUSCHA und I. ZOCH 1984 in "Der Konjunktiv" formuliert, wo es heißt: "Diese Form ist für die Fachsprache charakteristisch und bezeichnet eine Forderung (zusätzlich z.T. noch eine Annahme) des Autors: Es *sei* hier nur die Vieldeutigkeit des Präfixes ver- erwähnt. (= Wir möchten hier nur die Vieldeutigkeit des Präfixes ver- erwähnen.) – Es *sei* P wieder eine Permutation von n verschiedenen Elementen. (= Nehmen wir an, daß P wieder eine Permutation von n verschiedenen Elementen sein soll)"[8]. Speziell der Konjunktiv Präsens findet sich auch häufig in den Textsorten der fachexternen Kommunikation[9], speziell Hochschullehrbüchern der Wirtschaftswissenschaft und der Betriebswirtschaft, wie folgende Beispiele belegen mögen:

(1) Dabei sei vorausgesetzt, daß die Bedeutung der verwendeten Begriffe ... durch hinreichend präzise Definitionen geklärt ist (Forschungskonzeptionen, S. 11).

(2) Dabei seien zwei Teilfragen unterschieden... (ebd. S. 19).

Daß sich diese Form in den von uns untersuchten Sammlungen zur Handelskorrespondenz nicht findet[10], spricht für die Textsortengebundenheit dieser Form. Für andere Konjunktiv-Formen, insbesondere den Konjunktiv Präteritum, sind andere Texte aus der Fachsprache der Wirtschaft, nämlich Texte aus der deut-

---

7 Ibd., S. 205.

8 Joachim BUSCHA/Irene ZOCH: *Der Konjunktiv*. Leipzig, Berlin, München, Wien, Zürich, New York, 3. durchgesehene Auflage 1992, S. 50.

9 Rosemarie GLÄSER: *Fachtextsorten im Englischen*. Tübingen 1990, S. 147ff.

10 Lisbeth MAIDAHL/ Ole LAURIDSEN: *Textanalyse deutsche und dänische Geschäftsbriefe*, Hausdruck Tysk Institut Wirtschaftsuniversität Aarhus, 1986; Rudolf SACHS, *Deutsche Handelskorrespondenz*, Ismaning 1991.

schen Handelskorrespondenz, eine wahre Fundgrube und Prüfstein für alle Lehrer und Lerner. Es ist dabei keine Briefsorte ausgenommen – Konjunktive finden sich in folgenden Texten: Anfrage, Angebot, Bestellung, Auftrag, Auftragsbestätigung, Kreditauskunft, Mahnung, Mängelrüge und auch Danksagung. Meist handelt es sich dabei um festgefügte Formeln mit modalisierender Funktion, wie im folgenden zu zeigen ist, oder aber die ganze Bandbreite der deutschen Konjunktivformen (einschließlich des Konjunktiv Plusquamperfekt + Modalverb!) wird benutzt, um höflich, aber deutlich Mißbilligung und Unzufriedenheit auszudrücken.

a) Festgefügte Formeln als Ausdruck der Höflichkeit in Verbindung mit vorsichtigem Abwägen:

(3) Für die baldige Überweisung wären wir Ihnen sehr dankbar. (Mahnung)

(4) Wir wären Ihnen sehr dankbar, wenn Sie hierauf Rücksicht nehmen würden. (Information)

(5) Vielleicht wäre es Ihnen möglich, unsere Anfrage in Ihrem Firmenheft zu veröffentlichen. (Anfrage)

Ebensooft findet sich die formelhafte würde-Form in Verbindung mit potentiellen oder irrealen Konditionalsätzen oder deren Ersatzformen:

(6) Wir würden uns freuen, wenn wir aufgrund unseres Angebots einen Auftrag von Ihnen erhielten und dies der Beginn einer für beide Seiten zufriedenstellenden Geschäftsbeziehung wäre. (Angebot)

(7) Wir würden uns freuen, bald einen Probeauftrag von Ihnen zu erhalten. (Angebot)

(8) Wir würden uns freuen, schon recht bald Ihre Aufträge notieren zu dürfen. (Angebot)

b) Markant ist, daß die folgenden Modalverben ebenfalls häufig im Konjunktiv Präteritum auftreten: dürfen, können, müssen, sollen.

dürfen

Der Konjunktiv Präteritum von *dürfen* + Verb drückt eine Vermutung mit hohem Gewißheitsgrad aus:

(9) Das dürfte sich auf den Gefrierverpackungsverkauf umsatzsteigernd auswirken. (Angebot)

(10) Die Maschine dürfte innerhalb der nächsten 14 Tage versandbereit sein. (Mahnung: Lieferverzögerung)

(11) Ihnen dürfte auch bekannt sein, daß die Kostensituation von Jahr zu Jahr schwieriger wird. (Rabatt-Anfrage)

können

Der Konjunktiv Präteritum von *können* drückt entweder eine Bitte aus (12), oder diese Form tritt in potentiellen Konditionalsätzen auf, die sich auf die Zukunft beziehen und sowohl erfüllbare wie unerfüllbare Bedingungen formulieren (13) und (14).

(12) Vielleicht könnte man eine Sonderausstellung veranstalten. (Anfrage)

(13) Wir wären Ihnen sehr dankbar, wenn Sie uns den Restbetrag bis Mitte August stunden könnten. (Antwort auf Mahnung)

(14) Wir wären Ihnen sehr dankbar, wenn Sie uns finnische Firmen nennen könnten, die sich eventuell für unsere Erzeugnisse interessieren. (Firmennachweis)

müssen

Der Konjunktiv Präteritum von *müssen* + Verb drückt eine Forderung, auch eine Warnung oder sogar Drohung in höflicher Form aus:

(15) Die Sahne müßte homogenisiert sowie wahrscheinlich auch pasteurisiert sein. (Anfrage)

(16) Andernfalls müßten wir die Annahme der fehlerhaften Gläser ablehnen. (Beschwerde: Mängelrüge)

(17) Wir sind gerne bereit, das Gerät zu reparieren, müßten aber die volle Summe berechnen. (Antwort auf Beschwerde)

sollen

Der Konjunktiv Präteritum von *sollen* + Verb wird in Geschäftsbriefen oft als Ersatz für den konditionalen wenn-Satz in Spitzenstellung im Nebensatz gebraucht und drückt eine relativierte Bedingung aus:

(18) *Sollte* die Ware später eintreffen, werde ich die Annahme verweigern. (Lieferungsverzögerung: Mahnung)

(19) *Sollte* die Zahlung bis dahin nicht eingehen, werden wir den Betrag der Rechnung zuzüglich Zinsen und Kosten durch unseren Rechtsanwalt einziehen lassen. (Zahlungsverzögerung: Mahnung)

(20) *Sollten* Ihre Erzeugnisse in Hinblick auf Preis und Qualität konkurrenzfähig sein, wären wir an einer dauerhaften Geschäftsverbindung interessiert. (Firmennachweis)

An letzter Stelle sei nun bei der Betrachtung der Modalverben in konjunktivischen Formen auf den Konjunktiv Plusquamperfekt eingegangen, eine Form, die in vielen Lehrbüchern wegen ihrer Kompliziertheit einfach übergangen wird, die jedoch in der Textsorte Geschäftsbrief unabdingbar ist. In der DG wird sie als irreale Modalverbkonstruktion bezeichnet, die eine nicht mehr erfüllbare Forderung ausdrückt:

(21) Unser Auftrag wurde wirklich so frühzeitig erteilt, daß Sie die angegebene Lieferzeit *hätten einhalten können.* (Verzögerung)

(22) Allerdings *hätten* die fehlerhaften Faltkartons spätestens bei der Versandkontrolle *entdeckt werden müssen.* (Antwort auf Beschwerde)

3. Relativsatz

Relativsätze spielen in Texten der Fach- und Wissenschaftssprache eine große Rolle; sie sind die häufigste Nebensatzform überhaupt, wie E. BENES bei seinen statistischen Untersuchungen an Texten aus Hochschullehrbüchern 1981 feststellte[11]. Der Anteil der Relativsätze betrug bei dem Korpus von BENES 46,5 %, eine Zahl, die sich bei der Untersuchung weiterer Korpora in etwa bestätigte[12]. Bei der Betrachtung der Relativsätze wird in der DG ausgegangen von der heute allgemein anerkannten Unterscheidung von appositiven (erläuternden) und restriktiven (einschränkenden) Relativsätzen.

a) appositiver Relativsatz

Ein appositiver Relativsatz ist eine vom Kontext her nicht notwendige Ergänzung, bietet eine zusätzliche Information zur besprochenen Sache und erläutert sie. Im Hauptsatz kann anstelle des bestimmten oder unbestimmten Artikels das Demonstrativum *dieser/jener* stehen. Der appositive Relativsatz hat Parenthese-Intonation, d.h., es entsteht eine Pause zwischen Hauptsatz und Nebensatz. Vgl.:

(1) Von dem Abschluß des Kaufvertrages, der den beiden Parteien bestimmte Pflichten auferlegt (Verpflichtungsgeschäft), ist die Erfüllung zu unterscheiden (Erfüllungsgeschäft).

(2) Zwischen Menschen, die arbeitsmäßig miteinander in Beziehung stehen, ergeben sich erfahrungsgemäß auch weitere, arbeitsmäßig nicht notwendige Beziehungen.

b) restriktiver Relativsatz

Die restriktiven Relativsätze sind wegen ihrer Vielfalt linguistisch gesehen die interessanteren. Sie sollten in einem fachsprachlich orientierten Deutschunterricht aus diesem Grund unbedingt behandelt werden, aber auch deshalb, weil

---

11 Eduard BENES: "Die formale Struktur der wissenschaftlichen Fachsprachen in syntaktischer Hinsicht". In: Theo BUNGARTEN (ed), *Wissenschaftssprache, Beiträge zur Methodologie, theoretischen Fundierung und Deskription.* München 1981, S. 192.

12 Annerose BUSCHA/ Fritz KEMPTER: *Der Relativsatz.* Leipzig 1980.

sie dem Lerner in Definitionen begegnen und ein bequemes Mittel beim Definieren sind.

H. KURZOV definiert den restriktiven Relativsatz folgendermaßen: "Selektive Determinanten vom Typ *solche*, *derjenige* und generalisierende Determinanten vom Typ *jeder*, *alle* (any, all) verbinden sich mit dem restriktiven Relativsatz. Mit dem bestimmten Artikel nichtdemonstrativen Charakters sowie mit dem unbestimmten Artikel und den Indefinita sind beide Arten des Relativsatzes vereinbar"[13]. Ein Merkmal für den restriktiven Relativsatz ist die Nichtweglaßbarkeit. Vgl.:

(3) Die Wissenschaft, die sich mit den Tieren beschäftigt, ist die Zoologie.

→ *Die Wissenschaft ist die Zoologie.

(4) Werkstoffe sind Güter, die durch Bearbeitung in das neue Produkt eingehen.

→ *Werkstoffe sind Güter.

Durch den restriktiven Relativsatz wird ein Gegenstand von anderen Gegenständen der gleichen Klasse unterschieden. Der restriktive Relativsatz hat enklitische Intonation, d.h., es entsteht keine Pause zwischen Hauptsatz und Nebensatz. Unser Beispiel möge das belegen:

(5) Eine kollektiv gelenkte Wirtschaft, die sich dem Votum des Marktes beugt, bedeutet einen Widerspruch in sich selbst. (L.ERHARD)

Die Nähe der restriktiven Relativsätze in Definitionen zu den konditionalen wenn-Sätzen wird von S. WEBER[14] betont und mit überzeugenden Beispielen belegt:

(6) Das Lager, in dem der Zapfen über die Lagerfläche gleitet, heißt Gleitlager.

→ Ein Lager heißt Gleitlager, wenn der Zapfen über die Lagerfläche gleitet.

Aus unserem Korpus "Wirtschaftsdeutsch" ließen sich viele Belege anführen, der folgende diene als ein Beispiel:

(7) Betriebe, die fremden Bedarf decken und ihre Leistungen (Produkte, Dienstleistungen) zu einem im Prinzip kostendeckenden Preis abgeben, werden als Unternehmen bezeichnet.

---

13 H. KURZOVA: *Der Relativsatz in den indoeuropäischen Sprachen.* Hamburg 1981, S. 11.

14 Siegfried WEBER: *Kommunikationsverfahren in Wissenschaft und Technik.* Leipzig 1985, S. 50 ff. – Christian LEHMANN: *Der Relativsatz, Typologie seiner Strukturen, Theorie seiner Funktionen, Kompendium seiner Grammatik.* Tübingen 1984, S. 336.

→Betriebe werden als Unternehmen bezeichnet, wenn sie fremden Bedarf dekken und ihre Leistungen zu einem im Prinzip kostendeckenden Preis abgeben.

Selektierende Artikelwörter (derjenige, solche) dienen der Fokussierung und erleichtern das Erfassen des Inhalts einer Definition:

(8) *Denjenigen* Vorgang, der im System ein solches Verhalten erzeugt, nennt man Regelung.

(9) Zweckorientierte Systeme sind *solche* Systeme, welche Funktionen im Interesse ihrer Umwelt ausüben sollen.

Generalisierende Determinanten (jeder, alle) unterstreichen die allgemeine Gültigkeit der Definition:

(10) Als "Element" wird *jeder* einzelne Teil des Systems verstanden, den man nicht weiter aufteilen kann bzw. will.

(11) *Alles*, was mit Kostenrechnung und Kalkulation zu tun hat, gehört in den Bereich des betrieblichen Rechnungswesens.

Oft werden in restriktiven Relativsätzen Partikeln wie *nur* und *bloß* zur Betonung der einschränkenden Bedeutung eingefügt:

(12) Manche sehen in einem Betrieb *nur* eine Stätte, in der im rein technischen Sinn produziert wird.

(13) Hier können *bloß* die Organismen leben, die an diese Umwelt angepaßt sind.

Wenn auch die Belege für die drei von uns betrachteten grammatischen Komplexe Funktionsverbgefüge, Konjunktiv und Relativsatz aus schriftlich konstituierten Texten (Hochschullehrbuch und Handelskorrespondenz) stammen, so finden sich für die genannten grammatischen Erscheinungen auch viele Belege in mündlich konstituierten Texten, wie in Verbraucher-Interviews oder Lehrbüchern zur Verhandlungs- und Vortragstechnik[15]. Unsere Aufgabe ist, unsere Schüler zu befähigen, die behandelten Strukturen richtig und der Sprachsituation angemessen zu verwenden. Wenn es uns gelingt, ihnen im Text die "abstrusen Fragen der Grammatik" (Umberto ECO) als Möglichkeit zur besseren Sprachbeherrschung zu verdeutlichen, dann hätten wir das Unsere getan.

---

15 Gerd NICOLAS u.a.: *Wirtschaft im Ohr.* München 1990. – Jürgen BOLTEN: *Marktchance Deutsch. Verhandlungs- und Vortragstechnik.* Ms. 1989.

Bibliographie

Quellenangaben:

CHMIELEWICZ, Klaus: *Forschungskonzeptionen der Wirtschaftswissenschaft.* Stuttgart 1979.

KRUSE/HEUN: *Betriebswirtschaftslehre.* Darmstadt 1992.

WÖHE, Günter: *Einführung in die allgemeine Betriebswirtschaftslehre.* München 1990.

Sekundärliteratur

BENES, Eduard: "Die formale Struktur der wissenschaftlichen Fachsprachen in syntaktischer Hinsicht". In: Theo BUNGARTEN (ed), *Wissenschaftssprache. Beiträge zur Methodologie, theoretischen Fundierung und Deskription.* München 1981.

BOLTEN, Jürgen: *Marktchance Deutsch. Verhandlungs- und Vortragstechnik.* Ms. 1989.

BUSCHA, Annerose/KEMPTER, Fritz: *Der Relativsatz.* Leipzig 1980.

BUSCHA, Joachim /ZOCH, Irene: *Der Konjunktiv* (3. durchgesehene Auflage). Leipzig, Berlin, München, Wien, Zürich, New York 1992.

GLÄSER, Rosemarie: *Fachtextsorten im Englischen.* Tübingen 1990.

HELBIG, Gerhard/BUSCHA, Joachim: *Deutsche Grammatik. Ein Handbuch für den Ausländerunterricht* (14. durchgesehene Auflage). Berlin, München, Leipzig, Wien, Zürich, New York 1991.

HOFFMANN, Lothar: "Fachtextlinguistik". In: *Fachsprache* (Heft 2). Wien 1984.

HYLDGAARD-JENSEN, Karl: "Wechselbeziehungen zwischen der Allgemeinsprache und der Fachsprache". In: *Materialien des Internationalen Symposiums des Polnischen Neuphilologen-Verbandes und des Internationalen Deutschlehrer-Verbandes*, Poznan 1982, S.9-16.

KURZOVA, Helena: *Der Relativsatz in den indoeuropäischen Sprachen.* Hamburg 1981.

LEHMANN, Christian: *Der Relativsatz, Typologie seiner Strukturen, Theorie seiner Funktionen, Kompendium seiner Grammatik.* Tübingen 1984.

MAIDAHL, Lisbeth/LAURIDSEN, Ole: *Textanalyse deutsche und dänische Geschäftsbriefe*, Hausdruck Tysk Institut Wirtschaftsuniversität. Aarhus 1986.

NICOLAS, Gerd u.a.: *Wirtschaft im Ohr.* München 1990.

REINECKE, Werner: "Zum Verhältnis von grammatischer Paradigmatik und Syntagmatik bei der Aneignung von Fremdsprachen". In: *Deutsch als Fremdsprache* (Heft 5). Leipzig 1985.

SACHS, Rudolf: *Deutsche Handelskorrespondenz.* München 1991.

WEBER, Siegfried: *Kommunikationsverfahren in Wissenschaft und Technik.* Leipzig 1985.

Rechtserweiterungen der NG in wissenschaftlichen Texten

Jean-Paul VERNON, Le Mans

Der zweite Teil des Titels bedarf einer kurzen Rechtfertigung. Ich ziehe es vor, eher von *wissenschaftlichen Texten* als von Fachsprachen zu sprechen, da diese kaum zu definieren sind. In einem Artikel reagiert Louis GUESPIN (1991:59) polemisch auf die Bezeichnung *langues de spécialité*: Er zitiert I. DAHLBERG, "[qui] a recensé 6800 désignations de spécialités scientifiques, réparties en 39 groupes thématiques tels que l'économie, la biologie, etc." und fragt: "que se passe-t-il quand trois 'spécialistes' de trois de ces 'spécialités' entrent en communication verbale: que parlent-ils? un méta-LSP? un nouveau LSP?" L. GUESPINS Urteil lautet: "Tout ceci est un peu farfelu".

Die Fachsprachen betreffen zwar mehr den Wortschatz, die Terminologie (VERNON:1991) als die Syntax: Niemand hat bisher, so viel ich weiß, von einer "fachsprachlichen Syntax" gesprochen. Es fragt sich jedoch, ob *wissenschaftlichen Texten*, d.h. Texten, die eine Wissenschaft zum Thema haben, grammatische Besonderheiten eigen sind. Linguistik und Literatur sind zwar (Sprach-/ Literatur-) Wissenschaften; die geisteswissenschaftliche akademische Anfangsausbildung der Autoren auf diesen Gebieten schließt aber nicht völlig aus, daß die solche Wissenschaften betreffenden Schriften gelegentlich von belletristischer Geziertheit geprägt sind. Sachlichkeit, Abwesenheit von jeder stilistischen Floskel kennzeichnen hingegen meistens die naturwissenschaftlichen Texte. Man kann deshalb eine einfachere, sachbezogene Syntax erwarten, was zu beweisen wäre. In meinem Korpus habe ich z.B. nur einen vorgestellten Genitiv registriert ...[1].

Gelegenheit macht Diebe: Auf die Fragestellung meines Vortrags bin ich gekommen anläßlich von Deutsch-Kursen für die sogenannten "non-spécialistes" (Nicht-Spezialisten), d.h. Studenten der Geographie, Chemie, Physik usw., die in ihrem Studiengang Deutsch als Wahlfach haben. Es kommt im Unterricht für diese Studenten darauf an (VERNON 1991:146-147), ihnen vor allem das Lesen von authentischen Texten in ihrem jeweiligen Fachbereich beizubringen. Unter den zahlreichen Fragen stellt sich die der Abgrenzung der Nominalgruppen (NG) und infolgedessen deren Rechtserweiterungen, die gewisse Schwierigkeiten bereiten.

---

1 In diesem einzigen Fall vermeidet der vorangestellte Genitiv die Folge **die ... Hypothese von Woese von der unabhängigen Entwicklung ...* in dem Satz *Diese Befunde bestätigen erstmals aus anderer Sicht Woeses revolutionäre Hypothese von der unabhängigen Entwicklung zweier Reiche von Bakterien.*

1. Das Korpus

Das der Untersuchung zugrundeliegende Korpus besteht aus Texten über Medizin und Evolution, die zuerst als Artikel in der *Frankfurter Allgemeinen Zeitung* erschienen sind und dann in einem Buch *Spitzenforschung in Deutschland* (1983) zusammengefaßt wurden. (Autoren sind für die ersten vier Artikel R. FLÖHL und für die letzten vier J. AUMILLER, A. FURTMAYR-SCHUH, R. WANDTNER, H. STEINERT.)

- Vorwort (S. 9-12)
- Lebertransplantation bald Routine (S. 14-19)
- Das kalte Herz (S. 19-24)
- Künstliche Ernährung als Lebensretter (S. 24-28)
- Lichttherapie gegen Netzhautschäden (S. 29-35)
- Archaebakterien - Ein neues biologisches Reich (S. 131-137)
- Rettung für einen Fossilienschatz (S. 137-143)
- Vom Reptil zum Säugetier (S. 144-148)

2. Die "semantischen Einheiten"

Es stellte sich bei der Untersuchung eine erste Frage: Welches ist der Umfang der Rechtserweiterungen der NG? Wie groß sind sie? Aus wieviel Gliedern bestehen sie? Dazu waren eine Maßeinheit und Formeln erforderlich. Es schien kaum zweckmäßig, alle Glieder, alle Morpheme der Rechtserweiterungen mitzuzählen, Präpositionen, Konjunktionen, Artikel, Lexeme (Nomen und Adjektiva), abgeleitete und zusammengesetzte Wörter (Derivativa und Komposita) in die Statistik einzubeziehen. Ich habe mich für die "semantischen Einheiten" entschieden, d.h. dafür, die Präpositionen, Konjunktionen und Artikel außer acht zu lassen. Die gleiche Formel NG→ NG+NGG mit einer NG im Genitiv (NGG) versinnbildlicht die beiden NG *die Eltern der ausländischen Schüler* und *die Eltern ausländischer Schüler*, ein anderes Beispiel mit einer Apposition (APPO) oder mit einer Präpositionalgruppe (PG): die NG→ NG+APPO *die Universität Berlin* und die NG→ NG+PG *das Institut in Erlangen* sind mit einer "semantischen Einheit" in beiden Fällen gleich groß.

Das folgende Diagramm weist die Verteilung der Rechtserweiterungen auf: ≈ 51 % mit nur einer, 26 % mit zweien, 10 % mit dreien usw.: der Mittelwert liegt bei 2 "semantischen Einheiten". [NB: Kreise (= 10 Beispiele) und Kreuze (= 1 Beispiel) ersetzen eine logarithmische Skala.]

Erweiterung(en)		*n*	*%*	*Summe*
↓				↓
1	ooooooooooooooooooooooooooo++++++++	289	50,88 %	289
2	ooooooooooooo+++++++	148	26,06 %	296
3	ooooo++++++++	058	10,21 %	174
4	ooo	030	05,28 %	120
5	o++++++	016	02,82 %	080
6	o+++++	015	02,64 %	090
7	++++++++	008	01,41 %	056
8	++	002	00,35 %	016
10	+	001	00,18 %	010
12	+	001	00,18 %	012
	Mittelwert = 2,01	568	100.01	1143

Sich auf diese "semantischen Einheiten" (in [1] in Kursivschrift) zu beschränken, ist vielleicht nicht die beste Lösung, maskiert wird verschiedenes:

a) die Mannigfaltigkeit der Koordinationen und Partikeln z.B. in:

NG→NG+NGG/NGG/NGG:

[1] die *Vorläufer* nicht nur der *Pferde*, sondern auch etwa der *Nashörner* und *Tapire*

4 Nominalgruppen für 11 "Wörter" oder formale Glieder.

b) die doppelten Präpositionen:

NG→NG+PG:

[2] die Grabungen vor und nach dem Zweiten Weltkrieg

[3] die ... Mortalität während und nach chirurgischen Eingriffen

c) die Komposition der Erweiterungen (wie bei den Komposita):

entweder (a+b) + c: *das [Durchleuchten der Funde] mit Röntgenstrahlen*,

oder a + (b+c): *mit den Fragen [der Laser- und Lichttherapie am Auge]*

für eine selbe NG→NG+NGG+PG.

d) Nicht zuletzt maskieren die Abkürzungen NG, PG usw. die zusammengesetzten "Einheiten":

Adjektive: geologisch-paläontologisch,
Eigennamen mit Vornamen: Gerhard Meyer-Schickerath,
Doppelte Ortsnamen: Hamburg-Eppendorf, Halle an der Saale,
Ortsnamen+Namen: Senckenberg-Institut, Senckenberg-Grabungskampagne,
Komposita: Abdominal- und Transplantationschirurgie, Herzversagen oder Herzinfarkt,

Neubildungen: Wirbeltier-Paläontologe, maus- und igelgroß, DNS-abhängige RNS-Polymerase, Myokard-Protektion, Herz-Lungen-Maschine, Universitäts-Augenklinik,

gelten als eine einzige "semantische Einheit", was sich jedoch nicht als Nachteil erweist, wenn es darauf ankommt, die NG in Formeln für die informatische Verarbeitung zu symbolisieren – diese Lösung könnte außerdem vielleicht auch für die automatisierte Übersetzung von Nutzen sein.

3. Abgrenzung der Nominalgruppen

Es stellte sich eine zweite Frage: die Abgrenzung der NG. Das Verb in Zweitstellung ist ein Kriterium, das das Ende einer NG in Erststellung in einem Hauptsatz markiert (s. unten Satz [26]), wie etwa in:

[4] *Der Laserstrahl als "magisches Messer"* ist zu einem vielgebrauchten Schlagwort geworden.

Sowohl in Hauptsätzen mit einem anderen Glied als dem Subjekt in Erststellung oder mit einem Finitum/Infinitum in Endstellung wie auch in Nebensätzen ist es nicht immer leicht, eine NG abzugrenzen. Die Opposition Akkusativ/Dativ erlaubt es zwar zu entscheiden, daß die PG *in den Hintergrund* eine Lokalergänzung des Verbs ist in:

[5] Der Vorrang von Bildung und Ausbildung hat die Forschung *in den Hintergrund* gedrängt.

und umgekehrt, daß die PG *in der Biotechnologie* eine Rechtserweiterung der NG-Basis ist in:

[6] Neue Mikroorganismen aber haben von jeher *zu Fortschritten in der Biotechnologie* geführt.

Es gibt aber fragwürdige Fälle, für die zwei Lösungen denkbar sind:

1. Fall – Der Kontext: Die Frage, ob es sich bei der potentiellen NG *die Ernährungstherapie in der Bundesrepublik* um eine einzige NG oder um eine NG und eine PG handelt in dem Satz:

[7] Anders als in den Vereinigten Staaten, wo gerade die Infusionslösungen angewandt waren, wurde *die Ernährungstherapie in der Bundesrepublik* wesentlich gezielter entwickelt.

wird nur durch den Kontext gelöst: *in der Bundesrepublik* ist der PG *in den Vereinigten Staaten* entgegengesetzt. Der Satz

[7a] Anders als in den Vereinigten Staaten [, wo ...] wurde *in der Bundesrepublik die Ernährungstherapie* wesentlich gezielter entwickelt.

würde die Zweideutigkeit der potentiellen NG aufheben. Laut dem Kontext ist dagegen die ähnliche NG im Satz

[8] Es ist aber nicht zu übersehen, daß die *Ernährungstherapie an anderen Kliniken* unterschätzt wird.

eine einzige NG→NG+PG.

2. Fall – Die Valenz: Im Satz

[9] Später mündete *ein anderer Fluß in nordöstlicher Richtung.*

ist die NG *ein ... Fluß in nordöstlicher Richtung* eine durchaus denkbare NG für *ein ... Fluß,* der sich *in nordöstlicher Richtung* befindet/befand. Nur die Valenz, der obligatorische Aktant, hier eine Lokalangabe nach münden[2] rechtfertigt die Verschiebeprobe, ohne daß sich die Information verändert:

[9a] *In nordöstlicher Richtung* mündete später *ein anderer Fluß.*

Solche Stellungnahme stützt sich auf ein grammatisches Indiz, was in den beiden folgenden Beispielen nicht der Fall ist:

3. Fall – Das Sprachgefühl: Die Vereinfachung des Satzes mit der Folge *bei Paläontologen in aller Welt*:

[10] Gleichsam als ein großes Fenster in die Vergangenheit, das ungewöhnlich klare Einblicke in eine rund 50 Millionen Jahre zurückliegende Epoche der Erdgeschichte ermöglicht, ist die Grube Messel inzwischen *bei Paläontologen in aller Welt* bekannt.

ergibt die beiden möglichen Sätze:

[10a] *Bei Paläontologen in aller Welt* ist die Grube Messel bekannt.

[10b] *Bei Paläontologen* ist die Grube Messel *in aller Welt* bekannt.

Obgleich eine NG oder PG *(in) der ganzen Welt* der PG *in aller Welt* entgegenzusetzen wäre, scheint die erste Lösung [10a] die richtige, wenn auch [10b] kein normwidriger Satz wäre. Die richtige (?) Schlußfolgerung von [10a] beruht aber auf keiner grammatischen Regel, sondern nur auf dem Sprachgefühl, was einem Studenten, ob Germanisten oder nicht, schwer beizubringen ist. Die gleiche "Erklärung" setzt sich im nächsten Satz durch:

[11] Dieser Effekt wird durch den amerikanischen Wissenschaftschauvinismus verstärkt, der *selbst wichtige europäische Beiträge in den Veröffentlichungen* nur selten ausweist oder gar anerkennt.

Welche der beiden Umschreibungen:

[11a] *Die Beiträge* werden *in den Veröffentlichungen* nur selten ausgewiesen.

[11b] *Die Beiträge in den Veröffentlichungen* werden nur selten ausgewiesen.

ist die richtige(re)? Wohl die erste, aber ...

4. Fall – Die unmögliche Lösung: Das Sprachgefühl erlaubt es hingegen nicht zu entscheiden, ob es sich im folgenden Satz:

[12] Der Spitzenforschung zu mehr Aufmerksamkeit zu verhelfen war einer der Gründe, *diese Serie in der "Frankfurter Allgemeinen Zeitung"* zu planen.

um einen Satz *die Serie ist in der FAZ geplant* oder um *die Serie in der FAZ ist geplant* handelt. Das gleiche gilt für:

---

2 Als Satzmuster 411 S + Vb + Adl/lok im Brockhaus-Wahrig beschrieben.

[13] Mit dieser nach wie vor existierenden Kluft zwischen Wissenschaft und Gesellschaft dürfte es zusammenhängen, daß *selbst Spitzenforschung in unserem Land* nicht genügend bekannt ist.

Die Umstellprobe ergibt wiederum zwei Möglichkeiten:

[13a] *Selbst Spitzenforschung* ist *in unserem Land* nicht genügend bekannt.

[13b] *Selbst Spitzenforschung in unserem Land* ist nicht genügend bekannt.

zwischen welchen eine Entscheidung schwer zu treffen ist.

Die Zweideutigkeit ist nicht immer von Belang und meistens ist die Analyse nicht notwendig. Die Übersetzung in eine Fremdsprache, ins Französische im vorliegenden Fall, ist kaum imstande, die Undeutlichkeit des Satzes [12] aufzuheben. Ob *planifier dans le FAZ cette série* oder *planifier cette série dans le FAZ* – die zweite Übersetzung wäre ebenso zweideutig wie der deutsche Satz. Beim Satz [13] hingegen ist es nicht belanglos, wenn er etwa als a) ... *que même la recherche de pointe n'est pas assez connue dans notre pays* übersetzt wird oder als b) ... *que même la recherche de pointe dans notre pays n'est pas assez connue*: b) bedeutete *die deutsche Spitzenforschung* und a) *die (ausländische/internationale) Spitzenforschung* (im allgemeinen).

Solche Fälle bleiben aber Seltenheiten, sie würden die statistischen Daten kaum verändern und sind als fragliche Beispiele in der folgenden Statistik nicht berücksichtigt.

4. Sonstige Bemerkungen

Als Sonderfälle sind hier die Nominalgefüge mit Nebensatz: Relativ- und Infinitivsätze und *daß*-Nebensätze beiseite gelassen worden. Die "direkten" Relativsätze (als unmittelbare Rechtserweiterungen des Kerns der NG, wovon das Korpus 125 Beispiele bietet) habe ich also nicht registriert. Da aber eine NG-Rechtserweiterung gelegentlich eine Verbalgruppe einleiten kann, habe ich die 5 Beispiele in das Korpus aufgenommen (die Parenthese (rel) dient als Symbol für diese Gruppen, z.B. PG(rel) für [14] und APPO(rel) für [15]):

[14] Dieser läßt sich bei normalem Körpergewicht über viele Tage ohne Nahrungszufuhr durch den Abbau *von Fett und Eiweiß decken, die aus den Depots mobilisiert werden.*

[15] Die Pflanzenzelle ist eine Dreifach-Chimäre aus Zytoplasma, Mitochondrien und Chloroplasten, *den Organellen, in denen die Photosynthese abläuft.*

Ebenso sind die Partizipial- und Adjektivgruppen als Linkserweiterungen der NG auszuschließen, die 14 im Korpus vorhandenen NG-Rechtserweiterungen mit solchen Gruppen habe ich jedoch einbezogen und mit (adjg) für Adjektiv- und (partg) für Partizipialgruppe symbolisiert. Beispiele:

NG→NG+NGG (adjg):

die Konzentration des *für die Energiegewinnung unentbehrlichen* Adenosintriphosphats (ATP)

NG→NG+NGG (partg):

die Behandlung häufiger, *meist in Blindheit endender* Erkrankungen

einem ... Schutz des *während des Eingriffs stillgelegten* Herzmuskels

Ein letzter Fall stellte ein Problem: die *als*-Bildungen. Wie man sie auch beschreibt[3], ob als Präpositionalgruppe oder nicht, scheint U. ENGELS Benennung Adjunkt – der Apposition vergleichbar – angemessen, wenn der Adjunkt als dislozierbar[4] definiert wird: die *als*-Bildungen haben ja keinen festen Platz in der Nominalgruppe; sie können direkt nach dem Kern der NG, aber auch davor oder (weiter) hinten, nach dem Finitum, stehen:

direkt danach:

[17] Wenn *wir als Industrienation* überleben wollen, ... (s. auch [4])

davor:

[18] *Als Lichtquelle* mußte *die Sonne* dienen, was natürlich den Wert des Verfahrens stark einschränkte.

hinten:

[19] *Die Laserstrahlen* dienen den Augenchirurgen schließlich *als "magisches Messer"* für schonende Eingriffe am Auge.

Derselbe Satz bietet die zwei Möglichkeiten "davor" und "direkt danach":

[20] *Als Merkmale für Primaten* sind auch die Greifhand mit Nägeln statt Krallen und die sogenannte Postorbitalspange *als Umgrenzung der Augenhöhle* zu erkennen.

Vorn oder hinten, die *als*-Anschlüsse sind nicht die einzigen Bestandteile der NG, die links oder rechts vom Kern der NG stehen. Der Fall des voran- oder nachgestellten Genitivs oder des Adjektivs sind bekannt; das ungewöhnliche Beispiel *auf dem Tisch die Vase* ist keine Seltenheit (s. *dem Peter sein Bruder* in der Umgangssprache); nicht weniger nennenswert sind die Pronominaladverbien (SCHANEN/CONFAIS 1986:512: "G PREP à membre pronominalisé"), die Pronomen *da-* + Präposition: *davon, dafür, darüber* usw;

---

3 G. HELBIG/J. BUSCHA (1984:410-411) reihen *als* unter die Präpositionen ohne Kasus ein: "Die Präpositionen *als* und *wie* verlangen keinen bestimmten Kasus". Für F. SCHANEN/J.-P. CONFAIS (1986:467) ist *als* auch eine Präposition: "*als*, 'préposition sans cas', a pour fonction de marquer l'élément de référence comme membre de l'ensemble concerné: A est identifié à B ...". – U. ENGEL teilt diese Meinung nicht, gerade weil jeder "spezifische Kasus" fehlt: "Viele traditionelle, aber auch manche neuere Grammatiken rechnen *als* in Adjunkten zu den Präpositionen. Dies führt aber notwendig zu Widersprüchen, ganz gleich wie man die Präpositionen definiert. [...] Geht man von der 'Kasusrektion' aus [...], so wird *als* schon deshalb ausgeschlossen, weil es [...] mit verschiedenen Kasus kombiniert werden kann, die überdies nicht von ihm selbst, sondern von einem anderen Element gesteuert werden." (S. 775).

4 ENGEL (1988:861): "*Adjunkt* dislozierbares Attribut des Nomens bzw. des Pronomens..."

damit kann zugleich Konjunktion und Pronominaladverb sein; *dafür* (= dagegen), *darum* (= deshalb), *dazu* (= außerdem, überdies) können andererseits eine adversative Verbindung[5] zwischen zwei Sätzen ausdrücken, was nicht selten irreführend ist, den Studenten täuschen kann. Beschränkt man sich auf die von einem Nomen regierten Pronominaladverbien, dann stellt man fest, daß sie rechts oder links vom NG-Kern, aber auch in Erststellung des Satzes stehen können (wobei *dagegen* als Partikel, etwa in "Reptilien dagegen..." zu erwähnen wäre);

[21] Da viele dieser Leberkranken von einer Transplantation profitieren können, versucht Pichlmayr *die Voraussetzungen dafür* zu verbessern.

[22] *Voraussetzung dafür* ist freilich, daß ...

[23] Seit 1975 sind in Hamburg mit diesem Verfahren über 2500 Patienten operiert worden. *Keiner davon*[6] ist an einem auf mangelnder Myokard-Protektion beruhenden Herzversagen oder -infarkt gestorben.

[24] Sechs dieser fossilen Tiere, *zwei davon* allerdings schlecht erhalten, befinden sich ...

[25] *Daran* besteht kein Zweifel mehr.

Werden die Pronominaladverbien nach links oder rechts verschoben, dann ist der Satz einmal grammatikalisch:

[21a] *Dafür* versucht Pichlmayr *die Voraussetzungen* zu verbessern.

[22a] *Dafür* ist freilich *Voraussetzung*, daß ...

[23a] *Davon* ist *keiner* an einem ... Herzversagen oder -infarkt gestorben.

[25b] Es besteht kein Zweifel mehr *daran*.

einmal agrammatikalisch:

[25a] *Es besteht kein Zweifel *daran* mehr.

Die Verschiebung der Pronominaladverbien nach vorn bedürfte einer ausführlichen Untersuchung[7]: Rolle des (un)bestimmten Artikels, Hervorhebung,

---

5 Mangels einer adäquateren Benennung bleibe ich bei dieser vagen Umschreibung. D. BRESSON (1988:280) reiht diese "Wörter" in die "Autres formes de liaison entre phrases" ein: "La relation sémantique entre deux phrases consécutives peut être spécifiée par certains mots qui ont ainsi une fonction de coordination sémantique sans être des conjonctions de coordination. En particulier, ces mots sont toujours des membres de phrase en ce qui concerne la position et la fonction, et ils ont souvent par ailleurs une fonction pronominale en renvoyant à la phrase précédente."

6 Bemerkenswert ist hier *davon* statt *von ihnen*.

7 Im folgenden Satz steht *darauf* nicht in Erststellung: "Es gibt kein Patentrezept, den Zusammenbruch des Sowjetreichs zu verhindern. Einigkeit besteht nur darin, daß man ihn unbedingt verhindern muß. Aber wie? Auch Boris Jelzin hat *darauf keine Antwort*, wenn er nächste Woche nach Bonn kommt". (*Der Winter der Entscheidung* — Editorial von R. SCHMIDT-HOLTZ, *Stern* vom 14.-20. November 1991, S. 3.)

formale Verbindung mit dem vorangehenden Satz usw. Auf eine tiefergehende Analyse muß ich hier verzichten – dann bleibt doch eine Definition der Rechtserweiterungen der NG möglich: alles, was hinter der Basis, hinter dem Kern der NG vorkommt, soweit die NG begrenzt werden kann; in diesem Sinne gehört die Apposition (mit Adjektiven, Partizipialgruppe und Relativsatz) zur NG, so im folgenden Satz, wo das Finitum *erlaubte* das Ende der NG markiert:

[26] *Erst die Sequenzanalyse, die Ermittlung der Reihenfolge der Gesamtbausteine der wichtigen Biomoleküle wie der Desoxyribonukleinsäure (DNS), Ribonukleinsäure (RNS) und der Weißkörper, die gleichsam lebende Fossilien darstellen,* erlaubte es, die Verwandtschaft der Bakterien buchstäblich auszumessen.

Weshalb ich auch die Appositionen in die statistischen Daten einbezogen habe.

5. Auswertung der statistischen Daten

Im Anhang werden die Ergebnisse der Untersuchung mit sämtlichen Formeln wiedergegeben.

In Abwesenheit eines Bezugssystems – sollten literarische Texte Kriterien aufstellen? – erlaubt es das Resultat nicht, Neuland zu entdecken. Die 74 aufgeführten Formeln bestehen hauptsächlich aus Kombinationen von Nominalgruppen im Genitiv (NGG, 394 Fälle = 48,46 %), Präpositionalgruppen (PG, 279 = 34,32 %) und Appositionen (APPO, 121 = 14,88 %), d.h. 97,66 % aller möglichen Komponenten der Rechtserweiterungen; es bleiben nur Partikeln (*vor allem, selbst, dagegen, wiederum* usw.) übrig.

In abnehmendem Häufigkeitsgrad angeordnet gibt die folgende umgekehrte Reihenfolge (von 230 bis 15 Beispielen, d.h. 2,64 %):

NG→NG+NGG	230	= 40,49 %
NG→NG+PG	091	= 16,02 %
NG→NG+APPO	045	= 07,92 %
NG→NG+PG(von)	025	= 04,40 %
NG→NG+PG+NGG	017	= 02,99 %
NG→NG+NGG+PG	016	= 02,82 %
NG→NG+NGG+APPO	015	= 02,64 %
	439	= 77,28 %

zu folgenden Feststellungen Anlaß:

– die Häufigkeit der aus nur einer NGG (40,60 %) oder einer PG (16,34 %), d.h. ≈ 57 %, bestehenden NG; bei den PG sind die mit *von* ausgesondert wegen der besonderen Rolle dieser Präposition, z.B. bei den nicht markierten

Genitiven (die Entwicklung neuer Arzneimittel vs. die Entwicklung von Arnzeimitteln);

– die zahlreichen Appositionen: die 45 Beispiele für die NG→NG+APPO sind nicht die einzigen, die eine APPO enthalten: die Appositionen kommen in vielen anderen Kombinationen (s. Anhang) vor: mit der (überraschend hohen ?) Anzahl von 121 Beispielen, i.e. 15 %, sind sie vielleicht das Bemerkenswerteste an diesen wissenschaftlichen Texten und erklären sich einerseits durch die Kürze dieser hinzugefügten NG in Zeitungsartikeln, deren Länge immer begrenzt ist; andererseits spielen die Appositionen durch ihre Funktion vor allem als Explikativergänzung und als Ersatz für einen Relativsatz sicher eine Rolle.

Nicht zuletzt sollte man über diese am häufigsten vorkommenden Formeln, die ≈ 77 % betragen, die anderen Kombinationen nicht vernachlässigen. Letztere machen 22 %, d.h. nur etwas weniger als ein Viertel aller Fälle aus; sie sind in vielen Fällen am umfangreichsten und verdienten es, näher untersucht zu werden – darauf muß aber im Rahmen dieses Beitrags verzichtet werden. Das folgende Beispiel, die längste NG des Korpus mit 12 "semantischen Einheiten":

[27] **Mannschaften des Geologisch-Paläontologischen Instituts der Universität Hamburg, des Dortmunder Naturkundemuseums, der Landessammlungen für Naturkunde in Karlsruhe und vor allem des Forschungsinstituts Senckenberg...**

ist kein Alleingänger im Deutschen, wie auch das zwar ungewöhnliche folgende Zitat aus der FAZ (16.11.90) mit 15 "semantischen Einheiten" als Rechtserweiterungen beweist:

NG→NG+PG+PG+NGG+PG+PG +PG+PG+PG+PG (partg)

[28] **Bei den Verhandlungen mit der sowjetischen Regierung zur praktischen Umsetzung der Vereinbarungen vom 9. Oktober über deutsche Hilfeleistungen beim Bau von Wohnungen in der Sowjetunion für die aus der ehemaligen DDR zurückkehrenden Soldaten geht es jetzt in die "zweite Runde".**

Ob die Mannigfaltigkeit der aufgezeigten Rechtserweiterungen für (natur) wissenschaftliche Texte typisch ist, wäre anhand von andersartigen (literarischen, juristischen u.ä.) Texten zu untersuchen; dafür könnte die hier angewendete Methode von Nutzen sein, wenn sie auch verfeinert werden müßte.

Dieser Beitrag beschränkt sich auf statistische Daten, aus denen die Einfachheit und die Mannigfaltigkeit der Rechtserweiterungen hervorgehen: Einfachheit – die Mehrheit dieser Erweiterungen besteht exklusiv aus Genitiven, Präpositionalgruppen und Appositionen; Mannigfaltigkeit – fast ein Viertel aller Fälle besteht aus verschiedenen Kombinationen, die nicht zu vernachlässigen sind.

Wenn man sich auf diese Daten stützt, bleibt eine progressive didaktische Darstellung möglich, um zuerst zu lehren und zu lernen, wo eine NG anfängt und endet, und dann deren Bestandteile zu analysieren, um zu zeigen, was von was abhängt.

Anhang: Rechtserweiterungen in alphabetischer Ordnung

adjg = Adjektivgruppe
APPO = Apposition
NG = Nominalgruppe
NGG = Nominalgruppe Genitiv
partg = Partizipialgruppe
PART = Partikel
PG = Präpositionalgruppe
rel = Relativsatz
\+ = und
/ = Koordination (und,oder usw.)
→ = besteht aus

45 NG→NG+APPO
2 NG→NG+APPO(als)
1 NG→NG+APPO(rel)
1 NG→NG+APPO(PART+partg+N+APPO
2 NG→NG+APPO+APPO
3 NG→NG+APPO+PG
4 NG→NG+APPO/APPO
1 NG→NG+APPO/APPO+PG+PG+NGG+APPO
1 NG→NG+GP+APPO
230 NG→NG+NGG
1 NG→NG+NGG(adjg)
4 NG→NG+NGG(partg)
1 NG→NG+NGG(partg)+PG
1 NG→NG+NGG(partg)/NGG
1 NG→NG+NGG(partg)/NGG+PG
1 NG→NG+NGG(partg)/NGG/NGG/NGG
15 NG→NG+NGG+APPO
1 NG→NG+NGG+APPO(rel)
1 NG→NG+NGG+APPO+PG
1 NG→NG+NGG+APPO/APPO

6	NG→NG+NGG+NGG
3	NG→NG+NGG+NGG+APPO
1	NG→NG+NGG+NGG+APPO+NGG+NGG+PG+PG+PART+NGG+APP
1	NG→NG+NGG+NGG+APPO+PG
1	NG→NG+NGG+NGG+NGG/NGG+APPO/NGG/NGG(rel)
16	NG→NG+NGG+PG
1	NG→NG+NGG+PG+NGG
1	NG→NG+NGG+PG+NGG+APPO
2	NG→NG+NGG+PG+NGG+NGG
3	NG→NG+NGG+PG+PG
7	NG→NG+NGG/NGG
1	NG→NG+NGG/NGG+NGG
2	NG→NG+NGG/NGG+PG
1	NG→NG+NGG/NGG+PG(von)
1	NG→NG+NGG/NGG/NGG
1	NG→NG+NGG/NGG/NGG/NGG
1	NG→NG+PART
91	NG→NG+PG
1	NG→NG+PG(adjg)
1	NG→NG+PG(partg)
25	NG→NG+PG(von)
3	NG→NG+PG(von)+APPO
1	NG→NG+PG(von)+NGG
1	NG→NG+PG(von)+NGG+PG(von)
7	NG→NG+PG(von)/PG
1	NG→NG+PG(von)/PG+PG
5	NG→NG+PG+APPO
1	NG→NG+PG+APPO/APPO+APPO+PG
1	NG→NG+PG+APPO/APPO+APPO(rel)
17	NG→NG+PG+NGG
1	NG→NG+PG+NGG(adjg)
1	NG→NG+PG+NGG(partg)
3	NG→NG+PG+NGG+APPO
1	NG→NG+PG+NGG+APPO+NGG
1	NG→NG+PG+NGG+PG+PG
1	NG→NG+PG+PART
6	NG→NG+PG+PG

1 NG→NG+PG+PG(von)+PG
2 NG→NG+PG+PG+APPO
1 NG→NG+PG+PG+NGG
1 NG→NG+PG+PG+NGG+PG(von)
1 NG→NG+PG+PG+PG+APPO
1 NG→NG+PG/NGG
11 NG→NG+PG/PG
1 NG→NG+PG/PG+NGG
1 NG→NG+PG/PG+NGG+APPO
1 NG→NG+PG/PG/PG
1 NG→NG+PG/PG/PG/PG
1 NG→NG+PART
1 NG→NG+PART
5 NG→NG/NG+NGG
1 NG→GN/GN+NGG(partg)+APPO
2 NG→NG/NG+PG+NGG

Bibliographie

BRESSON, D.: *Grammaire d'usage de l'allemand contemporain.* Paris, Hachette 1988.

ENGEL, U.: *Deutsche Grammatik.* Heidelberg, Julius Groos 1988.

FLÖHL, R. (Hrsg.): *Spitzenforschung in Deutschland – Natur und Wissenschaft: eine Bilanz.* Stuttgart, Deutsche Verlags-Anstalt 1983.

GUESPIN, L.: "La circulation terminologique et les rapports entre science, technique et production". In: GAUDIN F./ ASSAL A. (Hgg.): *Cahiers de linguistique sociale*, n° 18 (1991) URA CNRS 1164 SUDLA/Université de Rouen, p. 59-79.

HELBIG, G./BUSCHA, J.: *Deutsche Grammatik – Ein Handbuch für den Ausländerunterricht.* Leipzig, VEB Verlag Enzyklopädie 1984.

SCHANEN, F./ CONFAIS, J.-P.: *Grammaire de l'allemand – formes et fonctions.* Paris, Nathan 1986.

VERNON, J.-P.: "Fachsprachenlexik oder 'fachkulturelle' Lexik". In: MÜLLER, B.-D. (Hrsg.): *Interkulturelle Wirtschaftskommunikation.* München, Iudicium-Verlag 1991, p. 145-156.

Les énoncés dépendants et indépendants dans des textes scientifiques

Jean-Paul VERNON, Le Mans

Le présent article se veut un complément à la contribution précédente sur les expansions à droite du groupe nominal: *Rechtserweiterungen der Nominalgruppe in wissenschaftlichen Texten*. Les problèmes grammaticaux que posent l'analyse et, partant, la compréhension des textes scientifiques sont en effet multiples: la délimitation du groupe nominal, ses expansions à gauche, les formes verbales composées, le sémantisme des outils grammaticaux (prépositions, adverbes, coordonnants, etc.) seraient d'autres questions à aborder. Nous nous bornerons ici à l'analyse de la phrase, des énoncés dépendants au premier chef. Cette analyse appelée autrefois "logique" est bien trop souvent négligée par les étudiants, aussi bien germanistes que non-germanistes, amenés à lire et comprendre des textes scientifiques – nous pensons en la circonstance aux étudiants en sciences exactes pour qui l'allemand n'est pas le premier souci mais peut être un plus non négligeable dans leur carrière.

L'objet de cette étude est ainsi de dégager les schémas syntaxiques auxquels un étudiant peut se trouver confronté et, par là-même, relever le nombre et le sens des subjonctions qui introduisent les "subordonnées", les énoncés dépendants.

1. Les degrés de dépendance

Les imbrications de ces énoncés peuvent être telles que même des étudiants germanistes en deuxième année de DEUG eurent le plus grand mal, et parfois ils échouèrent totalement, à comprendre et traduire en français cette phrase extraite d'un document du *Bundespressedienst* autrichien (Vienne 1986), *Österreich – dauernd neutral* (p. 5):

[1] Wenn heute die Welt also von Österreich aktive Friedenspolitik durch unabhängige außenpolitische Entscheidungen erwarten kann, wenn sie gewiß sein kann, daß Österreich sich allen Aktionen zur weltweiten Entspannung und allen humanitären Aktionen zur Verfügung stellt, so deshalb, weil dieser Staat in der Mitte Europas ein stabiler politischer Faktor geworden ist, weil dieser Staat, der 1945 wieder selbständig wurde und durch den Österreichischen Staatsvertrag von 1955 wieder seine volle Souveränität erhielt, sich nach der Aufhebung des alliierten Besatzungsregimes in realistischer Einschätzung seiner geographischen, politischen und wirtschaftlichen Lage zu einer Politik der immerwährenden Neutralität entschlossen hat.

Si nous adoptons les symboles suivants (indispensables pour le traitement informatique des données):

P = phrase/énoncé indépendant(e)
Pø = énoncé indépendant avec un ou des énoncé(s) dépendant(s)
P1 = énoncé dépendant de premier degré
P2 = énoncé dépendant de deuxième degré
P3 = énoncé dépendant de troisième degré, etc.
COO = coordination,

nous pouvons présenter la “formule syntaxique” de [1] comme suit:

P→P1+P1+P2+Pø+P1+P1...+P2+COO+P2+...P1

où les points de suspension (...) notent une solution de continuité dans le quatrième énoncé P1 introduit par la subjonction *weil* (*weil dieser Staat...*): il est interrompu par deux relatives coordonnées (*der 1945 wieder selbständig wurde und durch den Österreichischen Staatsvertrag von 1955 wieder seine volle Souveränität erhielt*) et reprend à *sich nach der Aufhebung* ... La représentation spatiale suivante, mieux que la formule, fait ressortir la structure de cette phrase:

Pø	P1	P2
	Wenn heute die Welt also von Österreich aktive Friedenspolitik durch unabhängige außenpolitische Entscheidungen *erwarten kann*,	
	wenn sie gewiß *sein kann*,	*daß* Österreich sich allen Aktionen zur weltweiten Entspannung und allen humanitären Aktionen zur Verfügung *stellt*,
so deshalb,	*weil* dieser Staat in der Mitte Europas ein stabiler politischer Faktor *geworden ist*,	
	weil dieser Staat,	*der 1945 wieder selbständig* wurde und durch den Österreichischen Staatsvertrag von 1955 wieder seine volle Souveränität *erhielt*,
	sich nach der Aufhebung des alliierten Besatzungsregimes in realistischer Einschätzung seiner geographischen, politischen und wirtschaftlichen Lage zu einer Politik der immerwährenden Neutralität *entschlossen hat*.	

Les subjonctions (*wenn*, *weil*, *daß*), le relatif *der* et les complexes verbaux (*erwarten kann*, *geworden ist*, *entschlossen hat*, etc.) notés en italique montrent la parfaite conformité aux règles syntaxiques (verbe en dernière position); seule l'absence de forme verbale dans la "principale" *so deshalb* pourrait étonner le néophyte[1]. Des énoncés dépendants au troisième degré ne sont nullement exceptionnels en allemand, ainsi pour cette phrase (A. MERKEL, *Stern* du 6.8.1992, p. 132):

[2] Ich hoffe, daß der Honecker-Prozeß mit dazu beitragen wird, die DDR so zu sehen, wie sie wirklich gewesen ist.

dont la formule serait P→Pø+P1+P2+P3:

Pø	P1	P2	P3
Ich hoffe,	daß der Honecker-Prozeß mit dazu beitragen wird	die DDR so zu sehen,	wie sie wirklich gewesen ist.

Des phrases plus complexes restent toujours possibles, encore que les degrés de dépendance ne semblent pas extensibles à l'infini: cette phrase de Carlo Schmid, avec un énoncé dépendant au cinquième degré (le groupe infinitival final *das Gegenideal, also dem Bösen den Weg zu verbauen*) serait un seuil à ne pas dépasser, pour une formule:

P→Pø...+P1+...Pø+P1+P2+COO+P1+P2+COO+P2+P3+P4+P5:

[3] Die andere Assoziation, die die Deutschen mit dem Wort "Intellektuellen" zumeist verbinden, ist die eines Mannes, der über alles Bescheid weiß, wovon er praktisch nichts versteht, und der sich darum berufen fühlt, entweder Rezepte für die Lösung der Weltkalamitäten zu entwerfen oder alles in Bausch und Bogen auf dem Papier zu zerschmettern, was den Idealen entspricht, selbst dann, wenn die kritisierte Leistung mindestens eines fertiggebracht hat: das Gegenideal, also dem Bösen den Weg zu verbauen.

Les textes analysés ici n'atteignent pas cette complexité: les énoncés dépendants ne dépassent pas le troisième degré (cf. phrase [23] ci-dessous).

---

1 La traduction proposée par le livret en français du même *Bundespressedienst* n'est pas sans susciter la critique quant à la structure syntaxique, toute aussi complexe, du français: "Il s'ensuit que, si de nos jours le monde est en droit d'attendre de l'Autriche une politique de paix active se traduisant par des décisions indépendantes sur le plan de la politique étrangère, si l'on peut être certain que l'Autriche soutiendra toutes les actions visant à une détente globale et toutes les actions humanitaires, c'est parce que cet Etat est devenu un facteur politique stable en Europe Centrale, parce que cet Etat, qui est redevenu indépendant en 1945 et qui a recouvré sa pleine souveraineté par le Traité d'Etat de 1955, s'est prononcé – une fois terminé le régime d'occupation allié – pour une politique de neutralité permanente, décision due à une évaluation réaliste de sa position géographique, politique et économique."

2. Le corpus

Comme pour l'article évoqué ci-dessus (*Rechtserweiterungen der Nominalgruppe...*), les statistiques suivantes sur les énoncés dépendants portent sur quinze textes de cinq à six pages traitant de sujets scientifiques, parus initialement dans la *Frankfurter Allgemeine Zeitung*[2]:

- *Lebertransplantation bald Routine* - R. FLÖHL
- *Das kalte Herz* - R. FLÖHL
- *Lichttherapie gegen Netzhautschäden* - J. AUMILLER
- *Rettung für einen Fossilienschatz* - R. WANDTNER
- *Archaebakterien - Ein neues biologisches Reich* - A. FURTMAYR-SCHUH
- *Das Rauschen der Nerven* - R WANDTNER
- *Halbleiter nach Maß* - H. ZETTLER
- *Staub im interplanetaren Raum* - G. PAUL
- *Die Venus - eine Schwester der Erde?* - G. PAUL
- *Das Erdinnere im Labortest* - H. STEINERT
- *Energie für das dritte Jahrtausend* - G. PAUL
- *Im Dickicht der Zellen* - R. FLÖHL
- *Vagabundierende Gene* - B. HOBOM
- *Pflanzentumoren durch fremde Erbsubstanz* - R. WANDTNER
- *Die Evolution der Kohle* - H. STEINERT

soit un corpus de 77 pages comportant 1113 énoncés, indépendants ou dépendants.

3. Exploitation des données statistiques

Si nous notons:

P→P les phrases indépendantes,

P→Pø+P1 les phrases comprenant un énoncé indépendant et un énoncé dépendant au 1er degré,

P→Pø+P1+P2 les mêmes phrases avec un énoncé dépendant au 2e degré et

P→Pø+P1+P2+P3 avec un énoncé dépendant au 3e degré,

nous constatons que la répartition en valeurs absolues et en pourcentages, qui retiendront plus particulièrement notre attention, est fort disproportionnée ainsi que cela ressort des données réunies dans le tableau suivant avec l'histogramme correspondant (valeurs arrondies à l'unité supérieure ou inférieure):

---

2 FLÖHL, R. (Hrsg.): *Spitzenforschung in Deutschland - Natur und Wissenschaft: eine Bilanz* Stuttgart, Deutsche Verlags-Anstalt 1983.

P→P	545	=	48,97 %
P→Pø+P1	447	=	40,16 %
P→Pø+P1+P2	112	=	10,06 %
P→Pø+P1+P2+P3	009	=	00,81 %

	1113		

P→P	‹‹‹	48,71 %
P→Pø+P1	‹‹	39,96 %
P→Pø+P1+P2	‹‹‹‹‹‹‹‹‹‹	10,03 %
P→Pø+P1+P2+P3	‹	00,81 %

Répartition des énoncés indépendants et dépendants de 1er, 2e et 3e degré(s)

Une phrase sur deux, dans les articles scientifiques analysés, est une indépendante, 40 % des phrases présentent un seul énoncé dépendant et seulement 11 % deux ou trois énoncés dépendants.

Ces données brutes masquent toutefois des phénomènes comme la coordination, les éléments hors construction et les imbrications des énoncés entre eux qui viennent perturber la "lisibilité" immédiate de ces phrases.

3.1. P→P: les énoncés indépendants

L'immense majorité (≈ 90 %) des énoncés indépendants est constituée de phrases isolées séparées par un point ou une virgule (exceptionnellement par un point-virgule); les énoncés coordonnés restent rares (≈ 10 %) — 4,65 % pour l'ensemble des 1113 phrases avec deux P et 0,27 % avec trois P:

P→P	490	=	43,79 %
P→P+COO+P	52	=	04,65 %
P→P+(COO)+P+COO+P	3	=	00,27 %

ainsi pour la phrase [4] suivante (P→P+P+COO+P):

[4] In der Bundesrepublik gehen jährlich 17000 Todesfälle auf Leberleiden zurück, von Nierenversagen sind jährlich 2000 Menschen getroffen, aber durch die Behandlung mit der künstlichen Niere sterben nur wenige daran.

pour laquelle les deux premiers P sont juxtaposés et le troisième coordonné par *aber*.

3.2. P→Pø+P1: les énoncés dépendants de premier degré

Face à ces seules trois formules pour P→P, celles des phrases comportant au moins un énoncé dépendant sont beaucoup plus variées: nous en avons recensé 29 (cf. annexe 1) dont nous ne retiendrons ici, dans l'ordre décroissant pour les besoins de la démonstration, que les sept plus courantes (supérieures à au moins 10 occurrences):

P→Pø+P1	262	23,54 %
P→Pø...+P1+...Pø	44	03,95 %
P→P1+Pø	32	02,88 %
P→Pø+P1+COO+P1	28	02,52 %
P→P+COO+Pø+P1	17	01,53 %
P→Pø...+P1+...Pø+P1	16	01,44 %
P→P1+Pø+P1	10	00,90 %

3.2.1. Pø+P1: un énoncé indépendant suivi d'un énoncé dépendant

C'est le cas le plus courant avec 262 occurrences et 23,41% de l'ensemble du corpus. En voici quelques exemples qui illustrent la nature des subjonctions (*daß*, *weil*, *was*, *wenn*) et la relative sur lesquelles nous reviendrons:

[5] Hinzu kommt, daß das Versagen der Leber nicht wie bei der Niere durch technische Geräte kompensiert werden kann.

[6] Die Situation wird dadurch verschärft, daß weit mehr Menschen an Leberschäden sterben als an chronischem Nierenversagen.

[7] Bislang sind diese Bemühungen aber wenig erfolgreich verlaufen, weil die gesunden Lebern überraschend schnell versagen.

[8] All das verringert die Leistungsfähigkeit der Lebern, die gerade bei den Schwerkranken besonders gut funktionieren sollten.

[9] Außerdem werden durch eine schwebende Aufhängung Druckstellen vermieden, was eine gleichmäßige Durchströmung garantiert.

[10] Eine ausreichende Durchblutung läßt sich unter diesen Bedingungen allerdings nur dann erreichen, wenn das Organ wie ein Körper durch die Herz- und Atembewegungen zusätzlich "massiert" wird.

3.2.2. P→Pø+P1+COO+P1: deux énoncés dépendants coordonnés

[11] Mitte der sechziger Jahre hat Bretschneider dann eine kardioplegische Lösung gefunden, die das Herz schlagartig lahmlegt und seine Wiederbelebung nicht erschwert.

[12] Deren Langzeit-Überlebenschancen sind jedoch wiederum geringer, weil der Krebs oft auch das Transplantat befällt oder, noch häufiger, bei der Organverpflanzung bereits winzige Tochtergeschwülste vorhanden waren.

[13] Experimente an Schweinen und Ratten deuteten darauf hin, daß die Leber immunologisch privilegiert ist und seltener abgestoßen wird als Herz oder Niere.

Ces trois phrases illustrent diverses difficultés qui pourraient faire l'objet d'une progression didactique:

[11]: non reprise du relatif au nominatif pour le deuxième P1

Pø	P1
Mitte der sechziger Jahre hat Bretschneider dann eine kardioplegische Lösung gefunden,	die das Herz schlagartig lahmlegt und (die=ø) seine Wiederbelebung nicht er- schwert.

[12]: même ellipse de la subjonction *weil* pour le deuxième P1 coordonné par *oder* et séparé par une parenthèse (*noch häufiger*), mais aussi sujets différents pour les deux P1 et sujet déplacé après le groupe prépositionnel dans le deuxième P1:

Pø	P1
Deren Langzeit-Überlebenschancen sind jedoch wiederum geringer,	
	weil der Krebs oft auch das Transplantat befällt oder, noch häufiger, bei der Organverpflanzung bereits winzige Tochtergeschwülste vorhanden waren.

[13]: présence dans le deuxième P1 d'un élément hors construction qui masque la position finale du verbe *abgestoßen wird*.

3.2.3. P→Pø...+P1+...Pø(+P1): solution de continuité dans l'énoncé indépendant, interrompu par un P1 (suivi ou non par un second P1)

[14] Nach der Entdeckung eines "Urpferdchens", das Franzen inzwischen anhand eines Abgusses als Urtapir identifizierte, brach gewissermaßen ein Goldgräberfieber aus, das 1974 durch die Schließung der Grube für Privatsammler beendet wurde.

Pø	P1
Nach der Entdeckung eines "Urpferdchens",	das Franzen inzwischen anhand eines Abgusses als Urtapir identifizierte,
brach gewissermaßen ein Goldgräberfieber aus,	das 1974 durch die Schließung der Grube für Privatsammler beendet wurde.

Précisons que nous nous bornons ici à une simple *présentation spatiale en colonnes* des énoncés dépendants et que nous en ignorons en la circonstance la nature et la fonction: les deux relatifs *das* de [14] ne sont pas coordonnés comme dans [11] et ont pour antécédents deux termes différents (*"Urpferdchen"* et *Goldgräberfieber*); dans [16], cette présentation ne doit pas laisser penser que les deux *das* ont la même fonction (cf. § 4.4.2).

3.2.4. P→P1+Pø ou P→P1+Pø+P1: un énoncé dépendant précédant un énoncé indépendant [15] (lui-même suivi ou non d'un énoncé dépendant [16])

[15] Da viele dieser Leberkranken von einer Transplantation profitieren können, versucht Pichlmayr die Voraussetzungen dafür zu verbessern.

Pø	P1
	Da viele dieser Leberkranken von einer Transplantation profitieren können,
versucht Pichlmayr die Voraussetzungen dafür zu verbessern.	

[16] Daß eine seiner Patientinnen bereits seit sechs Jahren mit einer fremden Leber lebt, darf allerdings nicht darüber hinwegtäuschen, daß es auch Mißerfolge gibt.

Pø	P1
	Daß eine seiner Patientinnen bereits seit sechs Jahren mit einer fremden Leber lebt,
darf allerdings nicht darüber hinwegtäuschen,	
	daß es auch Mißerfolge gibt.

3.2.5. P→Pø+COO+Pø+P1: deux énoncés indépendants coordonnés (ici par *andererseits*), le second suivi d'un P1

[17] Sie lassen einerseits auf Fortschritte hoffen, andererseits rechtfertigen sie den Eingriff bei todkranken Patienten, für die es keine andere Hoffnung gibt.

Pø	P1
Sie lassen einerseits auf Fortschritte hoffen, andererseits rechtfertigen sie den Eingriff bei todkranken Patienten,	für die es keine andere Hoffnung gibt.

Les sept formules présentées ci-dessus (cf. § 3.2) réunissent 408 des 447 phrases avec un seul énoncé dépendant, P1, soit 91,28 %. Les quelque 10 % restants n'en sont pas pour autant négligeables car ce sont eux qui peuvent entraîner les erreurs d'analyse les plus graves, la principale résidant dans la "technique du puzzle" bien connue des débutants en latin et qui se perpétue chez les apprentis germanistes: attribuer à un énoncé des éléments (adverbes, compléments des bases nominale ou verbale, groupes prépositionnels, etc.) qui ne leur appartiennent pas.

Ces difficultés sont multipliées avec l'accumulation des énoncés dépendants, surtout quand on atteint le deuxième degré de dépendance:

3.3. P→Pø+P1+P2: les énoncés dépendants de deuxième degré

Ici encore la variété des formules est grande (20 formules différentes, cf. annexe 2); nous ne retiendrons ici que les deux plus courantes: P→Pø+P1+P2 (67 exemplaires, soit ≈ 6 % de l'ensemble des P recensés), P→Pø+P1...+P2+...P1 (12 exemplaires, soit 1,07 %) et deux hapax intéressants pour leurs imbrications:

3.3.1. P→Pø+P1+P2: simple succession des énoncés dépendants

[18] In Hannover hat man festgestellt, daß es für Herz und Kreislauf am günstigsten ist, wenn Arterie und Pfortader gleichzeitig geöffnet werden.

Pø	P1	P2
In Hannover hat man festgestellt,		
	daß es für Herz und Kreislauf am günstigsten ist,	
		wenn Arterie und Pfortader gleichzeitig geöffnet werden.

3.3.2. P→Pø+P1...+P2+...P1: solution de continuité dans P1

[19] Dieses nur oberhalb der Hüfte erhaltene Skelett stammt von einem Tier, das sich, wie die Röntgenaufnahmen zeigen, gerade im Zahnwechsel befand.

Pø	P1	P2
Dieses nur oberhalb der Hüfte erhaltene Skelett stammt von einem Tier,		
	das sich,	wie die Röntgenaufnahmen zeigen,
	gerade im Zahnwechsel befand.	

3.3.3. P→P1+P2+Pø+P1...+P2+...P1: deux énoncés dépendants distincts de deuxième degré, avec solution de continuité dans le second P1

[20] Wenn er es auch ablehnt, als der "Vater" des Antilymphozytenserums bezeichnet zu werden, so ist doch unbestritten, daß er in den sechziger Jahren, als die ersten Herztransplantationen erfolgten, über das beste Serum verfügte.

Pø	P1	P2
	Wenn er es auch ablehnt,	
		als der "Vater" des Anti-lymphozytenserums bezeichnet zu werden,

Pø	P1	P2
so ist doch unbestritten,		
	daß er in den sechziger Jahren,	
		als die ersten Herztransplantationen erfolgten,
	über das beste Serum verfügte.	

3.3.4. P→P1+P2+COO+P2+Pø+P1...+P2+...P1: même cas avec deux P2 coordonnés (par *und* ici) (même solution de continuité que dans [20])

[21] Nachdem es Weber, Osborn und Franke 1977 gelungen war, in kultivierten Säugetierzellen auch die intermediären Filamente mit fluoreszierenden Antikörpern sichtbar zu machen und damit zweifelsfrei zu identifizieren, fand man schnell auch Wege, die Filamente mit aggressiven Substanzen, die das Eiweiß denaturieren, aus den Zellhülsen herauszuholen.

Pø	P1	P2
	Nachdem es Weber, Osborn und Franke 1977 gelungen war,	
		in kultivierten Säugetierzellen auch die intermediären Filamente mit fluoreszierenden Antikörpern sichtbar zu machen
		und
		damit zweifelsfrei zu identifizieren,
fand man schnell auch Wege,	die Filamente mit aggressiven Substanzen,	
		die das Eiweiß denaturieren,
	aus den Zellhülsen herauszuholen.	

3.4. P→Pø+P1+P2+P3: Les énoncés dépendants de troisième degré

Ces énoncés sont rares: 8 occurrences, soit 0,81 % de l'ensemble des phrases relevées dans le corpus (chaque exemple ne représentant que 0,1 %, cf. annexe 3). Nous retiendrons la plus simple (2 cas) [22] et un exemplaire unique [23] intéressant par la place de l'énoncé indépendant et la coordination des deux P3:

3.4.1. P→Pø+P1+P2+P3

[22] Die Gruppe aus der Technischen Universität München unter Ewald Fünfer beschäftigte sich insbesondere mit Kompressionsversuchen, die schon Mitte der sechziger Jahre zeigten, daß es möglich ist, die für einen Fusionsreaktor notwendigen Temperaturen (über 100 Millionen Grad) und Plasmadichten (etwa 1014 Teilchen pro Kubikzentimeter) zu erzielen.

Pø	P1	P2	P3
Die Gruppe aus der Technischen Universität München unter Ewald Fünfe beschäftigte sich insbesondere mit Kompressionsversuchen,			
	die schon Mitte der sechziger Jahre zeigten,		
		daß es möglich ist,	
			die für einen Fusionsreaktor notwendigen Temperaturen (über 100 Millionen Grad) und Plasmadichten (etwa 1014 Teilchen pro Kubikzentimeter) zu erzielen.

3.4.2. P→P1+P2+P3+COO+P3+Pø+P1

[23] Wer mit der Vorstellung groß geworden ist, daß das Erbgut der Lebewesen einer eisernen Reserve gleicht, die der Speicherung und Abgabe von Information dient, aber ansonsten nahezu unangetastet bleibt, stellt mit Erstaunen fest, daß Bewegung in dieses starre Bild geraten ist.

Pø	P1	P2	P3
	Wer mit der Vorstellung groß geworden ist,		
		daß das Erbgut der Lebewesen einer eisernen Reserve gleicht,	
			die der Speicherung und Abgabe von Information dient,
			aber ansonsten nahezu unangetastet bleibt,
stellt mit Erstaunen fest,			
	daß Bewegung in dieses starre Bild geraten ist.		

Les “subordonnées” existent en allemand; leur fréquence étant toute relative, du moins dans les textes scientifiques, elles requièrent certes de l’étudiant une attention soutenue sans devoir être pour autant des chausses-trapes et devenir une obsession: les énoncés au deuxième ou au troisième degrés sont rares ou exceptionnels. L'imbrication des énoncés dépendants et indépendants (les "phrases-gigognes") est en revanche un écueil non négligeable sur lequel il y a lieu d'attirer l'attention de l'étudiant. D'autres difficultés comme l'emploi de la virgule, la place du sujet, les éléments hors construction entreraient ici en ligne de compte; nous les laisserons toutefois de côté pour nous en tenir aux problèmes propres à l'organisation supérieure de la phrase, traiter de la nature des énoncés dépendants, infinitivaux, relatifs (en évoquant au passage les substituts du pronom personnel) ou subjonctionnels, et développer quelque peu les "éléments" qui les introduisent.

4. La nature des énoncés dépendants

Les énoncés dépendants méritent une analyse détaillée pour en déterminer à la fois la nature et le sémantisme des subjonctions. Nous négligerons ici les trois degrés de dépendance décrits ci-dessus: les relatives, par exemple, ne sont pas différentes en P1, P2 ou P3. Nous avons répertorié dans notre corpus 767 énoncés dépendants relatifs, subjonctionnels ou infinitivaux (introduits par un relatif ou une subjonction ou comprenant un infinitif précédé de *zu*) dont la répartition est la suivante:

REL (groupe relatif)	351	=	45,76
SUBJ (groupe subjonctionnel)	330	=	43,02
INF (groupe infinitival)	86	=	11,21

	767		

dont la représentation statistique (valeurs approchées) donne l'histogramme suivant:

REL	‹‹	45,76 %
SUBJ	‹‹‹	43,02 %
INF	‹‹‹‹‹‹‹‹‹‹‹	11,31 %

Répartition des énoncés dépendants en groupes relatifs, subjonctionnels et infinitivaux

ce en quoi nous n'avons pas comptabilisé les ellipses de subjonctions dans les énoncés coordonnés, ainsi pour les phrases [12] et [13] ci-dessus dans lesquelles *weil* et *daß* ne sont pas répétés.

4.1. Les groupes infinitivaux

Faisant abstraction des infinitifs compléments de verbes de modalité, de verbes comme *scheinen* et *bleiben* ou, à l'occasion, d'énoncés infinitivaux *non délimités par une virgule*[3], nous pouvons ranger les groupes infinitivaux selon leur fonction: sujet ou complément. Les 86 groupes infinitivaux (11,21 %) se répartissent comme suit (ordre de fréquence décroissant):

INF complément d'un verbe (cf. ci-dessous)	45
INF complément d'un substantif[4]	21
INF introduit par *um...zu*	10
INF complément d'un adjectif[5]	6
INF introduit par *ohne...zu*	2
INF sujet	1
INF attribut	1

Il apparaît ainsi que la fonction sujet (dans [24]) ou attribut (dans [25]) reste exceptionnelle:

[24] Es schien lohnenswert, nach Verbindungen zu suchen, die ein dreifach negativ geladenes Stickstoff-Ion enthalten.

[25] Ziel dieser Untersuchungen ist es unter anderem, jene Verunreinigungen und Defekte genauer zu verstehen, die bei der Produktion die Ausbeute an brauchbaren Schaltkreisen erheblich mindern können.

L'annonce par le pronom *es* de ces deux groupes infinitivaux se retrouve avec *da-* et la préposition régie par le verbe à peu près à égalité (si l'on néglige la grande fréquence de *gelingen*, cf. [26]) dans la fonction d'objet:

– sans annonce (34 cas)[6]: *ablehnen, befähigen, beginnen x 2, beschließen, einladen, erlauben x2, hoffen x 3, sich entschließen, unmöglich machen, versuchen x 3, vorschlagen, gelingen x 17*;

---

3 L'analyse de l'emploi de la virgule avec les infinitifs sortirait du cadre de cette contribution.

4 *Aufgabe* x 3, *Barbarei, Bestrebungen, Eigenschaft, Fähigkeit* x 3, *Gelegenheit, Lust, Möglichkeit* x 7, *Tendenz, Wege, Ziel.* – Exemple pour *Aufgabe, Möglichkeit* et *Barbarei*: Es wäre Aufgabe der deutschen Industrie, nach dem Vorbild führender amerikanischer Unternehmen wie Bell und IBM selbst mehr Grundlagenforschung zu betreiben, um diese Ergebnisse aufgreifen zu können. – Hier ergibt sich also für Geophysiker die Möglichkeit, durch die Analyse seismischer Signale die Zusammensetzung der Erdkruste und die Zunahme der Temperatur mit wachsender Tiefe näher zu erforschen, was ein großer Gewinn für das Verständnis unseres Heimatplaneten wäre.– Es [ist] eine Barbarei, die Naturschätze [...], unter einem Müllberg verschwinden zu lassen.

5 *bereit sein, möglich* x 4, *notwendig*. – Exemple pour *möglich*: Es ist doch möglich, die Netzhaut durch Hitzeeinwirkung wieder mit dem Augenhintergrund zu verschweißen und so das Sehvermögen zu erhalten.

6 Exemple pour *versuchen*: 1963 ging Fechtig, um Erfahrungen zu sammeln, an das Cambridge Research Laboratory der amerikanischen Luftwaffe, wo man versuchte, solchen Staub mit Raketen einzufangen.

- avec annonce (10 cas)[7]: *es ermöglichen, danach streben, darin bestehen, darum gehen, dazu bringen, dazu dienen x 3, dazu übergehen, dazu verwenden.*

Encore que nullement exceptionnels, les groupes infinitivaux compléments d'un substantif (21 cas)[4] ou d'un adjectif (6 cas)[5] sont moins fréquents.

Resterait à relever, mais ils ne soulèvent aucun problème de compréhension, les groupes infinitivaux introduits par *um* (10 cas, cf. exemple de la note 6) et *ohne* (2 cas) et à noter qu'un groupe infinitival peut à son tour avoir des énoncés dépendants pour compléments: ainsi pour la phrase suivante avec un P3 introduit par *als*:

[26] Es ist inzwischen gelungen, anhand der Fluoreszenzspektren von Sporiniten (Sporenhäuten) aus einer Bohrung im Oberrheintal nachzuweisen, daß sich die Senkung dieser Erdkrustenstruktur bereits viele Millionen Jahre früher anbahnte, als man bislang angenommen hatte.

4.2. Les substituts de l'adjectif possessif

La phrase suivante avec un groupe infinitival, P→Pø+P1:

[27] Doch bedurfte es erst der Entwicklung unkonventioneller Bergungs- und Präparationsverfahren sowie deren ständiger Verbesserung, den wissenschaftlichen Wert der Fundstätte ausschöpfen zu können.

est apparemment simple si on se limite à la seule structure syntaxique; elle présente cependant une forme *deren* qui n'est pas un relatif mais un substitut de l'adjectif possessif, lequel réfère à *Bergungs- und Präparationsverfahren* et non à *Entwicklung*: ce substitut n'entre pas dans le cadre de la présente analyse syntaxique. Il est assez peu courant en valeur absolue mais nullement exceptionnel en allemand et constituerait un des nombreux problèmes qui obèrent la compréhension d'un texte écrit. Sa fréquence dans notre corpus amènerait à le retenir dans une perspective pédagogique; nous relevons en effet, de façon peut-être étonnante, 11 cas, soit 30,56 % d'occurrences *dessen/deren* employées comme substituts de l'adjectif possessif face aux 25 relatifs au génitif: seules la place de la forme conjuguée (dans [28] et [12] ci-dessus) et la présence d'une autre subjonction (*daß* dans [29] et *bis* dans [30] par exemple) permettent de trancher entre l'un ou l'autre emploi:

[28] [...]; auch deren chemische Zusammensetzung konnte erstmals grob analysiert werden.

[29] [...] andere Gene, die den Hormonhaushalt der Zellen so verändern, daß deren Vermehrung nicht mehr von der Pflanze kontrolliert werden kann.

[30] [...], bis deren Temperatur auf 23 Grad gesunken war.

---

7 Exemple pour *dienen*: Wenn sich dies Verfahren bewährt, soll es vor allem dazu dienen, die Zeit zu überbrücken, bis ein Transplantat zur Verfügung steht.

Négligeant désormais les substituts de l'adjectif possessif, nous pouvons aborder les énoncés relatifs qui posent des problèmes avant tout morphologiques, qui relèvent de la compréhension et, partant, de la traduction.

4.3. Les groupes relatifs

Nous avons vu ci-dessus (§ 4) que ces énoncés relatifs sont les plus nombreux (351 cas pour 45,51 %) et représentent près de la moitié des énoncés dépendants. Si nous faisons abstraction des 21 relatifs *was*, *welch-* et *wo* (avec ses composés *worauf*, *wobei* et *-durch)*, nous pouvons noter dans le tableau suivant la répartition des relatifs proprement dits par genres, cas et nombres:

	Masc.	*Neut.*	*Fém.*	*Pl.*	*Total*	*%*
Nom.	40	34	38	119	231	70 %
Acc.	5	4	4	14	27	8,18 %
Dat.	4	9	11	23	47	14,24 %
Gén.	2	15	2	6	25	7,58 %
Total	51	62	55	162	330	100 %

Distribution des pronoms relatifs par genres, cas et nombres

d'où il ressort que le nominatif l'emporte largement avec 70 %, suivi du datif avec 14 %, l'accusatif et le génitif se trouvant pratiquement à égalité (8 et 7 %) pour l'ensemble des pronoms relatifs. Ce relevé statistique n'a d'intérêt que pédagogique, en particulier pour la compréhension, et la traduction éventuelle (*dont* ou *duquel/de laquelle* etc.) des génitifs:

– Versuche, deren Ergebnisse [...] überprüft werden müssen: *des expériences dont les résultats doivent être vérifiés*,

– (ein Massenspektrometer), an dessen Entwicklung [...] Wissenschaftler [...] beteiligt waren: *à la mise au point duquel participèrent des scientifiques ....*

4.4. Les groupes subjonctionnels

Les groupes subjonctionnels présentent des difficultés d'un ordre différent qui relèvent de leur sémantisme et en partie de la polysémie des subjonctions.

4.4.1. Occurrences et fréquence des subjonctions

Si nous comptons pour des subjonctions les énoncés dépendants (discours rapporté) avec le verbe en deuxième position (noté *daß = ø*) et les hypothétiques/ temporelles avec verbe en tête (noté *wenn = ø*), ainsi que l'hypothétique *sei es ... oder..*:

[31] Diese Stoffwechselerkrankung kann das Auge mehrfach treffen, sei es als diabetischer Katarakt ("Zuckerstar") oder als diabetische Retinopathie, [...]),

notre corpus compte 330 subjonctions qui se répartissent comme suit (dans l'ordre alphabétique avec le nombre d'occurrences pour chacune):

als	12	*sobald*	2
bevor	3	*solange*	2
bis	3	*während*	10
da	33	*warum*	2
daß	141	*weil*	8
daß = ø	3	*welch-*	3
falls	1	*welchø*	1
indem	1	*wenn*	24
je	2	*wenn = ø*	5
nachdem	3	*wenngleich*	4
ob	9	*weshalb*	2
obwohl	3	*wie*	41
ohne daß	1	*wieviel*	1
so ...auch...	1	*wodurch*	1
so daß	7	*ø (sei es...)*	1

Nous limitant aux subjonctions dont les occurrences sont supérieures à 2 % (plus de 6), nous ne relevons que neuf subjonctions qui constituent 86,32 % de l'ensemble pour 285 occurrences.

daß	141	42,55 %
wie	41	12,46 %
da	33	10,03 %
wenn	24	07,29 %
als	12	03,65 %
während	10	03,04 %
ob	9	02,74 %
weil	8	02,43 %
so daß	7	02,13 %
	= 285	= 86,32 %

Les 21 autres subjonctions, une fois reconnues comme telles, ne posent pas de difficultés de compréhension: les "suppressions" de *daß* et *wenn* sont en général bien connues; si *wenngleich*, *je*, *solange*, *weshalb* et *falls* le sont moins, il resterait à en conclure qu'il y aurait lieu de les inclure dans les listes de subjonctions des grammaires d'apprentissage de l'allemand.

Il en va de même pour six des subjonctions les plus fréquentes: *da* (étant donné que, comme), *als* (quand = la seule fois que), *während* (pendant/tandis que), *ob* (interrogation globale indirecte), *weil* (parce que), *so daß* (si que, de telle sorte que): ces subjonctions figurent dans toutes les ("bonnes") grammaires. Finalement seules les trois subjonctions les plus fréquentes (si l'on exclut *da*), *daß*, *wie* et *wenn*, peuvent poser problème en raison de leur polysémie.

4.4.2. Les subjonctions *daß*, *wie* et *wenn*

La phrase [16] ci-dessus illustre les deux fonctions les plus courantes, sujet et objet, de *daß*. Pour la fonction sujet, on peut seulement souligner que l'énoncé dépendant peut précéder ou suivre le verbe dont il est sujet, ainsi, respectivement, pour les phrases (cf. également [5]):

[32] Daß es zunächst so wenig Abstoßungskrisen gab, führte er auf den schlechten Zustand der Transplantate zurück, ...

[33] Hinzu kommt, daß die Leber druckempfindlich ist.

La répartition des énoncés introduits par *daß* est la suivante:

- sujet [16]	33
- complément d'un substantif[8]	12
- complément d'un verbe non annoncé[9]	65
- complément d'un verbe annoncé[10] [16] et [34]	13
- attribut [35]	5
- consécutif (toujours) annoncé par *so* ... [36]	13

[34] Die Situation wird dadurch verschärft, daß weit mehr Menschen an Leberschäden sterben als an chronischem Nierenversagen.

[35] Voraussetzung dafür ist freilich, daß sich die Risikopatienten, [...], regelmäßig überwachen und die Vorstadien der Ablösung rechtzeitig behandeln lassen.

[36] Der Druck der Pumpen wird so gesteuert, daß überall physiologische Verhältnisse herrschen.

La subjonction *daß* assure ainsi son rôle de translateur dans 128 cas, soit ≈ 91 %, le *daß* consécutif se réduit à 13 occurrences, soit ≈ 10 %. Il est peut-être remarquable que l'énoncé translaté sans subjonction (la prétendue "suppression" de *daß*) n'apparaît que dans trois cas (avec le substantif *Annahme* [39] et les verbes *behaupten* et *befürchten* [40] et [41]): la translation, notant ici le discours rapporté, est assurée dans ces trois cas par le subjonctif, la confusion avec un énoncé indépendant est donc levée:

---

8 *der Ansicht sein, Verdacht hegen; Folge, Hinweis x 2, Hoffnung, Nachteil, Tatsache, Verdienst, Vorstellung, Wahrscheinlichkeit, Zweifel.* - Exemple pour *daß* annoncé par *da-: die ersten Hinweise dafür, daß ...; [die Radiomessungen] ließen ... Zweifel daran entstehen, daß...*

9 *ahnen (nicht), annehmen x 5, bedeuten x 2, belegen, beobachten, bewirken, demonstrieren, entdecken x 3, erbringen, ergeben x 3, erkennen x 6, erreichen, erwarten, feststellen x 4, finden x 6, glauben x 4, herausfinden x 2, hinwegtäuschen, nachweisen x 3, nahelegen, schließen, sehen, verfeinern, verhindern, vermuten, wissen, zeigen x 10.*

10 *(dadurch) sich auszeichnen, (dazu) beitragen, (darauf) beruhen x 2, (darauf) deuten, (darauf) hindeuten, (darüber) hinwegtäuschen x 2, (damit) rechnen, (davon) überzeugen, (dadurch) unterscheiden, (dadurch) verschärfen, (darin) sich zeigen.*

[37] Ein weit verbreitetes Mißverständnis ist die Annahme, eine geglückte Koagulation schließe ein Fortschreiten der Erkrankung aus.

[38] Professor von Zahn behauptete damals, die Unstimmigkeit beruhe auf ungenauen Messungen der Sauerstoffkonzentration in der Atmosphäre, [...].

[39] Die NASA befürchtete damals, ihre Satelliten und Raumsonden könnten durch Kollisionen mit kleinen, schnell fliegenden Partikeln gefährdet werden.

La subjonction *wie* assure un rôle de translation comparable avec une marque [comparaison] supplémentaire qui se traduit différemment en français (*comment/ la façon dont, ainsi que, à quel point* devant un adjectif, etc.) selon sa fonction: 1) sujet, complément 2) d'un substantif ou 3) d'un verbe, 4) comparative, ou enfin 5) circonstancielle:

1) sujet [40]	5
2) complément d'un substantif [41][11]	3
3) complément d'un verbe [42][11]	4
4) comparative[11]	2
5) circonstancielle [43], également [19]	27 = 65,85 %
	41

La fonction circonstancielle, qui assume le rôle d'une parenthèse 'ainsi que/ comme' est la plus courante avec 27 occurrences, ≈ 66 %, soit près des deux-tiers.

[40] Aber wie die Inhomogenitäten beschaffen sind, ist unbekannt.

[41] In den sechziger Jahren war eine Kontroverse darüber entstanden, wie sehr sich die Atmosphäre dieses Planeten von derjenigen der Erde unterscheidet.

[42] Die Heidelberger Forscher hatten untersuchen wollen, wie sich der interplanetare Staubteilchenfluß in der Nähe eines Planeten schwerkraftbedingt erhöht.

[43] Viele Mißerfolge [...] beruhten, wie man erst später erkannte, auf dem während der Operation eingetretenen Sauerstoffmangel.

Le sémantisme de la subjonction *wie* est ainsi plus riche que celui de *daß* et peut présenter des difficultés de compréhension et de traduction; les acceptions, les signifiés de *wenn* sont encore plus variés et multiplient les problèmes d'interprétation.

La valeur temporelle ou hypothétique n'est en effet pas toujours apparente (cf. [48] [49]) et rend souvent l'interprétation malaisée d'autant plus que le subjonctif est *totalement absent* des énoncés introduits par *wenn*, que le seul temps

---

11 Ces trois substantifs sont: *Aufschlüsse (darüber), Kontroverse (darüber)* et *Frage.*
Les trois verbes sont: *demonstrieren, untersuchen* et *zeigen* x 2.
Comparaison avec *dreimal soviel... wie.*

employé est l'*indicatif présent*: si un *(nur)* (cf. [10]) *dann* cataphorique permet de lever l'ambiguïté et de préciser la valeur temporelle:

[44] Frisch infizierte Pflanzenzellen entwickeln sich selbst dann zu Tumoren, wenn die Bakterien durch leichtes Erhitzen oder durch Antibiotika abgetötet werden.

la polysémie de *schon* n'assure pas nécessairement ce rôle, ainsi pour les deux *wenn* de:

[45] Wenn schon bei normaler Pupillenweite Verbrennungen auf dem Augenhintergrund entstehen, wieviel leichter müßte dies - so die Überlegung Meyer-Schwickeraths - möglich sein, wenn die Pupille künstlich erweitert wird, etwa durch das aufs Auge geträufelte Atropin.

pas plus que *gleichzeitig*:

[46] In Hannover hat man festgestellt, daß es für Herz und Kreislauf am günstigsten ist, wenn Arterie und Pfortader gleichzeitig geöffnet werden.

Faisant abstraction des cas douteux, que nous avons comptés comme des hypothétiques, la répartition des 24 *wenn* répertoriés est à peu près égale (au profit du *wenn* temporel, ≈ 62 %):

wenn hypothétique	9
wenn temporel	13

auxquels viennent s'ajouter deux *wenn* concessifs en corrélation avec *auch* (*auch wenn* ou *wenn ... auch*), repris [47] ou non [48] par *so*:

[47] Wenn Pichlmayr mit über 50 Lebertransplantationen auch hinter Starzl und Calne zurückliegt, auf die jeweils über 100 der rund 300 weltweit vorgenommenen Eingriffe entfallen, so sind seine Ergebnisse keineswegs schlechter.

[48] Auch wenn die Entwicklung der einzelnen Maceraltypen auf molekularer Ebene derzeit noch nicht zu erkennen ist, wurde doch die Frage, wie sich die Pflanzenmasse bei der Kohlebildung entwickelt hat, inzwischen weitgehend geklärt.

L'énoncé dépendant hypothétique sans subjonction (la "suppression" de *wenn*) n'apparaît que cinq fois, toujours à l'indicatif, présent [49] ou passé [50], repris (une seule fois, [50]) ou non [49] par so; dans tous les cas, un sens temporel semble, d'une part, exclu, et, d'autre part, l'énoncé occupe la première position dans la phrase:

[49] Bestehen diese [Meteoriten] aus locker gepacktem Material, zerreißen sie, und es entsteht eine Staubwolke.

[50] Wurden zunächst nur die Areunysmen verödet, so koagulierte man später vornehmlich entlang der Gefäße.

Cette analyse d'un premier niveau, de la syntaxe, de la construction de la phrase allemande, dans des textes scientifiques, ou du moins de vulgarisation scientifique, destinés au commun des lecteurs de la *Frankfurter Allgemeine Zeitung*, a permis de relever une grande régularité dans la nature des énoncés, dépendants et indépendants. Nous ne pouvons en conclure que cette syntaxe est simple: un minimum de connaissances grammaticales est indispensable pour comprendre un texte allemand, quel qu'il soit, minimum impliquant une base solide en "analyse logique", finalement simple si l'étudiant domine avant tout les imbrications des énoncés dépendants, lesquels présentent les plus grandes difficultés. Les principes d'analyse de la phrase une fois acquis, tous les problèmes ne sont naturellement pas résolus: la compréhension des relatives avec un génitif, son emploi pour les substituts de l'adjectif possessif, les sens de *wie* et de *wenn*, entre autres subjonctions, sont autant d'exercices à élaborer, à présenter progressivement, pour familiariser l'étudiant avec ces difficultés. Nous avons cependant voulu montrer que celles-ci ne sont pas si nombreuses que certains élèves ou étudiants veulent le croire et qu'elles sont surmontables pour peu que l'on veuille ramener les problèmes à l'essentiel, faire simple pour un public qui veut *lire et comprendre* l'allemand, qui n'aspire pas à atteindre les sommets de la germanistique...

Annexe 1: Les énoncés dépendants du premier degré: P→Pø+P1

	n	*%*
P→Pø+P1	262	23,54
P→Pø+P1+APPO	1	0,09
P→Pø+P1+COO+Pø+P1	2	0,18
P→Pø+P1+COO+P1	28	2,52
P→Pø+P1+COO+P1+COO+P1	1	0,09
P→Pø...+APPO+P1+...Pø	1	0,09
P→Pø...+P1+ (...)+...Pø(*)	5	0,45
P→Pø...+P1+...Pø	44	3,95
P→Pø...+P1+...Pø+COO+P	2	0,18
P→Pø...+P1+...Pø+COO+Pø+P1	1	0,09
P→Pø...+P1+...Pø+P1	16	1,44
P→Pø...+P1+...Pø+P1+COO+P1	1	0,09
P→ Pø...+P1+...Pø...+P1+...Pø	1	0,09
P→ Pø...+P1+...Pø...+P1+...Pø+COO+P	1	0,09
P→ Pø...+P1...Pø	1	0,09
P→ Pø...+P1+...Pø+P1	1	0,09
P→ P1+COO+P1+COO+P1+Pø	1	0,09
P→ P1+COO+P1+Pø	4	0,36
P→ P1+Pø	32	2,88
P→ P1+Pø+COO+P	3	0,27
P→ P1+Pø+COO+Pø	1	0,09
P→ P1+Pø+P1	10	0,90
P→ P1+Pø+P1+COO+P1	1	0,09
P→ P1+Pø+P1+COO+P1+COO+P1	1	0,09
P→P1+Pø...+P1+...Pø	6	0,54
P→P1+Pø...+P1+...Pø+COO+P	1	0,09
P→P+COO+Pø+P1	17	1,53
P→P+COO+Pø+P1+COO+P1	1	0,09
P→P+COO+P +COO+Pø+P1	1	0,09
P→Pø+P1	447	40,16

(*) (...) note une parenthèse effective ou un ajout entre virgules comme dans cette phrase:

An Bord einer Meßkapsel, die, an einem Fallschirm hängend, die Jupiteratmosphäre erforschen soll, wird sich unter anderem ein optisches Interferometer aus dem Bonner Institut befinden.

Annexe 2: Les énoncés dépendants du deuxième degré: P→Pø+P1+P2

	n	%
P→Pø+P1+APPO+P2(*)	1	0,09
P→Pø+P1+COO+P1+P2	3	0,27
P→Pø+P1+P2	67	6,02
P→Pø+P1+P2+COO+P2	2	0,18
P→Pø+P1+P2+COO+P2+COO+P2	2	0,18
P→Pø+P1...+P2+COO+P2+...P1	1	0,09
P→Pø+P1...+P2+...P1	12	1,08
P→Pø+P1...+P2+...P1+COO+P1+P2	1	0,09
P→Pø...+P1+P2+...Pø	2	0,18
P→Pø...+P1+...Pø+P1+P2	5	0,45
P→Pø...+P1+...Pø+P1+P2+COO+P2	1	0,09
P→P1+Pø+P1+P2	2	0,18
P→P1+Pø...+P1+...Pø+P2	1	0,09
P→P1+P2+COO+P2+Pø+P1...+P2+...P1	1	0,09
P→P1+P2+Pø	3	0,27
P→P1+P2+Pø+P1	4	0,36
P→P1+P2+Pø+P1+P2	1	0,09
P→P1+P2+Pø+P1...+P2+...P1	1	0,09
P→P1...+P2+...P1+Pø+P1	1	0,09
P→P1...+P2+...P1+Pø	1	0,09
P→Pø+P1+P2	112	10,03

(*) Présence d'une apposition à P1, suivie d'une relative:

Man fand beispielsweise, daß der Glanz des Collinit, mit 80 oder mehr Prozent wichtigster Bestandteil des Vitrinit, im Laufe der Inkohlung zunimmt - eine Folge der Alterung eines Kolloids, das mit der Zeit härtet.

Annexe 3: Les énoncés dépendants du deuxième degré: P→Pø+P1+P2+P3

	n	*%*
P→Pø+P1+COO+P1+P2+P3	1	0,09
P→Pø+P1+P2+COO+P1+P2+P3	1	0,09
P→Pø+P1+P2+P3	2	0,18
P→Pø+P1+P2+P3+COO+P3	1	0,09
P→Pø+P1+P2...+P3+...P2	1	0,09
P→Pø...+P1+...Pø+P1+P2+P3	1	0,09
P→P1+P2+P3+COO+P3+Pø+P1	1	0,09
P→P1+P2+P3+Pø	1	0,09
P→Pø+P1+P2+P3	9	0,81

Bibliographie

FLÖHL, R. (Hrsg.): *Spitzenforschung in Deutschland - Natur und Wissenschaft: eine Bilanz.* Stuttgart, Deutsche Verlags-Anstalt 1983.

Österreich - dauernd neutral, document éd. par le Bundespressedienst autrichien. Vienne 1986.

III Lehrmaterialien und Unterrichtsmedien

Vergleichende Übersetzung am Beispiel deutsch-französischer Wirtschaftstexte

Claudie VILLARD, Metz

Einleitung

Was hier dargelegt wird, sind praktische Erkenntnisse, gewonnen aus der Not, das Gebiet *Fachübersetzung* (traduction spécialisée), das erst seit kurzem zum Studiengang der Germanistik gehört, an einer französischen Universität zu unterrichten. Aus der Zusammenarbeit mit einem Kollegen aus diesem Fach ist ein Lehrbuch entstanden: *Traduction comparée du français et de l'allemand – textes économiques*[1], in dem wir versucht haben, die Übersetzung von Wirtschaftstexten aus der deutschen und französischen Presse zu systematisieren und Hilfestellungen zu geben, und dies aus der Erfahrung der Schwierigkeiten heraus, die jeder kennt, der auf diesem Gebiet ohne fachwissenschaftliche Vorbildung tätig ist. Außerdem wird in diesem Lehrwerk angeregt und praktisch vorgeführt, wie der enge Rahmen der Übersetzung mit bloßem Rückgriff auf das Wörterbuch gesprengt werden kann.

Eine der größten Schwierigkeiten für den Lehrenden, der kein Fachmann ist, liegt darin, daß man über eine Materie arbeitet — in diesem Fall wirtschaftliche Probleme —, die einem meist nur durch Presse und Fernsehen, d.h. immer ungenau und fragmentarisch, bekannt ist. Hinzu kommt, daß diese Materie sich täglich weiterentwickelt und ändert, und dies gilt in Deutschland besonders seit 1989. Auf der terminologischen Ebene schlägt sich dies in zahlreichen Neuprägungen und Bedeutungsverschiebungen nieder. Die Wörterbücher — wie könnte es anders sein — hinken nach, wenn sie sich überhaupt bewegen. Und wir, Übersetzer der Wirtschaftstexte aus Not, suchen verzweifelt nach den genauen Entsprechungen in der eigenen und in der fremden Sprache, im vorliegenden Fall der deutschen Sprache.

Es gibt sie meist, diese Entsprechungen, man findet sie, zum Beispiel in Fernsehsendungen und in der Presse beider Länder über gleiche Probleme. Die Schwierigkeit ist bloß die, daß sie anderweitig vielfach noch nicht dokumentiert sind. Neue Realitäten lassen neue Begriffe entstehen, man muß ständig auf der Lauer sein, sie sozusagen aus dem Wort- oder Redefluß herauspicken. Es ist ein Spiel, das nicht ohne Reiz ist, weil man immer wieder fündig wird.

---

1 Klaus MORGENROTH / Claudie VILLARD: *Traduction comparée du français et de l'allemand – Textes économiques.* Paris, Masson 1992.

Dieses Spiel kann man zusammen mit den Studenten mit großem Gewinn treiben, wenn man sich die Mühe gibt, das Material dazu — es muß natürlich Originalmaterial sein — zusammenzustellen. Parallele Zeitungsartikel, parallele Videosendungen aussuchen: das ist mit viel Arbeit verbunden. Hier ist Zusammenarbeit mit Kollegen sinnvoll, auch mit Kollegen, die andere Fremdsprachen unterrichten. Daß man es in einer Grenzregion wie Lothringen bei dieser Materialsuche leichter hat als anderswo, braucht man nicht zu betonen.

Dies ist also ein Appell, von vornherein in beiden Sprachen zu arbeiten, allerdings in grundsätzlich vergleichender Absicht. Das Verständnis des deutschen Textes wird durch die Verwendung paralleler Dokumente in der Muttersprache erleichtert, die terminologische Suche nach dem richtigen Wort für die Übersetzung wird zum "Detektivspiel" — zum didaktischen Konzept. Am Ende der Übung braucht nicht immer eine vollständige Textübersetzung fertig dazustehen, es kann auch eine Auflistung der aufgefundenen Termini vorgenommen werden, und dies, warum nicht, mit dem Ziel, ein Glossar zusammenzustellen, das ein paar hundert Wörter und Ausdrücke umfaßt, das spezifische Glossar der Lernergruppe, mit der man arbeitet.

Im folgenden soll auf einige Aspekte eingegangen werden, die diese Methode des Rückgriffs auf parallele Wirtschaftstexte, speziell im Hinblick auf die Übersetzung, aber auch zur Einführung in ein Fachgebiet, illustrieren.

1. Der doppelte Blick auf die wirtschaftlichen Realitäten

Die simultane Lektüre paralleler Texte vor dem eigentlichen Vorgang der Übersetzung entwickelt beim Lerner eine konsequent komparatistische Sichtweise und erzieht zu einem kritischen Umgang mit Wörterbüchern. Sind die Texte nach ihrer Thematik gut ausgesucht, so läßt sich das Interesse der Studierenden leichter auf die behandelte Materie lenken, weil *erstens* ihr Spürsinn bei der Suche nach Informationen und Fachbegriffen, die Verständnis und Übersetzung der Ausgangstexte erleichtern, angeregt wird; *zweitens* aus der Konfrontation der beiden Texte meist eine Verschiebung der Schwerpunkte, sogar Widersprüche, Ungereimtheiten, oder Ungesagtes sichtbar werden. Die dargestellte Realität wird vielgesichtiger, deutsch-französische Unterschiede bei der Art und Weise, diese Realität zu erfassen, fallen auf. Der *kritische Blick* auf das geschriebene oder gesprochene Wort in den Medien des eigenen Landes wird dadurch eingeübt, mit großem Profit, so scheint uns. Die vergleichende Übersetzung könnte somit als Mittel zur objektiveren Urteilsgewinnung über Themen der Zeit im Unterricht eingesetzt werden.

Nehmen wir die Maastrichter Beschlüsse als Beispiel. Was mußte man nicht alles in der französischen Presse über die von den Deutschen angestrebte

Mark-Hegemonie bei der zukünftigen Währungsunion in der EG lesen und hören! Maastricht sei als Erfolg für die Deutschen, als Niederlage für die Franzosen zu bewerten und führe zu einem Europa *à l'allemande*, wo man doch weiter von einem Europa *à la française* träumt. In Deutschland wurden die Verträge umgekehrt als unerträgliche Zugeständnisse an Europa bewertet, als Aufgabe der D-Mark, der harten und soliden Währung des *Wirtschaftswunders* zugunsten des *Ecu*, dessen Name so verdächtig auf eine französische Dominanz verweist, obwohl, wie jeder weiß, Ecu ein englisches Kürzel für *European Currency Unit* ist. Nicht zufällig ist jetzt der Streit um das Wort neu entfacht. *Die Ecu* (ausgehend von dem Ausdruck *die europäische Rechnungseinheit*) wird in Deutschland für die zukünftige Währungseinheit gefordert, statt *der Ecu*, der auf die alte französische Münze zurückgeht.

Bei anderen Beispielen liegt das Interesse auf der Ebene der reinen Information, die *direkt* durch Originalzeugnisse aus dem öffentlichen Leben des Nachbarlandes in der Presse vermittelt wird. Besser als jeder Unterricht der "Landeskunde" (*Civilisation*) vermag die Konfrontation der Texte die strukturellen Unterschiede im deutschen und französischen Wirtschaftsleben erkennen zu lassen. Die Arbeitskämpfe in Deutschland etwa, die im Frühjahr 1992 in der französischen Presse eine große Resonanz fanden, boten sich an, das spezifische Gewerkschaftssystem in Deutschland, das anders als in Frankreich branchengebunden und überparteilich ist, sowie das System der Tarifrunden zu erläutern. Daß die IG-Metall mit ihren 3,6 Millionen Mitgliedern die größte Einzelgewerkschaft der Welt ist, erklärt sicherlich die Kompromißbereitschaft mancher Arbeitgeber. Erst aus diesen Kenntnissen heraus läßt sich manches Wort in seiner Tragweite verstehen und dann im Kontext genau übersetzen. Zur Orientierung des französischen Lesers wäre *die IG Metall* am besten mit *Le syndicat unique de la métallurgie* zu übersetzen. Umgekehrt ist bei der Übersetzung eines französischen Textes über die Rolle der *CGT* etwa bei Streikbewegungen eine Erklärung für den deutschen Leser notwendig, die auf die Tatsache hinweist, daß es sich in Frankreich um ein eher politisch strukturiertes Gewerkschaftssystem handelt: *die kommunistisch orientierte (Arbeiter)gewerkschaft CGT* ist in dem Fall die Standardübersetzung.

Aus der Konfrontation der Texte geht auch das Ungesagte hervor. Es ist interessant festzustellen, daß in der deutschen Presse 1991/1992 Leitartikel über den Profit der französischen Wirtschaft an der deutschen Vereinigung zu lesen waren, wogegen in der französischen Presse — dezidiert objektiv und mit vielen Zahlen über die steigenden Handelsüberschüsse — der Aufschwung des französischen Außenhandels und somit die neuerwachte Vitalität der Wirtschaft besungen wurden: kein Wort über die deutsche Binnensituation, die diesen Aufschwung in Frankreich als möglicherweise nur vorübergehend und wenigstens zum Teil von außen bestimmt erscheinen ließe.

Parallele Texte bieten also die Möglichkeit, ein Stück *civilisation comparée* oder interkulturelle Landeskunde, wie man heute sagt, in den Übersetzungsunterricht zu integrieren. Das Erlernen einer Fachterminologie und das Einüben von Übersetzungsmechanismen bekommen somit über das Technische hinaus eine inhaltliche Tragweite, die im Unterricht voll ausgenutzt werden sollte.

2. Die Qual der Wahl: die Suche nach dem passenden Wort

Wie oft erlebt der Übersetzer die Frustration, einen Begriff im Wörterbuch entweder vergeblich zu suchen oder im Gegenteil eine Liste von Entsprechungen vorzufinden, für deren Auswahl er keine Kriterien mitgeliefert bekommt. Hier entscheidet nur der Kontext oder der geläufige Wortgebrauch in der Fremdsprache. Hier hilft der Parallelismus der Texte am meisten.

A — Die Auswahl der besseren Lösung erleichtern

Bei Wörtern wie *Aufgabe, Leistung, Ziel* zum Beispiel erlebt man es immer wieder, daß der Lerner auf die erst-schlechteste Entsprechung zurückgreift, die ihm ein für allemal zur Verfügung steht: *devoir* für *Aufgabe, performance* für *Leistung, but* für *Ziel.* Ruft er das Fachwörterbuch zu Hilfe, so stößt er, etwa bei Potonnier[2], auf diese Vielzahl von Übersetzungen für *Leistung:*

exécution; réalisation; fourniture;
accomplissement; performance; résultat;
travail; produit; rendement; efficience;
allure; cadence; débit; capacité; puissance;
paiement; versement; règlement; prestation

Die Mikrostruktur des Wörterbuchs ermöglicht es kaum, hier die passende Auswahl zu treffen.

Oft liefert in solchen Fällen der parallele Text in der Zielsprache entweder die nötigen Auswahlkriterien durch die zusätzliche Information über den Kontext, oder die passende Übersetzung. So erweist sich das Wort *tâche* als die richtige Übersetzung für *Aufgabe* in folgendem zu übersetzenden Satz:

...die nach den Beschlüssen von Maastricht stark wachsenden Aufgaben der Gemeinschaft (*FAZ*, 3.2.1992)

Fonctions wäre unrichtig in diesem Zusammenhang, *devoir* eindeutig falsch.

Aus folgenden Beispielen von Entsprechungen aus französischen Paralleltexten leuchtet ein, daß die bessere Übersetzung nicht immer die (für den Studenten) nächstliegende ist:

---

2 Georges Ed. et Brigitte POTONNIER: *Wörterbuch für Wirtschaft, Recht und Handel.* Band 1. 2. Aufl. Wiesbaden 1982.

l´objectif oder la finalité	für: das Ziel	statt nur:	but
les nantis	für: die Reichen	statt nur:	les riches
la politique d´austérité	für: die Restriktionspolitik	statt:	restriction
le tassement de l´inflation	für: der Inflationsrückgang	statt nur:	recul
les coupes budgétaires	für: die Etatkürzungen	statt nur:	réductions
le train de mesures fiscales	für: das Steuerpaket	statt:	paquet
la mise en place /la création de l´EEE	für: die Bildung des EWR	statt:	formation
l´alignement de la livre sur le mark	für: die Bindung des Pfundes an die DM	statt:	rattachement
la conférence a clos ses travaux	für: die Konferenz ist zu Ende gegangen	statt nur:	s´est terminée
la consolidation des emplois	für: die Sicherung der Arbeitsplätze	statt nur:	sauvegarde
le forum consacré à l´économie	für: die Wirtschaftstagung	statt nur:	conférence
la marge de manœuvre	für: die Handlungsfähigkeit	statt:	faculté
la gestion des déchets	für: Abfallwirtschaft	statt:	économie
les déchets	für: der Müll	statt immer nur:	ordures

Bei diesem letzten Beispiel ist zu bemerken, daß im Deutschen *Müll* und *Abfall* oft austauschbar sind: man liest sowohl vom *Hausmüll* als auch von den *Haushaltsabfällen*, von der *Müllawine* und dem *Abfallberg, der Müll- oder Abfallvermeidung*, vom *Verpackungsmüll* oder *-abfall. Abfallexperte* klingt allerdings offensichtlich besser als *Müllexperte.* Zum Einblick in die ganze Palette der gebräuchlichen Begriffe in diesem Bereich sei auf einen Artikel aus der Zeitung *Die Zeit*, unter dem Titel *Big Business Müll* vom 3.4.1992 hingewiesen, der uns hier als Belegtext diente. Im Französischen ist der Gebrauch von *ordures* eingeschränkter als der von *déchets. Atommüll* kann nur mit *déchets radio-actifs* übersetzt werden, *Hausmüll* entspricht allerdings *ordures ménagères* oder *déchets ménagers.*

B — Es geht auch ohne Wörterbuch: der technische Begriff und seine genaue Übersetzung

Je technischer ein Text ist, desto fündiger wird der Leser bei der Suche nach dem nötigen Fachwort in der Fremdsprache. Gerade dem Nicht-Kenner der Materie, der kein Fachwörterbuch zur Hand hat, ist der "Aha-Effekt" garantiert, und damit der Spaß an der Text-Konfrontation.

Nehmen wir zwei Bereiche als Beispiel: die Währungsprobleme und das Börsenwesen.

Zunächst folgender Satz aus einem deutschen Text über den Beitritt Großbritanniens zum EWS im Oktober 1990:

Zu einem Mittelkurs von 2,95 DM und mit einer Schwankungsbreite von jeweils sechs Prozent nach oben und nach unten gehört das Pfund nun voll und ganz zum EWS. (*Die Zeit*, 12.10.90)

Der entsprechende französische Text liefert die nötigen technischen Ausdrücke zur Übersetzung:

Le comité monétaire de la CEE (...) a entériné (...) l'entrée de la livre dans le système monétaire européen (SME) à un cour pivot de 2,95 DM et 9,8938 F français, avec une marge de fluctuation de 6% de part et d'autre. (*Le Monde*, 9.10.1990)

Bei einem deutschen Text über den Börsenindex DAX und einem französischen über den Index CAC 40 stößt der Leser auf alle Begriffe, die er zur Übersetzung braucht. Ohne zu zögern greift er bei der Übersetzung der Sequenz

die Kursentwicklung von 30 deutschen Aktientiteln mit hoher Umsatzaktivität, breiter Marktstreuung und großem Indikationswert... (*Blick durch die Wirtschaft*, 24.6.1988)

auf den französischen Text zurück:

les sociétés (...) ne font pas toutes l'objet d'échanges nourris, ni de cours toujours significatifs. (...) Les titres (...) sont aussi largement répartis dans le public... (*Le Figaro*, 15.10.1990)

Der deutsche Text liefert sogar neben der Formel *mit breiter Marktstreuung* eine zweite Entsprechung für den Ausdruck *largement réparti dans le public*: *in Streubesitz befindlich*.

Bei diesen beiden Texten ist die Auflistung des gemeinsamen Glossars besonders fruchtbar. Mehr als 16 Parallel-Formulierungen konnten registriert werden[3]. *Amtlich gehandelt werden* findet ohne jeden Zweifel seine Entsprechung in der Kollokation *inscrit à la cote officielle*. Ebenso sicher kann der aufmerksame Leser beider Texte bei der Übersetzung von *Börsenumsätze* im Kontext auf *le volume des transactions boursières* und bei *Markt für Termingeschäfte* auf *le marché à règlement mensuel* zurückgreifen.

C — Die Kürzel

Interessant ist hier nicht nur die genaue Entsprechung für die Kürzel in der anderen Sprache, sondern auch die Analyse ihrer Zusammensetzung und ihr Gebrauch.

Leicht prägen sich dem Leser die Kürzel *OECD / OCDE*, oder *KSZE / CSCE* ein; alle sind ähnlich zusammengesetzt, obwohl *OECD* im "Deutschen" auf die englische Bezeichnung verweist, während *KSZE* eine deutsche Abkürzung ist. *Organisation* und *Konferenz* sind auch im Französischen weiblichen Geschlechts. Der Lernende hat es beim Gebrauch der Kürzel leicht. Etwas komplizierter ist es beim *GATT*: *der* oder *das Gatt*, fragt sich der französische Lerner zu Recht. Hier hilft die wiederum englische Basis des Kürzels nicht weiter. Es muß auf die deutsche Bezeichnung zurückgegriffen werden: *Allge-*

---

3 Vgl. Klaus MORGENROTH / Claudie VILLARD, op. cit., Dossier 10, S.139-140.

meines Zoll- und Handelsabkommen und auf die gebräuchliche Form *das Gatt-Abkommen*, abgekürzt also *das Gatt. Le Gatt* im Französischen verweist auf *L'Accord général sur les tarifs douaniers et le commerce,* wobei festzustellen ist, daß das englische Kürzel für *General Agreement on Tariffs and Trades* im französischen Sprachgebrauch anstandslos übernommen wurde — eine bemerkenswerte Ausnahme.

Der Gebrauch des englischen Kürzels *EFTA* im Deutschen und des entsprechenden französischen Kürzels *AELE* entspricht schon eher der üblichen Sprachpolitik im jeweiligen Land. Vor Überraschungen ist keiner gefeit, denn von *l'Uruguay-Round,* der Phase der Gatt-Verhandlungen, die sich seit 1986 nun bereits sieben Jahre hinzieht, spricht man in Frankreich, dafür in Deutschland von der *Uruguay-Runde.*

Wie ein neues Kürzel sich im allgemeinen Sprachgebrauch durchsetzt, kann an Hand von zwei Paralleltexten datiert von Dezember 1990 illustriert werden: *der Europäische Wirtschaftsraum* steht im deutschen Text noch in Gänsefüßchen, mit dem Kürzel *EWR* (*FAZ*, 20.12.1990). Im französischen Text ist vom *futur espace économique européen (EEE)* die Rede (*Le Figaro,* 19.12.1990). Ob das stotternde Kürzel *EEE* langlebig sein wird, bleibt dahingestellt. Vorläufig ist die Sache von großer Aktualität und das Kürzel lebt noch. Bei der in Maastricht besiegelten *Gemeinsamen Agrarpolitik* hat sich seltsamerweise das Kürzel *GAP* noch nicht durchgesetzt, dafür bedurfte im Französischen *la PAC* (politique agricole commune) schon kurz nach ihrer Einführung keiner Erklärung mehr, vielleicht deshalb, weil sie bei zahlreichen Bauerndemonstrationen ins öffentliche Licht gezogen wurde.

Ein weiteres Beispiel. Die Gruppe der sieben reichsten Industrienationen der Welt wird im Deutschen verschieden benannt: *G 7, die G 7, die Siebener Gruppe,* und sogar *die Siebenergruppe* in einem Wort. Demgegenüber steht im Französischen nur ein Terminus *le G 7.* Das sind Unterschiede, die dem aufmerksamen Leser bei der hier untersuchten Parallel-Methode nicht entgehen können.

D — Ungenauigkeiten der benutzten Terminologie und Leerstellen in der Fremdsprache

Der Textvergleich deckt auch manche Ungenauigkeit auf, die der Sprachgebrauch normalisiert hat.

So hat sich im Deutschen seit einigen Jahren mit der Erweiterung der Aufgaben der Europäischen Gemeinschaft das Kürzel *EG* gegenüber *EWG* durchgesetzt, während im Französischen *la CEE* geläufiger ist als *la CE,* obwohl von der *Communauté Economique Européenne* kaum noch die Rede ist. Ähnlich entspricht die Pluralform *Die Römischen Verträge* den geschichtlichen Tatsachen besser als die gebräuchliche Singularform *Le Traité de Rome* in Frankreich.

Die jüngste Aktualität bietet ein ähnliches Beispiel: In welcher Form das EG-Treffen in Maastricht im Dezember 1991 sprachlich in die Geschichte eingehen wird, steht noch nicht fest. In deutschen Zeitungen ist sowohl von den *Beschlüssen von Maastricht* als auch von der *Maastrichter Vereinbarung, dem Maastrichter Vertrag* oder den *Maastrichter Verträgen* die Rede. Im Französischen schwankt man zwischen *les accords* und *le traité de Maastricht.*

In Bereichen der Wirtschaft, die noch in voller Entwicklung sind, kommt die neue Terminologie erst langsam über die Grenzen. Der Übersetzer — auf dem Niveau der Nicht-Fachleute jedenfalls, die wir sind — steht vor einer echten Aufgabe. Das Suchen nach den passenden Entsprechungen kann beginnen, man muß dabei in die Materie "hineinriechen", ein höchst interessanter Prozeß, zumal wenn es sich wie hier bei unserem nächsten Beispiel um die Terminologie der hochbrisanten Müllbeseitigung handelt.

In diesem Bereich sind die Deutschen anerkannte Vorreiter und die neuen Bestimmungen zum Umweltschutz bringen zusammen mit neuen Aufgaben, Abgaben und Ausgaben neue Begriffe in Umlauf, die zusammen mit dem "deutschen Modell", dem sogenannten *Dualen System*, sicherlich die Welt erobern werden. Gehen wir zunächst einmal von einer Ungenauigkeit in der verwendeten Terminologie bei einem deutschen Bericht über das Schwanken in Frankreich zwischen Umsatz und Umwelt aus: es ist von der *Einweihung einer Müllentsorgungsanlage in Bayonne* die Rede (*VDI-Nachrichten*, 14.12.1990). Dem Übersetzer bietet der Paralleltext aus der französischen Presse (*Le Figaro*, 27.11.1990) die eigentliche Bezeichnung für die besprochene Realität: *Lors de la récente inauguration de l'usine de valorisation des déchets de Bayonne-Biarritz (...).* Man kann nicht anders als auf sie zurückgreifen, weil sie ja als die authentische gelten muß. Ob aber *valorisation des déchets* mit *Müllentsorgung* richtig übersetzt ist, kann man bezweifeln. Man stößt dabei auf die Ungenauigkeit des Begriffs *Entsorgung* selbst. *Entsorgung* entspricht durchaus dem französischen *élimination* oder *évacuation*, wird aber auch im Sinne von *traitement* benutzt. Das Wort *valorisation* bedeutet so viel wie "(Wieder)aufwertung" des Mülls, aber im geläufigen deutschen Sprachgebrauch in diesem Bereich stehen dafür eher die Begriffe *Wiederaufbereitung*, oder besser *stoffliche Wiederverwertung* zur Verfügung.

Wenn man dieses Begriffsfeld weiter abfragt, stößt man auf das mit der Einführung des *dualen Systems* bei der Müllbeseitigung entstandene Wort und Objekt *Wertstofftonne.* Die sogenannte *gelbe Tonne* mit dem *grünen Punkt* ist damit gemeint. Die graue Landschaft mit den bisher nur *grauen Tonnen* ist farbiger geworden — wer möchte es beklagen. Nun ist der Übersetzer gefordert, er muß nach der passenden Entsprechung im Französischen suchen. *Conteneur pour déchets à valoriser* oder *poubelle pour matières recyclables* würde zwar der Bezeichnung *Wertstofftonne* ganz gut entsprechen. *Poubelle verte* läge besser auf der Zunge, aber Sprachverwirrung durch die Verwechslung mit dem *Biomüll* und Farbverwirrungen sind dabei nicht auszuschließen...

Aus diesem zweiten Teil meiner Ausführungen möchte ich Sie nicht entlassen, ohne Ihnen einen Übersetzungsauftrag im Dienste der guten Sache, nämlich der intensiven sogenannten *Müllvermeidung* aufzugeben: suchen Sie bitte nach einer französischen Entsprechung für diesen weisen Spruch aus der aktuellen Werbekampagne für das *Duale System*: *Mehrweg und Einweg ergänzen sich.*

3. Kontextübersetzung: die Anpassung des Übersetzers an die Fluktuationen der Realität

Übersetzen ist immer Kontextübersetzung und der Kontext im Bereich der Wirtschaft ist zeitbedingt. So muß die Übersetzung immer wieder der fluktuierenden Realität angepaßt werden. Zur Zeit mischt die Politik stark hinein. Kein Wunder also, daß manche Beispiele aus parallelen Wirtschaftstexten politische Begriffe sind.

Da wäre z. B. das Wort *gesamtdeutsch.* Vor der Vereinigung im Oktober 1990 mußte es ohne Zweifel mit *concernant les deux Allemagnes* übersetzt werden. Nun läßt sich der Begriff nur noch mit *concernant l'Allemagne unifiée* ou *pour l'ensemble de l'Allemagne* übersetzen, etwa wenn es heißt: *das Statistische Bundesamt liefert keine gesamtdeutschen Statistiken für die Arbeitslosigkeit.*

Ein Problem war 1990/1991 die Entsprechung für *Beitrittsgebiet,* eine Variante unter anderen für *die ehemalige DDR.* Es konnte mit *le territoire réuni à la RFA* übersetzt werden, kaum aber mit dem in einer Zeitung vorgeschlagenen Ausdruck *zone d'adhésion*, der allzusehr an die *zones d'occupation* erinnert. Der Begriff aus dem deutsch-deutschen Vertrag ist aber nur flüchtig gewesen, somit war das Übersetzungsproblem hinfällig.

Eine Übersetzungsaufgabe bleibt noch offen: die Suche nach französischen Entsprechungen für das brisante Mode-Wort *Altlast(en),* das im ökologischen, finanziellen aber auch — seit der Vereinigung — im politischen Bereich gebraucht wird.

Ein weiteres Beispiel, das eine ausführliche Behandlung verdient, ist der deutsche Begriff *Standort.*

Zur Zeit scheint sich das Gebrauchsfeld dieses Begriffs zu erweitern. Er avanciert zum Modewort, zusammen mit der steigenden Angst in Westdeutschland vor dem Zusammenbruch des erreichten, heiligen Wohlstands. Eine richtige *Standortdebatte* wurde in der Presse schon Anfang 1992 gestartet, u.a. in der *FAZ* und der *Zeit*.

Meist ist mit diesem Wort der Begriff *Industriestandort gemeint*, der sich laut Wörterbuch mit *site (d'implantation) industriel(le)* ou *lieu d'implantation* übersetzen läßt. Bei einigen Beispielen deckt sich der Gebrauch des Begriffs *Standort* problemlos mit dem Französischen *site*: *die Erdbebensicherheit des Standorts* (eines Kernkraftwerks), *Krupp-Hoesch gibt den Standort Rheinhausen auf* (bei der jetzigen Stahlkrise) (*Die Zeit*, 12.3.93). Französische Parallelbeispiele dafür: *des débrayages ont eu lieu sur tous les sites du groupe (Krupp-Hoesch)* (*Le Figaro*, 5.3.93), oder *le gigantesque site (de Eisenhüttenstadt)* (idem). Dabei stellt man immer wieder fest, daß im Französischen kein vergleichbarer gewissermaßen zum terminologischen Standard gehöriger Terminus (und Begriff) zur Verfügung steht. Sehr oft wird sogar eine Wort-für-Wort-Übersetzung (bzw. 1:1-Entsprechung) in den entsprechenden französischen Texten (wenn es um die Situation im Deutschen geht) aus stilistischen Gründen vermieden. Gerade diese Abweichungen bei der Benennungsbildung sind äußerst aufschlußreich. Das Heranziehen paralleler Texte bringt Beispiele ans Licht, die die ganze Palette der Entsprechungen für das *eine* Wort *Standort* und seine Komposita im jeweiligen Kontext erscheinen lassen.

Gehen wir vom Beispiel aus, das in letzter Zeit immer wieder für Schlagzeilen gesorgt hat: Der Titel

Der Standort Westdeutschland hat an Attraktivität verloren

findet folgende Entsprechung im Französischen:

L'Allemagne de l'Ouest a perdu de son attrait pour les investisseurs.

Gerade diese Verwendung der Apposition in der Nominalgruppe *Standort Deutschland* stellt den französischen Übersetzer vor ein schwieriges Problem. Hier nämlich versagen die Entsprechungen aus dem Wörterbuch *site* oder *lieu d'implantation*, die sich kaum auf ein Land beziehen lassen. Dasselbe gilt für den Übersetzungsvorschlag in *La Tribune d'Allemagne* (21.8.1992): *l'emplacement industriel allemand*. Eine intensive Lektüre der französischen Presse bringt einiges ans Licht, was nicht ganz befriedigend klingt. So wird zum Beispiel für Rexrodts *Bericht zur Zukunftsicherung des Wirtschaftsstandorts Deutschland* (siehe *FAZ*, 13.2.93) folgende Entsprechung vom Deutschland-Experten Picaper in *Le Figaro* (11.2.93) angeboten: *M. Rexrodt prépare cette année un second rapport sur le "renforcement du centre de production Allemagne"* — ein nicht ganz geglückter Versuch, die sehr geläufig gewordene Formel als solche erkennen zu lassen. Kurze Zeit später greift Picaper zur Notlösung des direkten Zitats mit anschließender Erklärung oder Umschreibung: *(...) si le pacte de solidarité garantit (...) un renforcement du "Standort*

Deutschland", le "centre de production et d'investissement d'Allemagne" (...) (*Le Figaro*, 15.3.1993) — auch hier ist der Präpositionalausdruck *d'Allemagne* nicht unproblematisch, dafür ist es sicherlich richtig, zugleich Produktion *und* Investition als Elemente der Bestimmung des Begriffs *Standort* in diesem Kontext erkennen zu lassen. Insofern ist die oben zitierte Entsprechung *L'Allemagne de l'Ouest a perdu de son attrait pour les investisseurs* eindeutig als die bessere Lösung zu bewerten, vielleicht mit dem Zusatz *et pour les industriels.*

In diesem Zusammenhang sei noch ein anderer französischer Beleg herangezogen, diesmal aus dem helvetischen Sprachgebrauch. Bei folgendem Titel in der Zeitschrift *Der Monat* (herausgegeben vom *Schweizerischen Bankverein*:):

Für einen attraktiven Wirtschaftsstandort Schweiz

wird die Apposition im Französischen vermieden:

Pour rendre à la Suisse une place économique attrayante

oder als Variante an einer weiteren Stelle im Artikel: *la place économique helvétique doit redevenir suffisamment attrayante...* (*Der Monat/Lė Mois*, 3.1993). Interessant ist hier die Parallelität zum Begriff *la place financière.* Abschließend noch ein Beispiel aus Paralleltexten zur deutschen Stahlkrise:

die Frage (...), ob der Stahlstandort Deutschland gesichert werden kann... (FAZ 17.2.93).

In einer französischen Quelle findet man:

... prendre plus d'engagements pour le maintien d'un potentiel industriel à l'est (Le Monde 16.10.92).

Der Kontext legt hier die Übersetzung *zur Sicherung des Stahlstandorts Ostdeutschland* nahe.

Das letzte Beispiel zeigt, daß der Beobachter der Wirtschaftsrealität und -terminologie bei der Lösung dieses Übersetzungsproblems keineswegs warten muß, bis der deutsche Begriff *Standort* sich im Französischen vielleicht durchsetzt, ähnlich wie *le Waldsterben*, *la Wende* ou *la Treuhand.* Er muß eben das Problem durch die Konfrontation der Texte lösen, ohne Rückgriff auf das Wörterbuch.

Den Studenten — in unserem Fall den französischen Germanisten — wurde die Aufgabe gestellt, von französischen Texten auszugehen, die sich mit der Standortthematik beschäftigen, um darin alle Ausdrücke herauszusuchen, die sich mit dem Begriff *Standort* oder mit seinen Komposita genau oder annähernd wiedergeben lassen. Allerdings sollte dieser Suche eine Auflistung der in der deutschen Presse geläufigsten *Standort*-Komposita vorangehen.

Die folgende Aufstellung soll veranschaulichen, wie produktiv Zusammensetzungen mit dem Wort *Standort* im Deutschen mittlerweile geworden sind und wie schwierig sich die Suche nach französischen Entsprechungen außerhalb des Kontextes gelegentlich darstellt. Die Begriffe wurden nach semantischen Kriterien zusammengestellt, wobei deutlich wird, daß die Liste mit allen Redundanzen sich beliebig fortsetzen ließe:

o	Standort	-bestimmung, -bestimmend, -entscheidung, -entscheidend, -suche, -wahl
	Standort	-debatte, -diskussion, -philosophie, -probleme, -überlegungen
	Standort	-faktoren, -qualität, -vorteil, -pluspunkt, -nachteil, -schwächen, -beihilfen
	Standort	-erhaltung, -erneuerung, -sicherung, -sicherungsgesetz
	Standort	-verlagerung, -verschiebung, -wechsel
	Standort	-wettbewerb, -wettbewerber
^	Auslands-	standort
	Fertigungs-	standort
	Industrie-	standort
	Investitions-	standort
	Produktions-	standort
	Stahl-	standort
	Unternehmens-	standort
	Wirtschafts-	standort usw.

Bei der nun angeregten Suche in französischen Texten aus der neuesten Aktualität boten sich uns mehrere Beispiele, die deutlich gemacht haben, daß es neben dem Problem *Standort Deutschland* auch ein Problem *Standort Frankreich* gibt, und dies insbesondere seit der Öffnung der Grenzen in der EG am 1. Januar 1993. Für unsere Recherche war die *Affäre Hoover*, das heißt die Standortverlagerung einer Hoover-Fertigungsstätte von Frankreich nach England, ein willkommenes Objekt. Unter dem Stichwort *Sozial-Dumping / Le dumping social* wurde der Fall gleichzeitig in der deutschen und in der französischen Presse besprochen (u. a. *FAZ* 30.1.93, *Le Monde* 3.2.93).

Wir stießen in den französischen Texten auf folgende Ausdrücke, denen leicht die vorher aufgelisteten Termini aus der deutschen Presse zugeordnet werden konnten:

délocalisation (transfert)	Standortverlagerung (auch: Werksverlagerung)
(emporter) une décision d'implantation	Standortentscheidung
l'implantation d'une unité de production	Fertigungsstandort
la compétition (que se livrent Etats et régions) pour accueillir des entreprises	Standortwettbewerb
(concentrer) sa production européenne sur un seul site	Produktionsstandort

In dem Satz: *l'entreprise renforce son implantation à Amiens* kann der Übersetzer direkt auf folgenden Satz im deutschen Artikel zurückgreifen: ... *seine Produktion verstärkt auf den britischen Standort Preston konzentrieren.*

Bei anderen Beispielen wird deutlich, daß einer Verbalstruktur im Französischen oft eine Nominalstruktur im Deutschen (hier unter Rückgriff auf die

Standort-Komposita) entspricht. Der französische Student muß umlernen, sich bewußt von der Wort-zu-Wort-Entsprechung entfernen. So in den Beispielen:

détecter les firmes qui *veulent investir en Europe* et leur vendre	Investitionsstandort Europa
les *avantages comparatifs de la France*	Standortvorteile
la question de l´efficacité du *système francais pour attirer les investissements*	Investitionsstandort Frankreich
les *aides* reçues par une entreprise *pour son installation*	Standortbeihilfen
une *entreprise qui s´installe à* Longwy	Standort Longwy
une *entreprise qui choisit* la région lyonnaise	Standortwahl
consolider les investissements étrangers sur le territoire français	Sicherung des Investitionsstandorts Frankreich

Sicherlich ist der Rückgriff auf die *Standort*-Komposita in solchen Sätzen nur eine Übersetzungslösung unter anderen. Diese Beispiele verweisen aber die Studenten darauf, daß Übersetzen auch Transponieren bedeutet. In unseren Beispielen sind wir auf eine ganze Reihe von möglichen Entsprechungen für die oben besprochene paradigmatische Formel *Standort Deutschland* gestoßen. Der Übersetzungsweg ging dabei nicht direkt vom Ausgangs-Wort zu einem Ziel-Wort in der anderen Sprache, sondern über das Bewußtsein, daß in der französischen und in der deutschen Sprache ein gleiches semantisches Feld auf ganz unterschiedliche Weise abgedeckt wird. Der Terminologisierungsgrad ist im Deutschen höher als im Französischen — eine Erkenntnis, die am Beispiel *Standort* durch Heranziehen von Texten in beiden Sprachen den Studenten besonders deutlich vor Augen geführt werden kann.

Daß mit dieser Methode nicht alle Übersetzungsprobleme gelöst werden können, liegt auf der Hand. Die deutschen Wirtschaftspolitiker "bereichern" ihren Fachjargon immer weiter. Seltsame Früchte kommen auf diese Weise ans Licht — etwa das aus der *Standortdebatte* im Herbst 1992 entstandene *Standortsicherungsgesetz* (s. z.B. *FAZ* 10.12.92), wieder ein harter Brocken für den französischen Germanisten. Uns ist bisher eine Entsprechung für diesen Begriff in der französischen Presse nicht bekannt. Vielleicht wird man darauf warten müssen, bis das Gesetz endgültig verabschiedet und in den französischen Wirtschaftskreisen besprochen und möglicherweise nachgeahmt wird. Bis dahin muß man sich mit Umschreibungen begnügen, etwa *le projet de loi fiscale pour le maintien du potentiel industriel en Allemagne*, oder zusammen mit *Le Monde* (18.2.93) vereinfacht von *la réforme de la fiscalité des entreprises* sprechen.

4. Redewendungen und bildhafte Sprache

Der Lerner, der in beide Richtungen über dieselbe Materie zu übersetzen hat, wird nicht nur mit Einzelbegriffen, sondern auch mit Ausdrücken, formelhaften Redewendungen und Bildern konfrontiert, die er notgedrungen transponieren muß. Dabei darf er zwei Grenzen nicht überschreiten: die der Korrektheit (des sprachlich Zugelassenen) und die des sprachlich Zumutbaren. Wie weit darf er wörtlich übersetzen, wie weit darf er ein in der Zielsprache unbekanntes Bild durch ein anderes ersetzen, oder einfach "fallen lassen"?

Gleich ein paar Beispiele. Jeder von uns hat schon festgestellt, daß man im Deutschen Zahlen und Zeiträume häufig anders segmentiert als im Französischen. Daß *un trimestre* ein *Quartal* (ein Vierteljahr) ist, muß der Franzose sich schnell gefallen lassen. Den Begriff der *einstelligen* oder *zweistelligen Zahlen* (z.B. bei Prozentangaben) ignoriert er, ähnlich wie die geforderte *sechs vor dem Komma* bei den Tarifverhandlungen ihn leicht befremdet. Was für einen deutschen Kopf im Kontext klar genug ist und die nötige — gewollte — Marge offen läßt, zwingt den Franzosen zu einem Denkprozeß, bei dem *le six avant la virgule* als gerade noch zulässig herauskommt. Dieser Notlösung werden aber eindeutig die Redewendungen *six pour cent et quelques* oder *six pour cent et plus* vorgezogen.

Wenn die Arbeitslosenquote *eine zweistellige Zahl* erreicht, muß man überlegen, ob mit den *dizaines* etwas anzufangen ist, was eventuell bei fernen Ländern denkbar wäre. Hierzulande aber in Westeuropa muß der Franzose wissen, daß er bei einem "bescheidenen" *chômage dépassant les 10%* bleiben muß.

Bei bildhaften Ausdrücken ist die Sache nicht einfacher. Reizvoll ist es, wenn *der Rubel rollt*, ein im Deutschen geläufiger Ausdruck. *Le rouble roule* klingt ebenso gut im Französischen, das Bild existiert aber nicht, und könnte höchstens als Zitat übernommen werden. Das Problem im folgenden deutschen Text ist das in Klammern Gesetzte:

Wenn sich bei den Banken ein Kompromiß nicht finden läßt, rollt der Rubel (sprich die Mark) bald nicht mehr.

Um exakt zu sein, müßte der Übersetzer folgendes anbieten:

Si l´on ne réussit pas à trouver un compromis dans le secteur bancaire, "le rouble" (c´est-à-dire le mark) "ne roulera plus pour longtemps".

Das Bild wird als Zitat konserviert, der ganze Ausdruck wirkt aber eher verwirrend als eindeutig. Also, lieber verzichten! Mark und Rubel verschwinden. Nüchtern, aber klar könnte es dann heißen:*...il n´y aura bientôt plus d´argent qui roule.* Hier führen Paralleltexte zu keiner Lösung, sondern nur zu der Feststellung, daß man es bei solchen Beispielen mit Spracheigentümlichkeiten des anderen Landes zu tun hat, die sich eventuell aus dessen Geschichte erklären lassen.

Als Lehrender stößt man immer wieder auf bildhafte Ausdrücke, die plötzlich in den Leitartikeln der Zeitungen auftauchen, meist irgendeiner Fachsprache entnommen sind und in den geläufigen Wörterbüchern, selbst im *Wahrig*, nicht stehen, jedenfals nicht in ihrer bildhaften Bedeutung. Sie sind verhältnismäßig kurzlebig — so, daß Entsprechungen in der Sprache des Nachbarn kaum aufzufinden sind.

Manche Bilder, wie etwa die aus dem Bereich Eisenbahn und Schienenverkehr sind jetzt so geläufig, daß kein Übersetzer sich mehr darüber den Kopf zerbrechen muß: *eingleisig, auf falschem Gleis, die zugkräftige deutsche Lokomotive, ins rechte Gleis kommen, die Weichen stellen.*

Ich stand persönlich vor einem Rätsel beim Wort *dümpeln*, das sich zur Zeit breit macht und ähnlich wie *(sich) abschotten* der Marineterminologie entnommen ist. Es heißt soviel wie *leicht auf den Wellen schaukeln, schlingern.* Wenn die deutsche Wirtschaft bei den jetzigen Arbeitskämpfen *dümpelt*, ist sie im Französischen vielleicht *ballottée au gré des conflits sociaux. Tanguer* kann in einem anderen Kontext das Richtige sein. Ein Gebrauch, der weiter zu verfolgen ist.

Das bildhafte Wort *abwickeln*, in seiner Übertragung auf den politischen Bereich wohl dem Hirn eines Beamten entsprungen, hat in der Praxis mehr mit einer *procédure de liquidation* zu tun als mit einem *processus de règlement.* Es wird zusammen mit der berüchtigten *Evaluation* in die Geschichte der Vereinigung eingehen.

5. Glanz und Elend der Titelübersetzung

Wenn, wie erzählt wird, in der einen oder anderen Zeitung ein Journalist eigens zur Gestaltung der Titel engagiert wird, so muß dabei manch harter Brocken für den Übersetzer herauskommen. Es ist manchmal Glücksache, ob einem die passenden Alliterationen, Kehrreime oder Wortspiele gelingen, so daß Prägnanz und Tonlage des ursprünglichen Titels erreicht werden. Nicht immer ist es so einfach wie bei dem Titel *Frankreich schwankt zwischen Umsatz und Umwelt* (*VDI-Nachrichten*, 14.12.1990), wo man auf das schon so oft bemühte Gespann *économie et écologie* — übrigens auch direkt im Deutschen verfügbar mit *Ökonomie und Ökologie* — zurückgreifen kann.

Bei genauer Betrachtung der Paralleltexte kann es passieren, daß einem die Übersetzung direkt mitgeliefert wird: *Bekenntnis zur Marktwirtschaft von historischer Bedeutung / Die KSZE-Konferenz in Bonn* (*FAZ*, 12.4.1990) kann nicht besser wiedergegeben werden als mit dem Titel des entsprechenden Artikels in *Le Figaro* (12.4.1990): *CSCE: allégeance à l'économie de marché.*

Wenn man in der *Saarbrücker Zeitung* den banalen Titel *Aufwertung des Franc?* liest, erinnert man sich pötzlich an den Leitartikel in *Le Monde*, ein paar Tage früher, mit dem maliziös-provokativen Titel *Et si le franc était réévalué?*, der wohl geeignet war, die Franzosen aus dem *marasme* hervorzulocken. Diese Art der stilistischen Verschiebung sollte man sich merken, wenn es darum geht, einen Titel dynamisch zu gestalten.

Wie soll man aber mit *Alte Rituale, falsche Signale* (*Die Zeit*, 10.1.1992) im Kontext der Arbeitskämpfe verfahren? Bei solchen Beispielen hilft kein Paralleltext, der Übersetzer wird mit seinem Sprachsinn allein gelassen. In diesem Fall kann man entweder auf den Kehrreim verzichten, oder etwas wie *Des rituels dépassés, des signaux déplacés* versuchen.

Stößt man in einem französischen Text über die schlechte Lage der Unternehmen auf den Titel *Les canards boîteux*, so sollte man lieber auf das Bild verzichten und sich in der deutschen Fassung mit *Marode Unternehmen* begnügen. *Chômage partiel chez Michelin à la fin décembre* meldet brav eine französische Zeitung (*La Tribune de l'expansion*, 23.11.1990), *Michelin muß viel Luft ablassen* lautet das Echo in der deutschen (*Süddeutsche Zeitung*, 27.11.1990). Obwohl das Bild schon reichlich abgenutzt ist, und spontan mit dem entsprechenden, ebenso geläufigen Bild *lâcher du lest* übersetzt werden könnte, kann man eine bessere Lösung finden, die die Kongruenz des Bildes in dem Kontext respektiert. Unser Vorschlag wäre: *Michelin contraint de dégonfler ses effectifs*. Man muß hier expliziter als im Deutschen sein, weil der umgangssprachliche Ausdruck *se dégonfler* mit dem Sinn von *feig sein* hier allzu verwirrend wäre.

Wenn ein Titel so kurz und bündig ist wie *Abgewendet* (*Die Zeit*, 7.2.1992), da weiß der Übersetzer sofort, daß er sich wieder einmal geschlagen geben muß. *Evitée* — es geht in dem Fall um den drohenden Streik in der Stahlindustrie — ist kaum verständlich, auch in der weiblichen Form, man muß also wieder auf eine Erklärung zurückgreifen: *La grève évitée* oder *Une confrontation évitée*. Der Übersetzer fühlt sich als einer, der von Berufs wegen keinen anderen Ausweg kennt als *mettre les points sur les i*.

Die Reihe der Beispiele ließe sich beliebig fortsetzen, denn jeder prägnante Titel stellt einen vor ein neues Problem. Als Lehrender sollte man ab und zu alle Titel im Wirtschaftsteil einer deutschen und parallel dazu einer französischen Zeitung vom selben Tag mit den Studenten durchgehen. Das Spiel lohnt sich, auch wenn man ohne Umschweife seine Ohnmacht als Übersetzer immer wieder eingestehen muß. Manche stilistische oder terminologische Einfälle fallen einem dabei auf, die man bei passender Gelegenheit einsetzen kann.

6. Zusammengesetzte Wörter oder: Neid und Ohnmacht des französischen Übersetzers

Bei der Übersetzung deutscher Komposita schwankt der Übersetzer immer wieder zwischen Irritation, Neid und Bewunderung. Täglich werden neue Begriffe zusammengesetzt, mit denen der Übersetzer sich auseinandersetzen muß. Versucht aber der französische Lerner auf eigene Faust deutsche Wörter zusammenzufügen, so stößt er oft über die Grenzen des Zulässigen hinaus.

Mit etwas Übung erkennt man schnell bei Nominalgruppen wie *la protection de l'environnement, les différences de mentalités, l'élimination des déchets* die Möglichkeit des Rückgriffs auf ein zusammengesetztes Wort im Deutschen. Die simultane Berücksichtigung von parallelen Texten hat den Vorteil, daß die Studierenden dabei leichter auf den Gedanken kommen, die im deutschen Text belegten Wortzusammensetzungen nicht mehr bloß passiv zu registrieren, um sie ins Französische langatmig zu transponieren, sondern sie auch bei der Übersetzung ins Deutsche voll einzusetzen. Die *Standort*-Komposita haben uns schon ein paar Beispiele dafür geliefert.

Folgender Satz: *l'accord salarial conclu le 3 février dans la sidérurgie a évité une grève* kann sehr schön mit: *der Lohnabschluß vom 3. Februar in der Stahlindustrie* oder: *das in der Stahlindustrie am 3. Februar abgeschlossene Lohnabkommen hat den Streik abgewendet.* Alle hier benutzten Begriffe sind im deutschen Vergleichsartikel über dieselbe Materie vorhanden. Bei genauer Lektüre des Textes stößt man aber auf das Wort *Stahlabschluß* — für einen Franzosen ein Wunder an Bündigkeit. Klar, mit dem einen Wort ist alles gesagt. Was spart der Lerner nicht alles an Möglichkeiten von Grammatikfehlern, wenn er dies erkennt: *Der Stahlabschluß vom 3. Februar hat den Streik abgewendet.* Die perfekteste Lösung wurde vom deutschen Belegtext vorgegeben, sie mußte nur gefunden werden.

Erst wenn man so fündig geworden ist, beginnt der richtige Spaß an den zusammengesetzten Wörtern im Deutschen. Spielerisch läßt sich dann *einigungsbedingte Probleme* mit *problèmes liés à l'unification* ins Französische übersetzen; *arbeitsmarktpolitische Maßnahmen* lassen sich mit *des mesures concernant la politique de l'emploi, die tarifpolitische Wende* mit *le tournant dans la politique salariale* wiedergeben. Für den Ausdruck *die deutsche Vereinigungskonjunktur* stößt man im französischen Vergleichstext auf die im Kontext notwendigerweise etwas explizitere Formel *la conjoncture favorable du fait de l'unification allemande,* ein interessanter Fall, denn die Übersetzung *la conjoncture allemande* kommt nicht in Frage.

In wirtschaftlichen Bereichen, die in voller Entwicklung sind, entwickelt sich die Terminologie mit, und dabei florieren besonders die zusammengesetzten Ausdrücke. EG und Binnenmarkt, Arbeitskämpfe, Konjunktur, Umwelt sind solche Bereiche. Didaktisch sehr aufschlußreich kann das Aufsuchen aller Ausdrücke dieser Art sein. Je länger der Artikel, je aktueller die Problematik, umso fündiger wird man. Als Beispiel bietet sich ein Artikel aus *Die Zeit* an mit dem Titel *Duales Entsorgungssystem — Big Business Müll,* vom 3.4.1992, dem einige Beispiele schon entnommen wurden. Die Liste der mehrgliedrigen Wörter ist beeindruckend. Alle möglichen Zusammensetzungen mit den Begriffen *Umwelt, Entsorgung, Recycling, Müll, Abfall, Belastung, Verwertung, Verpackung, Mehrweg-, Einweg- und Wegwerf-* sind da zu finden. Bleiben wir kurz bei den Komposita mit der Konstituente *Verpackung.* Da taucht ein Neuling auf, selbst noch behutsam in Gänsefüßchen verpackt: die *Umverpackung,* offensichtlich ein neugeschaffener Begriff aus der jüngsten Verpackungsverordnung des Umweltministers, wohlgemerkt nicht zu verwechseln mit der nackten *Verpackung,* der *Produktverpackung* oder der *Transportverpackung*! Armer Übersetzer! *Emballage de transport* ou *de manutention* ist als Entsprechung für *Transportverpackung* schon "besetzt". Was tun? Die Eurokraten werden sich wohl den Kopf darüber schon zerbrochen haben. In Erwartung ihres weisen Spruchs würde ich gern, um beim Unsinnigen an dem Begriff selbst zu verbleiben, *emballage* oder *conditionnement extérieur* vorschlagen... Ein terminologie(un)freudiger Journalist aus der *FAZ* hat eine Glosse über die *Umverpackung* des Eis geschrieben, die ich als letzte Übersetzungsaufgabe anbieten möchte:

Ei ohne Schale

Helle Aufregung bei allen deutschen Hennen. Die Verpackungsverordnung des Bundesumweltministers hat die guten Tiere aufgeschreckt: Ist die Kalkschale ihres uralten Erfolgsprodukts eine Verpackung, eine Transportverpackung, eine Umverpackung oder eine noch geschonte Produktverpackung? Werden die Verkäufer ihres Legefleißes nun darüber nachgrübeln müssen, ob die Schale, falls Umverpackung, zurückzunehmen sei und, wenn ja, wie? Und wie sollen die Konsumenten das schlabbrige Zeug dann nach Hause transportieren, nachdem sie im Kaufmannsladen die Eierschale zurückgelassen haben? (...) Oder werden die Hennenhalter ihr Federvieh dazu nötigen, demnächst schalenlose Eier zu legen? Sorgen über Sorgen im Legekäfig.(...) Dazu nun die Furcht vor den Gentechnikern, die eine Super-Henne mit Legen von Eiern ohne Schale herbeimanipulieren. Doch solange das nicht gelungen ist, sollten im Supermarkt vielleicht nur noch hartgekochte Eier verkauft werden, dann ohne Schale. Das könnte die Lösung sein. Nein doch nicht. Die Liebhaber von Frühstückseiern protestieren lebhaft; der Verzicht auf das gewohnte weiche Ei wiegt zu schwer. Erst recht zu Ostern. Die Schale bleibt. (*FAZ,* 18.4.1992)

"Die Schale bleibt", gewisse Übersetzungs- (und Verständnis)probleme bleiben auch...

Bibliographie

MORGENROTH, Klaus / VILLARD, Claudie: *Traduction comparée du français et de l'allemand – Textes économiques.* Paris , Masson 1992.

POTONNIER, Georges Ed. et Brigitte: *Wörterbuch für Wirtschaft, Recht und Handel.* Band 1. 2. Aufl. Wiesbaden 1982.

Welche Wörterbücher brauchen Lernende von Fachsprachen?

Horst WAGNER, Saarbrücken

1. Lexikon und Fremdsprachenerwerb

Auf die zentrale Rolle der lexikalischen Kompetenz wird von der Spracherwerbsforschung immer wieder hingewiesen. Zu Recht, denn es ist evident, daß beim Zweitsprachenerwerb mit zunehmender Sprachkompetenz dem Zuwachs an lexikalischer Kompetenz ein überproportional großer Anteil zukommt und der Wortschatzerwerb dann letztlich, nicht anders als in der Muttersprache, zu einem kontinuierlichen, immer weniger gesteuerten Prozeß wird. Einvernehmen herrscht in der Fremdsprachendidaktik auch darüber, daß lexikalische Einheiten nicht als isolierte Vokabeln bzw. Termini, sondern stets auch in ihrer syntagmatischen/kontextuellen Einbettung sowie dem zugehörigen Netz paradigmatischer Relationen zu betrachten sind. Bei fachsprachlichem Wortschatz ist zudem zu beachten, daß dieser einen relativ hohen Anteil an komplexen lexikalischen Einheiten (Mehrwortlemmata/Komposita) enthält.

2. Fachsprachenlernen

2.1 Integration von Sprach- und Fachkompetenz

Fachsprachliche Kompetenz in einer Fremdsprache ist als Integration von Sprachfertigkeit und Fachwissen zu verstehen. Daher wird eine fachsprachliche Ausbildung nicht nur auf ein ausgewogenes Verhältnis von fachlichen und sprachlichen Lerninhalten, sondern auch auf eine didaktisch sinnvolle Integration dieser Bereiche zu achten haben. Dies schließt eine kontrastive Komponente ein, sowohl im Sinne der (in der aktuellen Fachdiskussion arg strapazierten) Interkulturalität, als auch in der spezifischen Dimension des Fachgebietes: Zu wissen, daß Personengesellschaften in Frankreich durch Eintragung in das Handelsregister als juristische Personen gelten, ist für germanophone Lernende der französischen Wirtschaftssprache ebenso von Bedeutung, wie über die unterschiedlichen Führungsstile in deutschen und französischen Unternehmen informiert zu sein[1].

---

[1] Dieses und alle folgenden Beispiele sind aus dem Bereich der französischen Wirtschaftsfachsprache gewählt, die Sicht ist die germanophoner Lernender. Methodisch ist der hier gewählte Ansatz aber durchaus auf andere Sprachen bzw. Sprachkombinationen und Fachgebiete übertragbar.

2.2 Lernersituationen

Ausgehend von der Feststellung, daß fachsprachliche Kompetenz Sprachfertigkeit und Sachwissen verbindet, lassen sich je nach Grad der Sprach- bzw. Sachkompetenz unterschiedliche Lernersituationen beschreiben. So können Lernende z.B. bereits fortgeschrittene Kennntnisse eines Sachgebietes besitzen und sich in erster Linie die zugehörige Fachsprache anzueignen wünschen (wobei sie bereits über eine mehr oder weniger gute allgemeinsprachliche Kompetenz verfügen). Dies ist etwa bei Studierenden höherer Semester oder bei Berufstätigen der Fall, welche die zu ihrem Studienfach bzw. Beruf gehörende Fachsprache erlernen möchten. In anderen Fällen kann es sein, daß Lernende in ein neues Sachgebiet eingeführt werden und parallel dazu die dazugehörige Fachsprache vermittelt werden soll. Dies trifft z.B. auf den fachsprachlichen Unterricht an beruflichen Schulen zu. Es gibt noch weitere Situationen, etwa integrierte Formen der Vermittlung von Sprach- und Sachwissen im Anfängerunterricht, Fachsprachenvermittlung für Muttersprachler, die jedoch in der Praxis eine geringere Rolle spielen und deswegen hier nicht in Betracht gezogen werden sollen. Typisch für die beiden eingangs angeführten häufigsten Lernsituationen ist also das Nebeneinander, im Idealfall die didaktische Integration von Spracherwerb und Zuwachs an Sachkompetenz.

3. Fachsprachenwörterbücher

3.1 Rolle des Wörterbuches beim Fachsprachenlernen

Wozu können Lernende von Fachsprachen fachsprachliche Wörterbücher heranziehen? Zum Aufbau der lexikalischen Kompetenz der Lernenden auf dem Wege einer Aneignung (im Sinne einer einfachen Übernahme des Datenbestandes) sind Wörterbücher schon deswegen nur sehr bedingt geeignet, weil sie weder von ihrer Struktur noch von ihrer Funktion her etwas mit natürlichen Inventaren (mentale Lexika/Interimslexika der Lernenden) zu tun haben. Als gesichertes Wissen über die Struktur dieser natürlichen Inventare kann beim derzeitigen Stand der psycholinguistischen Forschung nur die sehr große Komplexität der ablaufenden Behaltens- und Erinnerungsprozesse gelten[2].

Eine der möglichen Funktionen des Wörterbuchs ist die eines zusätzlichen externen Monitoringinstrumentes bei fachsprachlicher Textrezeption bzw.

---

2 Vgl. hierzu u.a. J. ENGELKAMP: "Die Verarbeitung von Bedeutung: Behalten". In: Ch. SCHWARZE/D. WUNDERLICH: *Handbuch der Lexikologie*. Königstein/Taunus 1985, 333-347, B. KIELHÖFER/D. SCHMIDT: "Entstehung und Entwicklung lexikalischer Strukturen beim Zweitsprachenerwerb. Eine Untersuchung zum Lernerlexikon Französisch". In: *Die Neueren Sprachen* 80 (1981), 142-164, H. D. ZIMMER: "Die Verarbeitung von Bedeutung: Verstehen und Benennen". In: Ch. SCHWARZE/D. WUNDERLICH: *a.a.O.*, 314-332.

-produktion[3]. Nun werden Wörterbücher in erster Linie für Sprachanwender, Sprachmittler, Sprachausbilder und nur in wenigen Fällen explizit für Lernende konzipiert. Dies gilt für Fachsprachenwörterbücher in noch stärkerem Maße als für allgemeinsprachliche Inventare. Ein Überblick über die auf dem deutschen und dem französischen Markt vertretenen Wörterbücher zum Wirtschaftsfranzösischen bzw. Wirtschaftsdeutschen bestätigt dies[4]. Es handelt sich fast ausnahmslos um zweisprachige Wörterbücher mit extensiver Makrostruktur und vergleichsweise karger Mikrostruktur, deren Akzent eindeutig auf der Semantisierung ausgangssprachlicher Lemmata durch die Angabe zielsprachlicher Benennungen liegt. Sie sind z.T. hervorragende Arbeitsinstrumente für den Übersetzer, für Lernende aber sind sie in den meisten Fällen nur bedingt geeignet.

Die Gründe hierfür liegen sowohl in der Makro- als auch in der Mikrostruktur dieser Inventare, wie im folgenden gezeigt werden soll.

3.2 Makrostruktur von Fachsprachenwörterbüchern

Zur Makrostruktur dieser Wörterbücher ist zunächst festzustellen, daß die an sich begrüßenswerte Extension der Nomenklatur nur selten auch mit einer benutzerfreundlichen Darbietung der lexikalischen Daten einhergeht. Obwohl hinlänglich bekannt ist, daß Lernende beim Analysieren authentischer Fachtexte häufig Schwierigkeiten mit der adäquaten Segmentierung komplexer lexikalischer Einheiten haben, bietet die Makrostruktur dieser Wörterbücher hierzu kaum Hilfen an[5].

Dies läßt sich am Beispiel der zahlreichen fachsprachlichen Nominalkomposita illustrieren, die im Französischen in aller Regel Mehrwortlemmata sind. Handelt es sich bei einem der Bestandteile eines solchen Kompositums um ein relativ produktives Lexem (z.B. *"prix" in "premiers prix"*), und schlägt der Benutzer unter diesem Stichwort in dem derzeit umfangreichsten und zuverlässigsten

---

3 Zum Begriff des sprachlichen Monitoring vgl. S. D. KRASHEN: *Second Language Acquisition and Second Language Learning.* Oxford 1981. Zur Anwendung der Monitor-Theorie von KRASHEN auf Lernwörterbücher vgl. H. WAGNER: "Wozu einsprachige Wörterbücher für den fortgeschrittenen Lerner des Französischen?". In: *Bielefelder Beiträge zur Sprachlehrforschung* 14 (1985), 249-260.

4 Für einen Überblick vgl. H. WAGNER: "Les dictionnaires du français langue de spécialité/ langue économique". In: *Actes du XVIIIe Congrès de Linguistique et de Philologie Romanes.* Tübingen 1989, tome IV, 209-219.

5 Vgl. H. WAGNER: "Le traitement des noms composés dans les dictionnaires de français économique". In: *Actas do XIX Congreso Internacional de Lingüística e Filoloxía Románicas, Universidade de Santiago de Compostela.* A Coruña 1992, 221-232.

Wörterbuch des Wirtschaftsfranzösischen[6] nach, so muß er sich erst einmal durch einen nur unzureichend strukturierten Wörterbuchartikel von ca. 1400 Zeilen durcharbeiten, um dann festzustellen, daß der gesuchte Begriff unter dem betreffenden Eintrag nicht enthalten ist. Schlägt er dann unter dem weniger produktiven Element "*premier*" nach, so braucht er zwar nur 18 Zeilen durchzugehen, findet allerdings auch dort nicht die gesuchte Lösung "*Niedrigpreisprodukt (Handelsmarke eines Distributors)*". Dies liegt daran, daß in Fachsprachenwörterbüchern Komposita in aller Regel wie Kollokationen behandelt werden. Da nach gängiger lexikographischer Praxis Kollokationen nur unter der jeweiligen Basis und nicht unter den Kollokatoren verzeichnet werden, müssen im Prinzip effiziente Suchstrategien (hier: Eingrenzung zuerst nach dem selteneren Element, wie bei einer schlagwortorientierten Datenbankrecherche) versagen.

3.3 Mikrostruktur von Fachsprachenwörterbüchern

Hauptbestandteil der Mikrostruktur zweisprachiger Wörterbücher ist die Explikation des ausgangssprachlichen Lemmas durch die Angabe zielsprachlicher Äquivalente. Hinzu kommen noch (ausgangs- und zielsprachliche) Lemmaangaben: grammatische und phonetische Angaben, diastratische Markierungen (Sprachgebrauchsebene) und bei Fachwörterbüchern häufig noch diatechnische Markierungen (Fachgebietskennungen). Angaben zur Paradigmatik, zu semantischen Feldstrukturen, zu derivationellen Relationen etc. fehlen meist völlig. Syntagmatische Strukturen hingegen werden zumindest in den neueren allgemeinsprachlichen Wörterbüchern in zunehmendem Maße aufgeführt. Letzteres gilt bedauerlicherweise nicht in gleichem Maße für fachsprachliche Wörterbücher, deren Mikrostruktur nach wie vor meist dürftig ist und in keiner Weise jenes Netz lexikalischer Strukturen verdeutlicht, welches durch die alphabetische Anordnung der Lemmata im Wörterbuch zerrissen wird. Hinzu kommt, daß der syntagmatische Beschreibungsteil in den fachsprachlichen Inventaren nur wenig differenziert ist und z.B. keine Trennung von Nominal- und Verbalsyntagmen vornimmt. Durch die Aufnahme von Komposita in den Syntagmatikteil und deren Behandlung wie Kollokationen (s.o.) stellt dieser eine Art globaler Kombinatorik dar, die mit wachsendem Umfang Lernende eher mit Informationen überschüttet, denn ihnen lexikalische Strukturen verdeutlicht.

4. Fachsprachenwörterbücher für Lernende

Die Anforderungen an ein Fachsprachenwörterbuch für Lernende lassen sich im Grunde alle unter dem Begriff Benutzerfreundlichkeit zusammenfassen. Aus der

---

6 G.E. und B.POTONNIER: *Wörterbuch für Wirtschaft, Recht und Handel*. Wiesbaden [2]1990.

Sicht des Sprachanwenders (z.B. des Übersetzers) bedeutet Benutzerfreundlichkeit im wesentlichen die Möglichkeit der effektiven, d.h. gezielten und zuverlässigen Informationsgewinnung. Lernende haben in aller Regel jedoch weitergehende, differenziertere Ansprüche an fachsprachliche Wörterbücher. Während sie in manchen Fällen mit einer bloßen Übersetzung zufrieden sind, benötigen sie in anderen Fällen zusätzliche Sachinformationen, Hinweise auf die Lexemkombinatorik, auf paradigmatische Relationen etc. In Anlehnung an das Drei-Schichtenmodell der relationalen Datenbanktechnik, wonach aus dem auf der physischen Ebene gespeicherten Datenmaterial zunächst logische Dateien und dann auf der Anwenderebene Benutzersichten (sog. "Views") generiert werden[7], kann man im Falle eines Lernwörterbuches einerseits den lexikalischen Datenbestand, andererseits die dazugehörigen Lernersichten unterscheiden. Die Realisierung unterschiedlicher Lernersichten ist ohne EDV zwar ein etwas schwierigeres Unterfangen, aber grundsätzlich möglich und auch sinnvoll, denn erst bei entsprechender Strukturierung der lexikalischen Daten und mit der Schaffung einer geeigneten Benutzeroberfläche wird die Mächtigkeit eines solchen Inventars wirklich ausgeschöpft.

Konkret heißt dies, daß der Datenbestand eines Lernwörterbuches flexibel erschließbar sein muß und daß z.B. die Lernenden in dem Inventar navigieren, d.h. sich von einer Information zur nächsten leiten lassen können. Dies erfordert vom Lexikographen eine große Sorgfalt bei der Auswahl und Vernetzung der lexikalischen Daten, insbesondere bei der Gestaltung der Makro- und Mikrostruktur seines Wörterbuchs.

5. Wirtschaftslexikon Französisch (WLF)

Wie dies in der Praxis aussehen kann, soll im folgenden am Beispiel des WLF[8] illustriert werden. Diese Ausführungen sollen aber nicht als Vorstellung des idealen Lernwörterbuches verstanden werden, sondern vielmehr als Bericht aus der lexikographischen Werkstatt der Autoren, denen sehr wohl bewußt ist, daß sich für Lexikographen, Metalexikographen und Fachsprachendidaktiker hier noch ein weites Feld der Forschung und Anwendung auftut.

5.1 WLF: Makrostruktur

Das WLF bietet germanophonen Lernenden einen thematisch gegliederten, kontextualisierten und strukturierten Teilwortschatz der französischen Wirtschaftsfachsprache. In Anbetracht der vielschichtigen Problematik der Zusam-

---

7 C. J. DATE: *An Introduction to Database Systems*. Reading/Mass. 1981.

8 K. MORGENROTH/H. WAGNER: *Wirtschaftslexikon Französisch*. München 1993.

menstellung fachsprachlicher Textkorpora für didaktische Zwecke wurde auf eine Korpusbasierung des Inventars im Sinne einer Auswahl nach Frequenzkriterien verzichtet. Vielmehr erfolgte die Auswahl nach Sachgebietszugehörigkeit und -relevanz, wobei auf texttypologische Variation geachtet wurde (u.a. Berücksichtigung französischsprachiger Fachliteratur und Lehrwerke, der Wirtschaftsfachpresse und der audiovisuellen Medien). Eine Korpusbasierung des lexikalischen Materials ist dennoch gegeben im Sinne der Belegbarkeit der ausgewählten Lemmata; dies gilt auch für die deutschen Äquivalente, die in jeweils vergleichbaren Texten belegt sind.

Thematisch orientiert sich die Nomenklatur des WLF an den in den Pflichtvorlesungen des Grundstudiums BWL/VWL (im wesentlichen Mikro- und Makroökonomik) üblicherweise behandelten Gebieten und deckt darüber hinaus auch einen großen Teil des für die Vorbereitung der Zertifikate der *Chambre de Commerce et d'Industrie de Paris*[9] benötigten Fachwortschatzes ab. Darüber hinaus sind die thematischen Schwerpunkte so gewählt, daß den Lernenden ein Mindestmaß an wirtschaftsorientiertem frankreichkundlichem Wissen vermittelt wird. Angesichts des einführenden Charakters des WLF mußte diese Orientierung notwendigerweise selektiv realisiert werden; eine Beschränkung auf wichtige Grundbegriffe und -zusammenhänge war daher unumgänglich, wobei ein Teil der Gebiete mehr allgemein, ein anderer Teil mehr exemplarisch vertiefend berücksichtigt wird. Für die Präsentation des lexikalischen Materials wurde eine teilmengenbasierte, mehrstufige Makrostruktur gewählt, die erst die Voraussetzungen für die Erzeugung der o.g. Lernersichten schafft. Es handelt sich um ein Inventar von ca. 5000 lexikalischen Einheiten zu den behandelten Sachgebieten. Allgemeinsprachlicher Wortschatz wird i.d.R. nicht inventarisiert.

Im einzelnen besteht das WLF aus folgenden Teilen:

- *Definitionswörterbuch* (20 thematisch gegliederte Kapitel mit ca 400 Wörterbuchartikeln)
- *Glossar Französisch-Deutsch* (gesamte im Definitionswörterbuch enthaltene Fachlexik: ca. 5000 Einträge)
- *Glossar Deutsch-Französisch* (deutsche Entsprechungen der im Definitionswörterbuch enthaltenen Fachlexik: ca. 5000 Einträge)
- *Index* der definierten Fachbegriffe (ca. 400 Artikelstichwörter sowie zusätzlich ca. 600 weitere im Definitionswörterbuch erläuterte Fachbegriffe)
- *Inhaltsverzeichnis* des Definitionswörterbuches mit Angaben der in jedem Kapitel behandelten Artikelstichwörter (ca. 400 Wörterbuchartikel)

Das Definitionswörterbuch, dessen Makrostruktur nun kurz umrissen werden soll, bildet zwar den Hauptteil des WLF, stellt aber, wie bereits ausgeführt, nur

9 "Certificat de Français des Affaires" und "Diplôme supérieur de Français des Affaires".

einen Ausschnitt aus mehreren sich überlagernden Makrostrukturen bzw. Lernersichten dar. (Die Erschließung der Fachlexik des WLF über Inhaltsverzeichnis, Index und Glossare wird unter 5.5 beschrieben.) Das Definitionswörterbuch des WLF ist in 20 Kapitel gegliedert, die wiederum nach dem Grad der Spezialisierung zusammengefaßt sind:

Concepts théoriques et généralités (1-4)

1. Fonctions, Circuits, Régimes économiques
2. Cycles économiques
3. Branches et Secteurs
4. Comptabilité nationale

Clefs de l'information économique (5-9)

5. Emploi et Monde du travail
6. Monnaie et Système financier
7. Bourse
8. Etat
9. Revenu, Consommation et Niveau de vie
10. Echanges extérieurs et Relations internationales

Spécialités (10-19)

11. Formes juridiques de l'entreprise
12. Distribution et Commerce
13. Marketing
14. Assurance
15. Financement et Investissement
16. Comptabilité
17. Fiscalité
18. Energie
19. Progrès technologique

Lire les Statistiques et Indices (20)

20. Taux et Indices

Das Definitionswörterbuch des WLF läßt sich wie ein Lehrbuch benutzen. Der Erwerb der im Definitionswörterbuch enthaltenen lexikalischen Strukturen soll die Lernenden in den Stand versetzen, neben der sprachlichen Fähigkeit, Fachtexte zu den genannten Gebieten zu verstehen und sich mit ihnen auseinanderzusetzen, über ein Maß an frankreichkundlichem Wirtschaftswissen zu verfügen, das es ihnen erlaubt, Wirtschaftsinformationen in den französischen Medien zu verfolgen und (auch in kontrastiver Sehweise) zu verarbeiten. Bei entsprechender allgemeinsprachlicher oraler Grundkompetenz sollten sie auch in der Lage sein, eine Fachdiskussion mit Frankophonen zu führen. – Erwähnt sei noch, daß die Modularität der gewählten Makrostruktur das WLF ausbaufähig macht, sowohl von Verlagsseite als auch durch Lehrende und Lernende.

5.2 WLF: Verbindung von Sprach- und Sachinformation

Das WLF trägt dem Bedürfnis der Mehrzahl der Fachsprachenlernenden nach gleichzeitiger Sprach- und Sachinformation Rechnung und präsentiert diese in seinem Definitionswörterbuch in integrierter Form. Dabei kommt den fachbezogenen Informationen die Funktion der thematischen Strukturierung des Wortschatzes im Sinne eines "comprehensible input" (KRASHEN) zu, während die sprachlichen Inhalte ihrerseits vehikulare Funktion für die durchgehend zielsprachliche Präsentation der fachbezogenen Informationen haben. Die 20 Kapitel des WLF bilden somit ähnlich wie Lernthesauri[10] lexikalische Mikrosysteme, die neben den Fachbegriffen auch die Kollokationen und die operationale Lexik enthalten.

5.3 WLF: Mikrostruktur des Definitionswörterbuches

Ein typischer Artikel im Definitionswörterbuch des WLF umfaßt folgende Bauteile:

- Lemma
- Lemmaangaben (grammatische, bei Bedarf auch diatechnische bzw. diastratische Angaben)
- Übersetzung (soweit erforderlich mit Lesartentrennung)
- Definition/Explikation
- Syntagmatik/Kombinatorik (getrennt nach Nominal- und Verbalstrukturen)
- Paradigmatik (Synonyme/Antonyme)
- Derivationen
- Verweise auf andere Wörterbuchartikel

Eingegangen werden soll hier nur auf den Explikations- und den Syntagmatikteil. Die Definition steht *nach* der Übersetzung des Lemmas, ist also für Wörterbuchbenutzer eine weitergehende bzw. differenzierende Information[11]. Die Definitionstexte werden grundsätzlich in der Fremdsprache, aber stets in

---

10 Vgl. H. SCHLEGEL: "Lehr- und Lernthesauri zur Vermittlung fachlicher und fachsprachlicher Kenntnisse", Vortrag gehalten auf der 5. Göttinger Fachtagung Fremdsprachenausbildung an der Universität, 25. - 27. Februar 1993 im Sprachlehrzentrum der Georg-August-Universität.

11 Die Definition fungiert gewissermaßen als Kotext und ermöglicht das Erschließen des definierten Fachbegriffes, während die Übersetzung eine eher kognitive Zuordnung erlaubt.

lexikalisch aufbereiteter Form dargeboten. Alle Fachbegriffe (einschließlich komplexer lexikalischer Einheiten, Fachsyntagmen, Kollokationen) sind im Druck hervorgehoben. Für jeden dieser Begriffe wird am Rande des Textes eine Übersetzung mitgeführt. Auf diese Weise sind auch Lernende unterschiedlichen Kenntnisstands in der Lage, fremdsprachige Definitionen vollständig zu erschließen, indem sie die lexikalischen Hilfen jeweils nach Bedarf in Anspruch nehmen. Da die Übersetzungen der Fachbegriffe in einer getrennten Spalte rechts neben den Definitionen angeordnet sind, besteht die Möglichkeit, die Spalte mit den Übersetzungen zu verdecken und nur den Definitionstext sichtbar zu lassen. Dadurch können Lernende ihr Detailverständnis des Definitionstextes autonom überprüfen, indem sie die drucktechnisch hervorgehobenen Fachbegriffe im Definitionstext übersetzen und sodann ihre eigenen Übersetzungen mit den zunächst verdeckten Übersetzungen in der rechten Spalte vergleichen.

Ausgangs-/zielsprachliche Interferenzen, etwa interlinguale Homonyme (*filiale* = Tochtergesellschaft <> Filiale; Investmentzertifikat = SICAV <> *certificat d'investissement*) oder Rechtsunterschiede (unterschiedliche Vertretungsvollmachten für den deutschen Prokuristen und den französischen *fondé de pouvoir*) werden in den Definitionen thematisiert.

Obgleich die sprachlichen Inhalte eines Lernwörterbuches überwiegend im Bereich der lexikalischen Information zu liegen haben, so ist doch zu bedenken, daß lexikalische Kompetenz (im Sinne der o.g. Lexikalisierung des Lernens) relativ weit gefaßt werden und auch anwendungsorientierte grammatische Fertigkeiten einschließen kann. Grammatische Informationen, die über die Angabe von Wortklasse, Genus, Rektion etc. hinausgehen, werden im WLF daher in integrierter Form präsentiert. Als Beispiel für die Integration von grammatischer und lexikalischer Information mag die Explizitierung der Rektion des französischens Verbs für *haften* (*être responsable*) dienen, die sozusagen beiläufig anläßlich der Erläuterung der Haftungsbestimmungen für die Gesellschafter in Unternehmungen unterschiedlicher Rechtsformen erfolgt:

société en nom collectif *f*	Offene Handelsgesellschaft
(SNC)	(OHG)
Société de personnes dans	
laquelle les **associés**	Gesellschafter
sont personnellement et solidairement	haften persönlich und
responsables des dettes de la société.	gesamtschuldnerisch für
Leur **responsibilité**	Haftung
est **illimitée**, c-à-d ils	unbeschränkt
sont responsables des dettes	haften für
de la société	
sur leur fortune personnelle.	mit dem persönlichen Besitz, Vermögen

société en commandite simple *f* (SCS)	Kommanditgesellschaft (KG)
Société de personnes dans laquelle	
il y a deux types **d'associés**:	Gesellschafter
- le/les **commandités** (=commerçants) qui	Komplementäre, Vollhafter
sont personnellement et solidairement	haften persönlich und
responsables des actes de la société,	gesamtschuldnerisch für
- le/les **commanditaires**	Kommanditisten, Teilhafter
(=**apporteurs de capitaux**) qui	Kapital|geber, -einleger
apportent les fonds nécessaires,	
mais qui ne participent pas	
à la **gestion** de la société et	Leitung, Geschäftsführung
qui **ne sont responsables que**	haften nur in der Höhe ihrer
dans la limite de leurs apports	Einlagen
(=de leur **mise**).	Einlage

Es geht hier nicht um die Vermittlung isolierten metasprachlichen Regelwissens (*être responsable + de qc + sur qc*), sondern vielmehr um die Einführung anwendungsorientierter grammatischer Strukturen als Bestandteile einer thematisch motivierten lexikalischen Information in kollokativer Einbettung. Das Definitionswörterbuch des WLF schließt somit Elemente einer fachbezogenen Kontextgrammatik ein, da es neben den kollokativen Eigenschaften auch grammatische Merkmale der behandelten Fachbegriffe mitliefert.

Für den Syntagmatikteil gilt ähnliches: es wird bei den Verben nicht nur deren Rektion notiert, sondern (wie auch bei der Nominalkombinatorik) das jeweils umfassendste Phraseolexem angegeben. Damit soll einer zu starken Konzentration des Lerners auf das Einzelwort entgegengewirkt werden[12]. Dies gilt sowohl für den Bereich der rezeptiven als auch der produktiven Fertigkeiten. Zu letzteren ist im übrigen darauf hinzuweisen, daß Syntagmatik und Paradigmatik weit weniger scharf zu trennen sind, als dies üblicherweise getan wird, da beide als Textbildungsroutinen bzw. Textskizzen verstanden werden können[13]. Erwähnt sei schließlich noch, daß die im Syntagmatikteil aufgeführten komplexen lexikalischen Einheiten als "combinaisons itératives"[14] anzusehen sind, die nach Nominal- und Verbalkombinatorik, nicht aber nach weitergehenden kompositions- oder kollokationstypologischen Kriterien untergliedert sind. Eine solche (für Linguisten essentielle) Differenzierung scheint uns für Lernende entbehrlich.

---

12 Vgl. S. VERLINDE: "Quelques réflexions sur l'apprentissage du lexique (économique)". In: *Romaneske* 16 (1991), 3-13.

13 Vgl. Th. ICKLER: "Paradigmen als Syntagmen – Über das Lernen von Wörtern in Texten". In: *Fremdsprachen Lehren und Lernen* 16 (1987), 9-24.

14 Vgl. W. CLIJSTERS: *Mille lettres d'affaires en chiffres – Richesse formelle, richesse lexicale, stock lexical, lexitope et lexitraits, combits*. Paris/Genève 1990.

5.4 Lernersichten und Navigationsmöglichkeiten

Das WLF ist so konzipiert, daß es unterschiedlichen Lernersichten gerecht zu werden vermag. Es kann gleichermaßen als Sprach- und als Sachwörterbuch verwendet werden. Als Sprachwörterbuch soll es zwar in erster Linie zur Dekodierung (d.h. als passives Wörterbuch bei semasiologischer Fragerichtung) dienen, mit kleineren Einschränkungen kann es aber auch die Funktion eines aktiven Wörterbuches (zur Enkodierung bei onomasiologischer Fragerichtung) übernehmen. Ermöglicht wird dies durch die mehrstufige Makrostruktur, die Verbindung von Sprach- und Sachinformation im Definitionswörterbuch, sowie dessen extensive Mikrostruktur. Einige Anwendungsbeispiele mögen dies verdeutlichen.

5.5 Beispiele

5.5.1 Erschließen des lexikalischen Datenmaterials über die mehrstufige Makrostruktur

Der Zugriff auf die lexikalischen Daten des WLF kann auf mehrfache Weise erfolgen:

- über das *Inhaltsverzeichnis*,
- über den *Index* der definierten Fachbegriffe,
- über die beiden *Glossare*.

Das Inhaltsverzeichnis führt zu jedem der 20 Kapitel die darin behandelten Artikelstichwörter auf und ermöglicht damit zunächst eine thematisch strukturierte Gesamtschau der Fachlexik des WLF. Die Seitenangaben zu den jeweiligen Stichwörtern erlauben sodann einen direkten Zugriff auf die entsprechenden Artikel im Definitionswörterbuch. Als Beispiel wird die Inhaltsübersicht der Kapitel 1 und 2 wiedergegeben:

1. Fonctions - Circuits - Régimes économiques

fonction économique 1 - production 1 - répartition 2 - consommation 3 - investissement 5 - circuit économique 6 - facteur de production 7 - régime économique 8 - économie 8 - économie de marché 10 - économie centralement planifiée 11 - marché 12 - concurrence 14 - compétitivité 15 - concurrence pure et parfaite 17 - monopole 18 - oligopole 19 - concurrence monopolistique 19 - monopsone 20 - prix 20 - concentration 24 - offre 26 - demande 27 - biens 28 - biens de production 30 - biens de consommation 30 - profit 31 - bénéfice 32 - épargne 33 - Etat providence 34 - cartel 34 - économie souterraine 35 - service 35

2. Cycles économiques - Conjoncture - Politique économique

activité économique 37 - cycle économique 37 - expansion 39 - crise 40 - récession 41 - stagnation 41 - stagflation 42 - reprise 42 - surchauffe 43 - anticyclique 43 - synchronisation du cycle économique 44 - désynchronisatioin du cycle économique 44 - trente glorieuses 45 - conjoncture 45 - conjoncturiste 46 - analyse conjoncturelle 47 - prévision 48 - indicateur conjoncturel 49 - politique conjoncturelle 49 - politique économique 50 - dérégulation 51 - dirigisme 52 - interventionnisme 52 - keynésien 53 - libéralisme 54 - monétarisme 55 - nationalisation 55 - régulation 57

Der Index der definierten Fachbegriffe umfaßt die Artikelstichwörter des Definitionswörterbuches sowie zusätzlich die in den Definitionen mehr oder weniger ausführlich erläuterten weiteren Fachbegriffe. Durch Konsultieren dieses Indexes kann der Benutzer auf den definierten Wortschatz im Definitionsteil des WLF gezielt zugreifen, und zwar auf die Informationen sowohl zu den Artikelstichwörtern selber als auch zu in den Definitionstexten enthaltenen weiteren wichtigen Fachbegriffen. Ein Zugriff ist auch über die Synonyme der Fachbegriffe möglich. Zur Illustration wird nachfolgend ein Auszug aus diesem extrapolierten Teilinventar wiedergegeben:

contribuable 329
contribution 339
contribution parafiscale 338
Contribution sociale généralisée (CSG) 173
convention collective 99
coopérative 218
coopérative de consommateurs 219
coopérative de consommation 219
coopérative de producteurs 219
coopérative de production 219
coopérative agricole 219
corbeille
  autour de la corbeille
  [voir **Bourse** 136]
corrigé, e de l'inflation
  [voir **déflaté, e 391**]
  corrigé, e des variations saisonnières
  [voir **désaisonnalisé, e 395**]
  Cost, Insurance, Freight (CIF)
  [voir **CAF 195**]
cote
  [voir **Cote officielle 147**]
  cotation 138
Cote officielle 147
cotisation
  [voir **cotisations sociales 171**]
cotisations patronales 172
cotisations salariales 172
cotisations sociales 171
courant néo-libéral 54
cours 141
cours à la/de Bourse
  [voir **cours 141**]
cours de/du change
  [voir **taux de change 119**]
cours plafond 121
cours plancher 121
cours-pivot 121
court terme
  [voir **terme 380**]
courtier 204
coût 324
coût de revient unitaire 262
coûts fixes 262
coûts variables 263
couverture sociale
  [voir **prestations sociales 170**]
créance 132
créanciers chirographaires 225
créanciers non-privilégiés 225
créanciers privilégiés 225
crédit 115 (*banque*), **312** (*comptabilité*)
crise 40
crise cyclique 40
crise de l'énergie
  [voir **choc pétrolier 355**]
crise énergétique
  [voir **choc pétrolier 355**]
croissance 258

Wie aus dem vorstehenden Auszug zu entnehmen ist, werden Abkürzungen und deren Auflösungen in den Index integriert. (Dies gilt auch für die Glossare Französisch-Deutsch und Deutsch-Französisch.) Über diesen Index kann auf alle im WLF definierten Fachbegriffe unmittelbar zugegriffen werden. Stoßen Lernende z.B. bei einer Arbeitslosenstatistik auf die Angabe "DEFM", so können sie über den Index nicht nur die Auflösung der Abkürzung herausfinden, sondern auch die entsprechende Seite (86) des WLF, auf der sie eine Erklärung dieses Begriffes nachlesen können. (Die Erklärung ist Teil des Artikels *chômeur*, der weiter unten abgedruckt ist.)

Das Glossar Französisch-Deutsch umfaßt die Gesamtheit der im Definitionswörterbuch enthaltenen Fachbegriffe (einschließlich Syntagmatik, Paradigmatik, Derivata), wobei die Artikelstichwörter (sowie deren Synonyme) mit einem Verweis auf die betreffende Seitenzahl im Definitionswörterbuch versehen sind. Das Glossar ermöglicht somit dem Benutzer nicht nur das schnelle Auffinden einer Übersetzung für alle im WLF enthaltenen Fachbegriffe, sondern für die thematischen Kernbereiche des Fachwortschatzes auch den gezielten Zugriff auf eine Definition. Das Glossar Deutsch-Französisch präsentiert das lexikalische Gesamtinventar in umgekehrter Anordnung und erlaubt das Auffinden eines französischen Äquivalentes zu einem deutschen Fachbegriff. Als Beispiel wird ein Auszug aus dem Glossar Französisch-Deutsch wiedergegeben:

foncier, ière	Grund-, Grund- u. Boden-
biens fonciers *m pl*	Grundbesitz, Immobilien

dette foncière *f*	Grundschuld
impôt foncier *m*	Grundsteuer
société foncière *f*	Immobiliengesellschaft
taxe foncière *f*	Grundsteuer
fonction économique *f* [1]	Wirtschaftsfunktion
fonction publique *f* [90]	Öffentlicher Dienst
travailler dans la fonction publique	im öffentlichen Dienst arbeiten
fonction supplémentaire *f*	Zusatzfunktion
fonctionnaire *m*	*Angehöriger des Öffentlichen Dienstes, (Beamter, Angestellter, Arbeiter)*
fonctionnariser *qn*	verbeamten
fondation *f*	Gründung
fondé de pouvoir *m* [221]	*Prokurist, Handlungsbevollmächtigter, Stellvertreter*
fonder une société	eine Firma gründen
fonds *m pl*	Mittel, Geldmittel Bestände
[voir **finances 122**]	
bailleur de fonds *m*	Kapitalgeber
détournement de fonds *m*	Unterschlagung
drainer des fonds	Gelder einsammeln, anziehen
retirer des fonds	Geld(er) abheben
versement de fonds *m*	Geldeinzahlung
verser des fonds	Geld(er) auszahlen
Fonds commun de placement *m* (FCP) [156]	*Sammelanlagefonds, Investmentfonds, Beteiligungsfonds*
fonds de commerce *m* [236]	Geschäft, Laden, Firmenwert, Geschäftswert (*ein eigenes Rechtsgebilde*)
acheter un fonds de commerce	ein Geschäft kaufen
éléments corporels *m* (d'un fonds de commerce)	Sachwerte (eines Geschäfts)
vendre un fonds de commerce	ein Geschäft verkaufen
fonds de participation *m*	Beteiligungsfonds
fonds de roulement *m* et *m pl* [318]	Umlaufvermögen
fonds disponibles *m pl*	liquide Mittel
Fonds Monétaire International *m* (FMI)	Internationaler Währungsfonds (IWF)
Fonds national de garantie des salaires *m* (FNGS)	*Garantiefonds für Lohnzahlungen an Beschäftigte von in Konkurs gegangenen Unternehmen*
forage *m*	Bohrung
forage en mer/off shore *m*	Off-shore-Bohrung
forage pétrolier *m*	Ölbohrung, Erdölbohrung
force de travail *f*	Arbeitskraft
force de vente *f*	Verkauf, Verkaufsstab, Verkaufsmannschaft
force majeure *f*	höhere Gewalt
cas de force majeure *m*	Fall höherer Gewalt, höhere Gewalt
cas fortuit ou de force majeure *m*	Fall höherer Gewalt, höhere Gewalt
forces du marché *f pl*	Marktkräfte
formalités d'exportation *f pl*	Ausfuhrformalitäten
formalités de dédouanement/douanières *f pl* [199]	Zollformalitäten
formation *f*	Ausbildung
stages de formation *m pl*	Fortbildungsmaßnahmen

formation brute de capital fixe *f* (FBCF)	Bruttoanlageinvestition

Hinzuweisen ist in diesem Zusammenhang auf die Behandlung der komplexen lexikalischen Einheiten in den Glossaren. Komplexe französische Fachbegriffe im Glossar Französisch-Deutsch werden grundsätzlich unter jedem ihrer sinntragenden Bestandteile aufgeführt: *demandeur d'emploi* findet man also sowohl unter *demandeur d'emploi* als auch unter *emploi, réduire l'écart d'inflation* unter *écart d'inflation*, unter *inflation* und unter *réduire l'écart d'inflation*. Analog gilt dies für Abkürzungen, die in jedem Fall zusätzlich in der Vollform (gegebenenfalls an mehreren Stellen des Glossars) aufgenommen wurden: TVA findet der Benutzer als Abkürzung TVA, unter *taxe à/sur la valeur ajoutée*, unter *valeur ajoutée; en données CVS* steht unter *données corrigées des variations saisonnières*, unter *corrigé,e*, unter *variation* und unter *saisonnier, ière*. Bei den deutschen Fachbegriffen im Glossar Deutsch-Französisch wurde entsprechend verfahren: der Begriff *kommunale Steuern und Abgaben* (die deutsche Entsprechung für *impôts locaux*) steht unter *Abgaben*, unter *kommunale Steuern und Abgaben* und unter *Steuern*.[15] Diese konsequenten Mehrfachaufführungen unterscheiden das Glossar des WLF von den traditionellen fachsprachlichen Übersetzungswörterbüchern. Die daraus resultierende Redundanz wurde im Sinne der Optimierung der Benutzerfreundlichkeit in Kauf genommen. Als Beispiel sei die Kombinatorik von *chèque* im Glossar Französisch-Deutsch angeführt:

chèque *m* [127]	Scheck
carnet de chèques *m*	Scheckheft
compte chèques *m* (CC) (*ou* compte-chèques)	Scheckkonto
compte chèques postaux *m* (CCP)	Postscheckkonto
compte de chèques *m*	Scheckkonto
émettre un chèque	einen Scheck ausstellen
émission d'un chèque *f*	Ausstellung eines Schecks
encaissement d'un chèque *m*	Einlösung eines Schecks
encaisser un chèque	einen Scheck einlösen
faire opposition sur un chèque	einen Scheck sperren lassen (*z. B. nach Scheckverlust)*
libeller un chèque en francs	einen Scheck in francs ausstellen
payer/régler par chèque	mit Scheck bezahlen
toucher un chèque	einen Scheck einlösen
chèque à porter en compte *m*	Verrechnungsscheck
chèque au porteur *m*	Inhaberscheck
chèque bancaire *m*	Scheck (*einer Bank*), Bankscheck
chèque barré *m*	Verrechnungsscheck
chèque de banque *m*	Scheck (*einer Bank*), Bankscheck

15 Da es sich bei der Mehrzahl der deutschen Komposita – anders als im Französischen – um Einwortlemmata handelt, ist die Zahl der Mehrfachaufführungen im Glossar Deutsch-Französisch deutlich geringer als im Glossar Französisch-Deutsch.

chèque de retrait *m*	Auszahlungsschein
chèque de voyage *m*	Reisescheck
chèque en blanc *m*	Blankoscheck
chèque en bois *m*	fauler Scheck
chèque falsifié *m*	gefälschter Scheck
chèque non barré *m*	Barscheck
chèque périmé *m*	verfallener Scheck
chèque postal *m*	Postscheck
chèque provisionné *m*	gedeckter Scheck
chèque sans provision *m*	ungedeckter Scheck
chéquier *m*	Scheckheft

Zu beachten ist, daß alle Einträge der Kombinatorik von *chèque* auch unter dem jeweils ersten Element an der entsprechenden Stelle des Glossars aufgeführt sind: *carnet de chèques* steht also auch unter *carnet*, *émettre un chèque* unter *émettre* usw.

Neben den bisher angeführten unterschiedlichen Zugriffsmöglichkeiten auf die lexikalischen Daten bietet das WLF zusätzlich ein Verweissystem am Ende der Artikel des Definitionswörterbuches, welches ein Navigieren des Benutzers innerhalb der Sachinformationen ermöglicht. So enthalten z.B. die Artikel zu *chômage* und *chômeur* (s.u. 5.5.2) am Ende jeweils Verweise auf themenverwandte Artikel des WLF: auf die Artikel *ASSEDIC*, *chômage* (bei chômeur) bzw. *chômeur* (bei chômage), *emploi*, *population active*, *taux de chômage*, *travail*, *contrat emploi solidarité*. Diese Verweise, die auch über das jeweilige Kapitel hinausgehen können, erlauben den Lernenden, neben dem gezielten Konsultieren sich ein thematisches Gebiet vertiefend zu erschließen. Eine solche stufenweise vertiefende Informationsgewinnung ist auch bei einem Zugriff über den Index der definierten Fachbegriffe möglich, wie aus dem bereits o.g. Beispiel *DEFM* ersichtlich ist. Schlägt nämlich der Benutzer auf Seite 86 des Definitionswörterbuches nach, so landet er im Artikel *chômeur* und findet dort neben dem gesuchten Begriff *DEFM* noch weitere Definitionen des Arbeitslosenstatus (*INSEE*, *BIT*). Navigieren ist also auch innerhalb der längeren Artikel des Definitionswörterbuches möglich.

5.5.2 Verbindung von Sprach- und Sachinformation im Definitionswörterbuch

Als Beispiel für die Verbindung von Sprach- und Sachinformation werden nachfolgend die Artikel *chômage*, *chômeur* und *faillite* aus dem Definitionswörterbuch wiedergegeben:

chômage *m*	Arbeitslosigkeit, Erwerbslosigkeit
Situation d'une personne qui ne trouve pas **d'emploi**. Les statistiques	Arbeit, Beschäftigung
indiquent soit le nombre des **demandeurs d'emploi** en chiffres	Arbeits|suchende, -lose

absolus soit le **taux de chômage**	Arbeitslosen|rate, -quote
c-à-d le pourcentage des **chômeurs**	Arbeits|lose, -suchende
par rapport à l'ensemble de la	
population active.	Erwerbsbevölkerung, Erwerbspersonen
Les causes de la **montée** du chômage	Anstieg
dans les pays industrialisés de	
l'Occident sont multiples. On peut	
citer notamment l'arrivée des	
générations nombreuses sur le	geburtenstarke Jahrgänge
marché du travail, la progression	Arbeitsmarkt
du **taux d'activité féminine**,	Erwerbsquote bei Frauen
la **baisse des effectifs** dans	Verringerung der Beschäftigtenzahl
l'industrie, provenant des	
progrès de productivité dus à	Produktivitätsfortschritte
des **mesures de rationalisation.**	Rationalisierungsmaßnahmen
Les mesures destinées à **enrayer** le	bremsen, stoppen
chômage, inscrites dans les programmes	
de tous les gouvernements, se sont	
avérées **de portée très limitée.**	von sehr begrenzter Wirkung
La **création de nouveaux emplois** étant	Schaffung neuer Arbeitsplätze
d'abord l'affaire des entreprises,	
l'Etat n'a guère d'autre solution que	
de prendre des mesures de	
traitement social du chômage	Bekämpfung der Arbeitslosigkeit durch
et pour le reste d'essayer de	soziale Maßnahmen
créer un climat favorable à	
l'investissement et à la croissance.	
Les principales mesures de traitement	
social du chômage sont la	
réduction du temps de travail	Arbeitszeitverkürzung
(39 h de **travail hebdomadaire**,	wöchentliche Arbeitszeit
5e semaine de **congés payés**),	bezahlter Urlaub
l'abaissement de l'âge de la retraite	Herabsetzung des Pensionierungsalters
(possibilité de départ en **préretraite**	Vorruhestand
à partir de 55 ans), développement du	
travail à temps partiel,	Teilzeit|beschäftigung, -arbeit
diverses formules d'**insertion**	Eingliederung (ins Berufsleben)
pour les jeunes chômeurs:	
stages de formation,	Fortbildungsmaßnahmen
stages TUC (Travaux d'utilité	*i.Fr.* staatlich finanzierte
collective), remplacés en 1992 par	AB-Maßnahmen
les **contrats emploi solidarité,**	*i.Fr.* derzeitige Form von AB-Maßnahmen
certaines de ces formules étant **assorties**	begleitet, in Verbindung mit
d'une **exonération** des	Befreiung
cotisations sociales.	Beiträge zur Sozialversicherung
o ~ apparent	sichtbare Arbeitslosigkeit
~ conjoncturel	konjunkturelle Arbeitslosigkeit
~ cyclique	konjunkturelle Arbeitslosigkeit
~ de longue durée	Langzeitarbeitslosigkeit, Dauerarbeitslosigkeit
~ déguisé	verschleierte Arbeitslosigkeit
~ des jeunes	Jugendarbeitslosigkeit
~ frictionnel	fluktuationsbedingte Arbeitslosigkeit
~ larvé	verschleierte Arbeitslosigkeit

~ partiel	Kurzarbeit
~ réel	tatsächliche Arbeitslosigkeit
~ résiduel	Restarbeitslosigkeit
~ saisonnier	saisonbedingte Arbeitslosigkeit
~ sectoriel	Arbeitslosigkeit in einer Branche
~ structurel	strukturell bedingte Arbeitslosigkeit
~ technique	durch Betriebsstörung verursachte Arbeitslosigkeit, Kurzarbeit
~ technologique	durch technologischen Fortschritt verursachte Arbeitslosigkeit
accroissement du ~ *m*	(An)steigen der Arbeitslosigkeit
augmentation du ~ *f*	(An)teigen der Arbeitslosigkeit
allocation de ~ *f*	Arbeitslosengeld
assurance-~ *f*	Arbeitslosenversicherung
baisse du ~ *f*	Rückgang der Arbeitslosigkeit
compression du ~ *f*	Verringerung der Arbeitslosigkeit
durée du ~ *f*	Dauer der Arbeitslosigkeit
indemnité de ~ *f*	Arbeitslosengeld
lutte contre le ~ *f*	Bekämpfung der Arbeitslosigkeit
montée du ~ *f*	Anstieg der Arbeitslosigkeit
recul du ~ *m*	Rückgang der Arbeitslosigkeit
régression du ~ *f*	Sinken der Arbeitslosigkeit, Rückgang der Arbeitslosigkeit
taux de ~ *m*	Arbeitslosen|quote, -rate, Erwerbslosenquote
traitement social du ~ *m*	Bekämpfung der Arbeitslosigkeit durch soziale Maßnahmen
° enrayer le ~	die Arbeitslosigkeit bremsen
être au/en ~	arbeitslos sein
être frappé par le ~	von der Arbeitslosigkeit betroffen sein
être victime du ~	Opfer der Arbeitslosigkeit sein
lutter contre le ~	die Arbeitslosigkeit bekämpfen
le ~ a augmenté (de x%)	die Arbeitslosigkeit ist gestiegen (um x%)
le ~ a diminué (de x%)	die Arbeitslosigkeit ist gesunken (um x%)
le ~ a reculé (de x%)	die Arbeitslosigkeit ist zurückgegangen (um x%)
le ~ s'est aggravé	die Arbeitslosigkeit hat sich verschärft
le ~ s'est stabilisé (à)	die Arbeitslosigkeit hat sich stabilisiert (bei)
dér. chômé, e *adj.*	arbeitsfrei, frei
jour chômé (=jour férié *m*) *m*	arbeitsfreier Tag
jour chômé légal *m*	(arbeitsfreier) gesetzlicher Feiertag
(*ant.* jour ouvré/ouvrable *m*)	Arbeitstag/Werktag
chômer	nicht arbeiten, frei haben
chômeur *m*	Arbeitsloser

voir ASSEDIC, chômeur, emploi, population active, travail, contrat emploi solidarité

chômeur *m*	Arbeitsloser
Personne sans **emploi**. Dans les statistiques officielles, le terme	Arbeit(splatz), Beschäftigung

de **demandeur d'emploi** désigne	Arbeitssuchender
les chômeurs inscrits à l'**ANPE**	*i. Fr.* Arbeitsamt
(**Agence Nationale pour l'Emploi**),	
qui font partie de la	
population active.	Erwerbs|personen, -bevölkerung
La définition du **BIT**	ILO (International Labour Organization)
(**Bureau International du Travail**)	Internationale Arbeitsorganisation
retient trois conditions:	
ne pas avoir d'emploi, être à la	
recherche d'un travail **rémunéré**,	bezahlt, vergütet
être prêt à prendre un emploi	
immédiatement.	
L'INSEE, dans ses enquêtes sur	*i.Fr.* Staatliches Statistikinstitut
le chômage, parle de la	
Population disponible à la recherche	*i.Fr.* die dem Arbeitsmarkt zur
d'un emploi (PDRE), alors que l'ANPE	Verfügung stehenden Arbeitslosen
publie, tous les mois, le nombre des	
demandes d'emplois non satisfaites	*i.Fr.* vom Arbeitsamt monatlich
en fin de mois (DEFM).	veröffentlichte Zahl der
	Stellengesuche
Les chômeurs touchent	
une **indemnité de chômage**	Arbeitslosengeld
qui est versée par les **ASSEDIC**	*i.Fr.* Arbeitslosenversicherungskasse
(organismes indépendants de	
l'ANPE) qui gèrent les **cotisations** des	Beiträge
salariés et des employeurs pour	
l'**assurance chômage**.	Arbeitslosenversicherung
° ~ partiel	Kurzarbeiter
~ de courte durée	Kurzzeitarbeitsloser
~ de longue durée	Langzeitarbeitsloser
nombre de/des ~s *m*	Arbeitslosen|zahl, -ziffer, Zahl der Erwerbslosen
° être chômeur	arbeitslos sein
syn. demandeur d'emploi *m*	
sans-travail *m*	
sans-emploi *m*	
personne sans travail *f*	
personne au chômage *f*	
ant. personne occupant un emploi *f*	
dér. chômé, e *adj.*	arbeitsfrei, frei
jour chômé (=jour férié *m*) *m*	arbeitsfreier Tag
jour chômé légal *m*	(arbeitsfreier) gesetzlicher Feiertag
(*ant.* jour ouvré/ouvrable *m*)	Arbeitstag/Werktag
chômer	nicht arbeiten, frei haben
chômeur *m*	Arbeitsloser

voir ASSEDIC, chômage, emploi, population active, taux de chômage, travail, contrat emploi solidarité

faillite *f*	Konkurs, Konkursverfahren
Etat d'une entreprise qui se trouve	
dans l'impossibilité de faire face à	
ses **engagements financiers** ainsi que	finanzielle Verflichtungen
les **procédures judiciaires** qui sont	gerichtliche Verfahren
engagées pour régler cette situation.	eingeleitet

Dans les textes de lois, le terme de	
"faillite" est aujourd'hui remplacé par	
celui de **règlement judiciaire**.	Konkurs, Konkursverfahren
Lorsqu'une entreprise	
n'est plus capable	
d'**honorer ses dettes à court terme**,	seinen kurzfristigen
et lorsque la gravité de sa situation	Zahlungsverpflichtungen nachkommen
financière est telle qu'il ne s'agit	
pas d'une **insolvabilité** passagère, on	Insolvenz, Liquiditätsengpaß
dit qu'elle se trouve en situation de	
cessation de paiements. L'entreprise	Zahlungseinstellung
est alors obligée de **déposer son bilan**	seine Zahlungsfähigkeit erklären,
c-à-d de déclarer cette situation au	Konkurs beantragen
Tribunal de Commerce. Suite à cette	*i.Fr.* Handelsgericht
déclaration (=**dépôt de bilan**),	Erklärung der Zahlungsunfähigkeit,
le tribunal va	Konkursbeantragung
engager une procédure de	ein Konkursverfahren
règlement judiciaire.	einleiten, Konkurs beantragen
Les personnes **engagées dans** cette	beteiligt an
procédure sont le **débiteur**, c-à-d	Schuldner
l'entreprise en faillite (=le **failli**),	Konkursschuldner
les **créanciers** de celle-ci,	Gläubiger
le **juge-commissaire** et, jusqu'en 1985,	Konkursrichter
le **syndic** (=**syndic de faillite**),	Konkurs|verwalter, Masse-
nommé par le tribunal. Ce dernier était	
un personnage très contesté à qui on	
reprochait parfois de défendre la	
seule cause des **créanciers**. Depuis la	Gläubiger
loi Badinter du 25 janvier 1985, la	
mission du syndic est partagée entre	
l'**administrateur judiciaire** et le	*i.Fr.* vom Konkursgericht eingesetzter
mandataire-liquidateur.	Treuhänder; *i.Fr.* mit der Auflösung
	beauftragter Konkursverwalter
Pendant une période d'observation,	
l'**entreprise défaillante** est dirigée	konkursbedrohtes Unternehmen
par un administrateur judiciaire.	
Plusieurs procédures judiciaires	
sont alors possibles:	
1. Le **redressement judiciaire**:	*i.Fr.* gerichtlich genehmigte Sanierung
Si un assainissement de l'entreprise	bei Konkursverfahren
paraît envisageable, le tribunal	
procédera au redressement judiciaire	
et arrêtera un **plan de redressement**	Sanierungsplan
qui permettra le **remboursement** partiel	Auszahlung, Befriedigung, Bezahlung
ou total des créanciers. Au cas où	
la **continuation de l'entreprise**	Weiterführung des Unternehmens
malade ne serait pas possible, le	
tribunal ordonnera la **cession** de	Veräußerung, Verkauf
l'entreprise et arrêtera	
un **plan de cession de l'entreprise**.	*i.Fr.* gerichtlich angeordnete
Dans la pratique,	Veräußerung des Unternehmens im
il peut arriver	Rahmen eines Konkursverfahrens
que le **repreneur** soit un	Erwerber, Übernehmer, Käufer
concurrent, ou un **spéculateur** qui	Spekulant
escompte **dégager une plus-value** en	Gewinn erzielen
revendant l'entreprise.	

Toutes les opérations nécessaires au	
redressement judiciaire sont menées	
par l'administrateur judiciaire qui à	
son tour dépend du juge-commissaire.	
2. La **liquidation judiciaire**:	*i.Fr.* Liquidierung im Rahmen eines
Si la situation de l'entreprise ne	Konkursverfahrens
permet ni la continuation ni la	
cession, l'ultime solution est	
la liquidation judiciaire, c.à.d.	
la **réalisation de l'actif**	Auflösung der Aktiva, Veräußerung der
de l'entreprise et la répartition	Vermögenswerte
du **produit** entre les créanciers.	Erlös
Cette **vente au plus offrant**	Verkauf an den Meistbietenden
des **biens mobiliers et immobiliers**	mobile und immobile Vermögenswerte
de la société est effectuée par les	
soins du mandataire-liquidateur.	
Le **remboursement** des créanciers se	Auszahlung
fait dans l'ordre de priorité des dettes:	
sont d'abord remboursés les	
créanciers privilégiés, puis les	bevorrechtigte Gläubiger
créanciers non-privilégiés qu'on	nicht bevorrechtigte Gläubiger
appelle aussi **créanciers chirographaires**.	nicht bevorrechtigte Gläubiger
Les salariés d'une entreprise en	
faillite sont des créanciers	
super-privilégiés qui doivent	
être remboursés avant tous les autres.	ausgezahlt werden
Dans les cas où le tribunal se	
voit obligé d'ordonner la	
clôture de la procédure	Einstellung des Konkursverfahrens
pour insuffisance d'actif, c'est	mangels Masse
le **Fonds national de garantie des**	*i.Fr.* Garantiefonds für Lohnzahlungen
salaires (FNSG) qui assure le	an Beschäftigte von in Konkurs
paiement des **salariés**.	gegangenen Unternehmen; Arbeitnehmer
3. Le **concordat judiciaire**:	gerichtlicher Vergleich
Le règlement judiciaire peut aussi se	
terminer par un **concordat**, c.à.d.	Vergleich
un accord conclu entre le débiteur et	
ses créanciers. Ces derniers acceptent	
de ne récupérer qu'une partie de	
leurs **créances**.	Forderungen
Toute la prodédure de redressement	
judiciaire, qu'elle se termine par la	
continuation, la cession ou la	
liquidation de l'entreprise	
défaillante ou par un concordat entre	
débiteur et créanciers, est	
dirigée par un **juge-commissaire**	Konkursrichter
désigné par le tribunal.	
N.B. Ne pas confondre la faillite	
(ou règlement judiciaire) avec la	
banqueroute, qui suppose des	Bankrott
actes délictueux de la part du débiteur.	strafbare Handlungen
o ~ frauduleuse	betrügerischer Konkurs
~ simple	einfacher Konkurs

	actif de la ~ *m*	Konkursmasse
	syndic de ~ *m*	Konkursverwalter
°	être au bord de la ~	am Rande des Konkurses stehen
	être en ~	in Konkurs sein
	être près de la ~	vor dem Konkurs stehen
	faire ~	Konkurs machen, in Konkurs gehen, Pleite gehen, Pleite machen
	se déclarer en ~	Konkurs erklären, anmelden
	se déclarer en état de ~ (=déposer son bilan)	Konkurs erklären, anmelden
syn.	règlement judiciaire *m*	
	dans un contexte plus général: défaillance (d'entreprise) *f*	Konkurs, Zusammenbruch, Insolvenz, Unternehmenszusammenbruch
dér.	défaillance *f*	Konkurs, Zusammenbruch, Insolvenz, Unternehmenszusammenbruch
	défaillant, e *adj.*	konkursbedroht, in Konkurs
	failli *m*	Inhaber eines in Konkurs gegangenen Unternehmens
voir	banqueroute, dépôt de bilan, administrateur judiciaire, mandataire-liquidateur	

Die Erläuterungen zu den Begriffen *chômage* und *chômeur* bieten eine kurzgefaßte Sachinformation in französischer Sprache (Definition der Erwerbslosigkeit, Ursachen und Maßnahmen zur Bekämpfung derselben, unterschiedliche Arbeitslosenstatistiken in Frankreich, Zahlung von Arbeitslosengeld etc.). Bei dieser Gelegenheit werden in diesem Definitionsteil die wesentlichen Fachbegriffe zu diesem Thema sowie deren deutsche Äquivalente eingeführt. Beide sind drucktechnisch hervorgehoben: die französischen Fachbegriffe durch Fettdruck im Definitionstext, die deutschen Äquivalente durch ihre Plazierung als Marginalien. Dieses kontextualisierte lexikalische Feld wird im jeweils folgenden Syntagmatikteil durch eine alphabetisch angeordnete, nach Nominal- und Verbalsyntagmatik getrennte Kombinatorik ergänzt. Damit wird in den Definitionsteilen und deren syntagmatischen, paradigmatischen und derivationellen Ergänzungen ein Themenvokabular zum Gebiet Arbeitslosigkeit von rund 100 Fachbegriffen bzw. -syntagmen zur Verfügung gestellt. Bereits durch das bloße Konsultieren dieser Definitionen werden Lernende mit über einem Drittel der Begriffe insofern vertraut gemacht, als die Fachbegriffe in sinnvolle, thematisch strukturierte Kontexte eingebettet und darüber hinaus mit lexikalischen Hilfen versehen sind.

Hinzuweisen ist auf die gelegentlichen Überschneidungen zwischen einzelnen Artikeln, wie sie am Beispiel des relativ ausführlichen Artikels *faillite* aufgezeigt werden können. Die dort enthaltenen Erläuterungen zum französischen Konkursverfahren (z.B. zur Konkursanmeldung, zur Rolle des gerichtlich bestellten Treuhänders bzw. des mit der Auflösung betrauten Konkursverwalters) sind ihrerseits wieder Gegenstand eigener Artikel, auf die am Ende des Artikels *faillite* verwiesen wird (*dépôt de bilan, administrateur judiciaire, mandataire-liquidateur*). Auch diese Redundanz ist intendiert und ein Element der Benutzerfreundlichkeit: sie eröffnet den Lernenden mehrfache Einstiegsmöglichkeiten in die Thematik und bietet ihnen zugleich Lernverstärkungen durch die Wiederholungen bzw. Ergänzungen der betreffenden Informationen an verschiedenen Stellen des WLF.

Eine besondere Art von wünschenswerter Redundanz bei der Präsentation der lexikalischen Daten im WLF betrifft schließlich die Aufbereitung derselben in Form von Übersetzungen als Marginalien bei denjenigen Fachbegriffen, die nicht zum jeweiligen engeren Themengebiet gehören. Mit diesem thematisch nicht gebundenen Anteil des Wirtschaftsfranzösischen, der sich durch seine vergleichsweise hohe Frequenz in Fachtextkorpora auszeichnet, werden Lernende im Definitionsteil des WLF ständig und damit wiederholend konfrontiert, wodurch auch hier mit einer willkommenen Lernverstärkung gerechnet werden kann.

5.5.3 Extensive Mikrostruktur des Definitionswörterbuchs im WLF

Anwendungsmöglichkeiten und Vorteile der extensiven Mikrostruktur des Definitionswörterbuches aus der Sicht der Lernenden wurden durch die angeführten Beispiele bereits illustriert. Hier genügt daher der Hinweis auf die bekannte Tatsache, daß eine extensive Mikrostruktur den Lernenden jene Vielzahl lexikalischer Strukturen verdeutlicht, die durch den Filter der alphabetischen Makrostruktur normalerweise verdeckt werden. Im Definitionswörterbuch des WLF vermitteln so etwa die Lemmaangaben sprachkontrastive Hinweise, bieten die überschaubar strukturierten Syntagmatik-, Paradigmatik- und Derivationsteile Möglichkeiten eines thematisch kohärenten "enrichissement lexical" durch assoziatives und entdeckendes Lernen, wobei die intendierten Redundanzen lernverstärkend wirken. Aufgrund seiner expliziten Mikrostruktur kann das WLF daher auch als zuverlässiges aktives Wörterbuch benutzt werden. Suchen Lernende z.B. nach einer passenden Kollokation mit *prix*, etwa um eine deutsche Wendung wie *einen saftigen Preis zahlen* wiederzugeben, werden sie eine solche Wendung nicht nur in den Glossaren, sondern auch im Syntagmatikteil des Artikels *prix* leicht finden: *acheter à prix d'or*, dort aber zusätzlich *coûter les yeux de la tête*, *des prix prohibitifs* etc.

5.6 Desiderata

Sicherlich ist für die Zukunft ein modularer Ausbau des Definitionsteils durch Einbeziehen weiterer Themen wünschenswert (z.B. in Form eines Ergänzungsbandes mit ensprechend aktualisierten Glossaren und Index). Sinnvoll wäre auch das Extrapolieren von thematischen Teilwörterbüchern (je Kapitel/Themengebiet) sowie des nicht themengebundenen allgemeinen

Wirtschaftswortschatzes, worauf aus Platzgründen vorerst noch verzichtet wurde. Um die Möglichkeiten des WLF als Selbstlerninstrument zu erweitern, wären sodann Übungsmaterialien zum Trainieren und Festigen der Themenwortschätze erforderlich, idealerweise in Verbindung mit einem Lernprogramm auf PC.

Bibliographie

CLIJSTERS, W.: *Mille lettres d'affaires en chiffres - Richesse formelle, richesse lexicale, stock lexical, lexitope et lexitraits, combits.* Paris/Genève 1990.

DATE, C.J.: *An Introduction to Database Systems.* Reading/Mass. 1981.

ENGELKAMP, J.: "Die Verarbeitung von Bedeutung: Behalten". In: Ch. SCHWARZE/D. WUNDERLICH: *Handbuch der Lexikologie.* Königstein/Taunus 1985, 333-347.

ICKLER, TH.: "Paradigmen als Syntagmen - Über das Lernen von Wörtern in Texten". In: *Fremdsprachen Lehren und Lernen* 16 (1987), 9-24.

KIELHÖFER, B./SCHMIDT, D.: "Entstehung und Entwicklung lexikalischer Strukturen beim Zweitsprachenerwerb. Eine Untersuchung zum Lernerlexikon Französisch". In: *Die Neueren Sprachen* 80 (1981), 142-164.

KRASHEN, S.D.: *Second Language Acquisition and Second Language Learning.* Oxford 1981.

MORGENROTH, K./WAGNER, H.: *Wirtschaftslexikon Französisch.* München 1993.

POTONNIER, G. E. und B.: *Wörterbuch für Wirtschaft, Recht und Handel.* Wiesbaden [2]1990.

SCHLEGEL, H.: "Lehr- und Lernthesauri zur Vermittlung fachlicher und fachsprachlicher Kenntnisse", Vortrag gehalten auf der 5. Göttinger Fachtagung Fremdsprachenausbildung an der Universität, 25. - 27. Februar 1993 im Sprachlehrzentrum der Georg-August-Universität.

SCHWARZE, Ch./WUNDERLICH, D.: *Handbuch der Lexikologie.* Königstein/Taunus 1985.

VERLINDE, S.: "Quelques réflexions sur l'apprentissage du lexique (économique)". In: *Romaneske* 16 (1991), 3-13.

WAGNER, H.: "Les dictionnaires du français langue de spécialité/langue économique". In: *Actes du XVIIIe Congrès de Linguistique et de Philologie Romanes.* Tübingen 1989, tome IV, 209-219.

WAGNER, H.: "Le traitement des noms composés dans les dictionnaires de français économique". In: *Actas do XIX Congreso Internacional de Lingüística e Filoloxía Románicas, Universidade de Santiago de Compostela.* A Coruña 1992, 221-232.

WAGNER, H.: "Wozu einsprachige Wörterbücher für den fortgeschrittenen Lerner des Französischen?". In: *Bielefelder Beiträge zur Sprachlehrforschung* 14 (1985), 249-260.

ZIMMER, H.D.: "Die Verarbeitung von Bedeutung: Verstehen und Benennen". In: Ch. SCHWARZE/ D. WUNDERLICH: *Handbuch der Lexikologie.* Königstein/Taunus 1985, 314-332.

Zur Gestaltung einführender Lehrwerke für den fachbezogenen Fremdsprachenunterricht

Klaus MORGENROTH, Metz

In diesem Beitrag sollen methodisch-praktische Überlegungen (und Erfahrungen[1]) im Zusammenhang mit der Erstellung einführender Lehrwerke für den betriebswirtschaftlichen Fachsprachenunterricht mit französischen Lernenden vorgestellt werden. Es handelt sich hierbei in gewissem Sinne um eine Umkehrung des in unserem Beitrag *Wortschatzanalyse als Orientierungshilfe im Fachsprachenunterricht*[2] verfolgten Ansatzes, da es sich bei der Gestaltung einführender Fachsprachen-Lehrwerke mit inhaltlicher Progression weitgehend darum handelt, aus wissenschaftlichen Darstellungen und Lehrbüchern herausgefilterte terminologische Systeme und Subsysteme in neue für didaktische Zwecke geeignete Kontextzusammenhänge zu stellen, also den analytischen Prozeß der Wortschatzgliederung in einen synthetischen Prozeß der Wortschatzvermittlung zu überführen. Diese Überlegungen seien exemplarisch an einem Lehrbuch[3] verdeutlicht, das an der Universität Metz in Verbindung mit einem Lernprogramm im Studiengang *Langues Etrangères Appliquées* entwickelt und eingesetzt wurde.

Volkswirtschaftslehre versus Betriebswirtschaftslehre

Eine erste Überlegung in diesem Zusammenhang muß der Zweigliedrigkeit der Wirtschaftswissenschaften (Volkswirtschaftslehre versus Betriebswirtschaftslehre) Rechnung tragen. Analysiert man die gängigen auf dem Buchmarkt erhältlichen Lehrwerke zur Fachsprache Wirtschaft im Bereich Deutsch als Fremdsprache, so gelangt man schnell zu dem Ergebnis, daß häufig willkürliche Amalgame von Teilaspekten zusammengestellt werden und die in theoretischer und praktischer Hinsicht erhebliche Differenzierung der Wirtschaftswissenschaften in eine makroökonomische bzw. eine mikro-

---

1 Erste Vorüberlegungen hierzu wurden angestellt in: Klaus MORGENROTH: "Die Vermittlung betriebswirtschaftlicher Fachterminologie im Studiengang Langues Etrangères Appliquées an der Universität Metz. Ein Beispiel". In: *Fremdsprachen lehren und lernen*, 16 (1987), S. 111-133.

2 Klaus MORGENROTH: "Wortschatzanalyse als Orientierungshilfe im Fachsprachenunterricht" (in diesem Sammelband).

3 Klaus MORGENROTH/Horst WAGNER: *L'Allemand Economique d'Entreprise.* Paris, Ellipses 1991.

ökonomische Teildisziplin unberücksichtigt gelassen bzw. verwässert wird. Welche dieser beiden Teildisziplinen ist dem universitären und prä-universitären wirtschaftsfachsprachlichen Unterricht zugrundezulegen?

Historisch gesehen ist die Betriebswirtschaftslehre eine relativ junge Wissenschaft, deren Anfänge auf das ausgehende 19. Jahrhundert zurückgehen, als in Deutschland die ersten Handelshochschulen, die Vorläufer der Fachhochschulen, gegründet wurden. Anders als in den Universitäten, wo im Rahmen eines Studiums der Volkswirtschaftslehre die künftigen Beamten des kaiserlichen Deutschland auf leitende Verwaltungsaufgaben im Staatswesen vorbereitet wurden, sollten hier die jungen Führungskräfte für die Unternehmen ausgebildet werden. Entsprechend diesen unterschiedlichen "personalpolitischen" Zielsetzungen entstand damit ein eher den praktischen Bedürfnissen der Unternehmen dienender - betriebswirtschaftlicher - Zweig der Wirtschaftswissenschaften, neben einer eher auf gesamtwirtschaftliche Phänomene ausgerichteten volkswirtschaftlichen Fachrichtung[4].

Auf terminologischer Ebene schlägt sich dies darin nieder, daß die Betriebswirtschaftslehre in weitaus ausgeprägterem Maße als die Volkswirtschaftslehre auf praktisch-konkrete (technische, organisatorische, fiskalische, buchhalterische etc.) Aspekte des Wirtschaftslebens eingeht und damit als primäre Bezugswissenschaft jenes fachsprachlichen Syndroms heranzuziehen ist, das heutzutage vielfach als berufliche Kommunikation (communication professionnelle) bezeichnet wird. Sie ist die Fachsprache der Wirtschaftskommunikation par excellence. Hier geht es um Buchführung und nicht um volkswirtschaftliche Gesamtrechnung, um Rechtsformen und nicht um Geldtheorien, um Marketing und nicht um Marktgleichgewichtstheorien usw. Der größere Praxisbezug der Betriebswirtschaftslehre bedingt weiterhin, daß nationale Spezifika (z. B. Mehrwertsteuersätze, Höhe des Stammkapitals bei GmbHs, rechtlicher Status der Gesellschafter in Personengesellschaften etc.) hier stärker reflektiert und thematisiert werden als in der Volkswirtschaftslehre, die eher auf die im internationalen Kontext entwickelten theoretischen Zusammenhänge Bezug nimmt. Dieser Aspekt ermöglicht eine Osmose zwischen wirtschaftlichen und allgemein landeskundlichen Fragestellungen.

Aus diesen Erwägungen heraus erscheint es angebracht, in einem Lehrwerk zur deutschen Wirtschaftssprache entweder - im Rahmen einer umfassenderen Konzeption - bei der Auswahl der Sachinformationen eine beide Teildiszi-

---

4 Vgl. Günter WÖHE: *Einführung in die Allgemeine Betriebswirtschaftslehre*. München 1986, S. 57.

plinen repräsentativ berücksichtigende Gewichtung anzustreben[5] oder von vornherein eine Spezialisierung auf eine der beiden Fachrichtungen vorzunehmen (was wir im Falle der Betriebswirtschaftslehre hier versucht haben).

Die Wahl des einen oder anderen Vorgehens wird von verschiedenen Faktoren abhängen, u.a. auch von den potentiellen Zielgruppen. Es dürfte grob gesehen zwei Adressatengruppen für Wirtschaftssprachkurse im Ausland geben: Spezialisten (Lernende, die Wirtschaftswissenschaften studiert oder sich als Praktiker Fachkenntnisse angeeignet haben) und Nichtspezialisten (Sprachstudenten, die fachsprachliche Nebenfächer belegen; sonstige Interessierte, die über keinen fachsprachlichen Hintergrund in der Muttersprache verfügen).

Was den Fachsprachenunterricht für Spezialisten angeht, so wird man davon ausgehen können, daß französische "Volkswirte" und "Betriebswirte" (nicht zuletzt aus beruflichen Gründen) sich auch in der Fremdsprache eher für den fachsprachlichen Bereich interessieren, in dem sie ausgebildet worden sind. Die in Frankreich bestehende, im großen und ganzen vergleichbare Zweigliedrigkeit der Wirtschaftswissenschaften mit einer makroökonomischen (*Economie générale*) und einer mikroökonomischen Komponente (*Economie de l'Entreprise*) kommt dieser Tatsache entgegen. Im Falle der Nicht-Spezialisten ist die Vermittlung der betriebswirtschaftlichen Fachsprache sicher von größerem Nutzen als die der Volkswirtschaftslehre, da in den Ausbildungsgängen, in denen Wirtschaftsdeutsch angeboten wird (sog. *Classes préparatoires*, *Concours administratifs*, *BTS*, oder im universitären Bereich *Langues Etrangères Appliquées*), das berufsvorbereitende Moment (z.B. Auslandspraktika im beruflichen Umfeld) und damit die mikroökonomische Orientierung im Vordergrund steht.

Selbstverständlich müssen Themenbereiche der Volkswirtschaftslehre wie Probleme der Geldpolitik, der Konjunkturanalyse, des Börsengeschehens auch weiterhin zum Kern des wirtschaftlichen Fachsprachenunterrichts gehören. Aber die Betriebswirtschaftslehre sollte stärker und auch expliziter in den Kanon der behandelten Themen eingehen, als dies bisher der Fall ist. Fachsprachliche Didaktisierung braucht nicht zu einem Profilverlust der unterliegenden Fachdisziplin zu führen.

---

5 Vgl. hierzu Klaus MORGENROTH/Horst WAGNER: *Wirtschaftslexikon Französisch.* München, Hueber 1993. – Vgl. auch den Beitrag von Horst WAGNER: "Welche Wörterbücher brauchen Lernende von Fachsprachen?" (in diesem Sammelband).

Methodische Vorgaben

Methodisch basiert das Lehrbuch *L'Allemand Economique d'Entreprise* (im folgenden AEE) auf einigen Vorgaben, die weitgehend in die didaktische Gesamtkonzeption eingegangen sind:

Wahrung des Charakters der Fachdisziplin/-wissenschaft: Wie bereits angedeutet, gilt es zu vermeiden, aus einem falsch verstandenen pädagogischen Pragmatismus heraus die Fach*sprache* gegenüber der Fach*disziplin* im Sinne einer pauschalen Vereinfachung und willkürlichen Zerstückelung zu privilegieren, was zur Folge hat, daß der Lerner die ihm vorgestellten Teilinformationen nicht mehr in den methodischen Zusammenhang der hinter der Fachsprache stehenden Wissenschaft stellen kann.

Progression: Aus diesem Grunde plädieren wir auch für eine weitgehende Aufrechterhaltung der inhaltlichen Progression des Stoffs, wie er in der jeweiligen Fachwissenschaft dargeboten wird. Voraussetzung ist allerdings, daß die im Lehrbuch dargebotenen Inhalte als Allgemeingut der Fachdisziplin angesehen werden können. Aspekte, die nur bestimmten Schulen, Strömungen oder Individuen zuzuschreiben sind, wurden selbstverständlich ausgespart. Nicht berücksichtigt wurden ferner sämtliche Ansätze, die mit mathematischen Methoden und dementsprechend mathematischen Formeln oder Begriffen arbeiten.

Modularität: Trotz der Wahrung des Gesamtcharakters der zugrundeliegenden Fachwissenschaft und ihrer fachgetreuen inhaltlich-progressiven Darbietung sind die einzelnen Kapitel so aufgebaut, daß sie grundsätzlich autonomen Charakter haben, also – wenn dies vom Lernenden gewünscht wird – auch in anderer Reihenfolge bearbeitet werden können. Die an die Fachdisziplin angelehnte inhaltliche Progression ist also nur ein Angebot für die Durchführung der verschiedenen Lernschritte und kann aus pragmatischen Gründen durch eine individualisierte Progression ersetzt werden.

Konzeptualisierung der Information: In fachsprachlichen Lehrwerken für fremdsprachige Lerner ist eine konzeptualisierende Darstellungsform vorherrschend, im Gegensatz zu Lehrwerken, die für Muttersprachler konzipiert sind, wo häufig eine argumentative Darstellungsform gewählt wird. Damit ist gemeint, daß Fachinhalte hier fester an sprachliche Einheiten gebunden und über diese abrufbar sind. Gedankliche Formen stecken in fertigen Begriffshülsen (und entsprechenden Benennungen), sind gewissermaßen erstarrt, während sie in argumentativen Darstellungsformen noch fließend sind, in diesem Prozeß vom Autor erst in feste Formen gegossen werden und danach (wenn überhaupt) im Bewußtsein des Rezipierenden zu Konzepten erstarren: Uns scheint für die fachbezogene Fremdsprachendidaktik charakteristisch zu sein, daß die Bedeutung der einzelnen Begriffe (ganz abgesehen von den dazugehörigen Benennungen) und deren Vernetzung zu einem Begriffssystem vor der eigentlichen Didaktisierungsphase feststehen muß, der Lernende will fertige "Wahrheiten" (Tatbestände, Konzepte) zur Kenntnis nehmen und nachvollziehen und sich nicht mit argumentativen Sinnträgern (Argumente für oder wider die Relevanz eines Phänomens, die Adäquatheit eines Begriffs oder seiner Benennung; Gedanken zur Entstehung eines Phänomens etc.) auseinandersetzen.

Reformulierung: Damit einher geht die Notwendigkeit sprachlicher Klarheit, auch schwierige Sachverhalte können sprachlich präzis und verständlich ausgedrückt werden. Insofern schließt die Erstellung eines fachsprachlichen Lehrwerks mit progressivem Charakter für fremdsprachige Lernende auch die Verwendung authentischer Texte aus. Die Inhalte müssen aufgrund der im allgemeinen schwer zugänglichen deutschen Wissenschafts- und Fachsprache reformuliert werden. Komplizierte hypotaktische Konstruktionen, ausgedehnte Linksattribute, gelehrte Eskapaden müssen vermieden werden. (Das "Ausweichen" auf journalistische Texte, in der Hoffnung auf größere sprachliche Verständlichkeit, hat sich nach unserer Einschätzung als Irrtum herausgestellt: Im fremdsprachigen Fachsprachenunterricht ist diese Textsorte auf Grund ihrer starken konnotativen Prägung – Metaphorik, Ironie, stylistische Recherchen etc. – häufig hermetischer als der eigentliche Fachsprachentext.) Das beschriebene Vorgehen führt zwar zu einer gewissen Künstlichkeit und Synthetik der verwendeten Sprache, wirkt sich aber zugunsten eines größeren Textverständnisses aus. Die Feststellung, daß diese Form der Didaktisierung nur eine terminologische Vorarbeit für die anschließende Beschäftigung mit authentischem Textmaterial durch den Lernenden ist, dürfte sich erübrigen, dies ist das eigentliche Ziel der Bemühungen.

Kontextualisierungsvielfalt: Zur Erzeugung einer – didaktisch notwendigen – Redundanz werden die Fachtermini in wechselnden Kontexten dargeboten. Sie werden zunächst im Textteil ("Überblick") schrittweise entwickelt (syntagmatischer Zusammenhang). Darüber hinaus kann der Lernende jederzeit auf Kurzdefinitionen zurückgreifen (paradigmatischer Zusammenhang). In einem ausführlichen Übungsteil werden vielfältige Assoziationsmechanismen beim Lerner aktiviert und damit mnemotechnische Hilfestellungen geleistet. In den Übersetzungsteilen werden onomasiologische Verknüpfungen mit den parallelen Benennungen in der Muttersprache (hier dem Französischen) hergestellt.

Erzeugung eines "fachsprachlichen Bewußtseins": Schon auf der Ebene der Muttersprache kann bei Fachsprachenlernern nicht ohne weiteres vorausgesetzt werden, daß sie Fachbegriffe von Einheiten anderer lexikalischer Kategorien (allgemeinsprachlicher, allgemeinwissenschaftlicher, allgemeinwirtschaftlicher

Wortschatz[6]) unterscheiden können. Durch die erwähnte Vielfalt der Kontextualisierung wird dem Lernenden ständig vor Augen geführt, welche Begriffe im systematischen Teil besonders sorgfältig erklärt werden und in wechselnden Text-, Definitions- und Übungsteilen erneut aufgegriffen werden. Dadurch entwickelt er ein Bewußtsein für den fachsprachlich relevanten Wortschatz.

Einbeziehung der Muttersprache: Fachsprachenorientierter Fremdsprachenunterricht erfordert von seiten des Lernenden eine doppelte (auf die Fremdsprache und auf die Fachsprache bezogene) Anstrengung. Es gilt also, den komplizierten Prozeß der Erschließung des fremdsprachigen Fachtextes zu erleichtern. Ein wichtiges Mittel dazu ist der systematische Rückgriff (in Form von Übersetzungshilfen) auf die muttersprachlichen Äquivalente der eingeführten fremdsprachigen Fachtermini und – aus pragmatischen Gründen – auch anderweitig schwieriger (etwa idiomatischer) Ausdrücke. Es wäre nach unserer Auffassung verfehlt, das schon für den allgemeinsprachlichen Fremdsprachenunterricht problematische Prinzip der einsprachigen Methode auf den fachsprachlich orientierten Fremdsprachenunterricht zu übertragen.

Anders als im allgemeinsprachlichen Fremdsprachenunterricht – besonders im Anfängerunterricht –, wo man die Ausdrucks- und Inhaltsseite sprachlicher Einheiten direkt im fremdsprachigen Medium aneinanderzukoppeln versucht und dabei den semantischen Nachteil (Äquivalenz- und Interferenzproblematik) angesichts des lernpsychologischen Vorteils (stärkere Assoziierungskraft der Bedeutung) bewußt in Kauf nimmt, muß im fachsprachlich orientierten Fremdsprachenunterricht einer präzisen Semantisierung der Vorrang eingeräumt werden – und der Weg größtmöglicher Präzision geht über die Muttersprache.

Aufbau des AEE

Im AEE wird zunächst zu Beginn eine minimale Gesamtübersicht über die Gliederung der Fachdisziplin gegeben. Die Betriebswirtschaftslehre läßt sich in

---

6 Zur Abgrenzung von Fachterminologie und allgemeinwirtschaftlichem bzw. -wissenschaftlichem Wortschatz vgl. André PHAL: "Le vocabulaire général d'orientation scientifique: Essai de définition et méthode d'enquête". In: *Les Langues de spécialité. Analyse linguistique et recherche pédagogique.* Actes du stage de Saint-Cloud du 23 au 30 Novembre 1967. Strasbourg 1970; Klaus MORGENROTH: *Le terme technique. Approches théoriques, recherches statistiques – appliquées à la langue de spécialité économique du français et de l'allemand.* In: *Zeitschrift für romanische Philologie*, Beiheft 250. Tübingen, Niemeyer 1993.

die folgenden sieben Bereiche untergliedern, was dem inhaltlichen Aufbau vieler für deutsche Lerner konzipierter Lehrbücher entspricht:

A Produktionsfaktoren
B Rechtsformen
C Steuern
D Produktion
E Marketing
F Investition und Finanzierung
G Rechnungswesen

In der konkreten Arbeit werden folgende Arbeitsschritte empfohlen, die den Wortschatz aus unterschiedlichen inhaltlichen Blickwinkeln beleuchten:

1) *Systematisierung*:	Einführung eines didaktischen Thesaurus
2) *Inhaltliche Einführung*:	Arbeit mit einem systematischen Text
3) *Leseverständnis*:	Übersetzungshilfen
4) *Konzeptualisierung*:	Definition der Schlüsselwörter
5) *Memorisierung*:	Training in Form von a) Kontrollfragen und b) Übersetzungsübungen
6) *Wiedergebrauch*:	Übersetzung aus dem Deutschen/ins Deutsche
7) *Vertiefung*:	Anwendung auf authentische Texte

1) Es ist sinnvoll, mit einem terminologischen Einstieg in die geplante Thematik zu beginnen, und zwar in Form eines klassifikatorischen Überblicks, aus dem die begrifflich-logische "Position" aller Hauptbegriffe innerhalb des jeweiligen terminologischen Subsystems hervorgeht (Lernthesaurus), so in folgendem Beispiel:

Organisationstypen
- *Werkstattfertigung*
- *Fließfertigung*
  - Fließbandfertigung

Fertigungstypen
- *Einzelfertigung*
- *Serienfertigung*
  - Kleinserienfertigung
  - Großserienfertigung
- *Sortenfertigung*
- *Massenfertigung*
- *Kuppelproduktion*

2) und 3) Es folgt ein systematischer Arbeitstext, in dem die zu erlernenden Schlüsselbegriffe kontextualisiert werden. – Die Fachwörter, aber auch alle anderen voraussichtlichen sprachlichen Schwierigkeiten (Idiomatismen etc.) sollten im Anschluß an diesen Arbeitstext oder auch Abschnitt für Abschnitt

übersetzt werden. Aus den oben genannten Gründen sollte eine einsprachige Methode im Fachsprachenbereich, wo Präzision auf der Ebene der Benennungen und der Begriffe unerläßlich ist und nur über die Muttersprache zu erzielen ist, vermieden werden. So in folgendem Textbeispiel:

Beim Bau von Brücken oder Kraftwerken wird meist nur eine Einheit hergestellt. Häufig geschieht dies im Auftrag eines Kunden. Man nennt dies *Einzelfertigung*.

Wenn begrenzte Mengen hergestellt werden, spricht man von *Serienfertigung*. Am Ende einer Serie müssen die Produktionsanlagen umgestellt und den Veränderungen am Produkt angepaßt werden. Solche Umstellungen sind technisch sehr aufwendig, wie z. B. in der Automobilindustrie.

Bei der *Sortenfertigung* können dagegen durch einfache Umstellung der Maschinen begrenzte Mengen hergestellt werden. Dies ist z. B. bei der Produktion von Heizkörpern oder Kleidern der Fall, wo verschiedene Größen oder Formen notwendig sind.

Massenproduktion bedeutet Herstellung eines identischen Produkts in unbegrenzter Menge. Als Beispiel läßt sich die Herstellung von Papier, von Zement oder von Zigaretten anführen.

Wenn die industrielle Bearbeitung eines einzigen Rohstoffs automatisch zwei oder mehrere Produkte ergibt, spricht man von *Kuppelproduktion*. So ergibt die Verarbeitung von Rohöl notwendigerweise Benzin, Heizöl und Dieselöl als abgeleitete Produkte.

die Einzelfertigung	la fabrication à l'unité
die Serienfertigung	la fabrication en série
die Sortenfertigung	la fabrication de produits similaires/de séries
	alternées
die Massenproduktion	la fabrication de masse
die Kuppelproduktion	la fabrication simultanée de produits secondaires, la production liée
das Kraftwerk, e	la centrale
die Einheit, en	l'unité
der Auftrag, "e	la commande
im Auftrag eines Kunden	sur commande d'un client
begrenzt	limité
die Produktionsanlagen umstellen	adapter, reconvertir les installations
industrielles	
aufwendig	coûteux ; difficile à réaliser
die Automobilindustrie	l'industrie automobile
der Heizkörper, -	le radiateur
der Zement	le ciment
das Rohöl	le pétrole brut
das Heizöl	le fuel domestique
das Dieselöl	le gasoil
abgeleitete Produkte	des produits dérivés

4) Im Anschluß daran werden die Schlüsselbegriffe noch einmal aufgegriffen und Gegenstand einer Definition (oder Erläuterung), damit beim Lerner ein Bewußtsein für das fachsprachlich relevante Material entsteht.

Betriebliche Funktionsbereiche (Funktionen)
Güterwirtschaftliche Grundfunktionen: Beschaffung, Lagerung, Produktion, Absatz; finanzwirtschaftliche Grundfunktion: Finanzierung und Investition.

Leistungserstellung
Unter Leistungserstellung versteht man die betriebliche Funktion der Produktion. Der Begriff der Leistungserstellung beinhaltet jede Schaffung von Werten, Waren oder Dienstleistungen, Gewinnung von Rohstoffen oder Transportleistungen.

Leistungsverwertung
Unter Leistungsverwertung versteht man die betriebliche Funktion des Absatzes. Der Begriff der Leistungsverwertung ist jedoch umfassender als der Begriff des Absatzes, da er sämtliche Verwertungsetappen nach Fertigstellung des Produktes beinhaltet.

Produktion
Es gibt verschiedene Definitionen des Produktionsbegriffs. Im weitesten Sinne ist Produktion jede Schaffung von Werten, von ihrer Beschaffung bis zum Absatz. Nach einer anderen Definition liegt die Produktion zwischen Beschaffung und Absatz. Schließlich gibt es die Auffassung, nach der die Produktion nur den technischen Prozeß der Erstellung von Leistungen erfaßt. In diesem Sinne versteht man unter Produktion die Kombination und Transformation der Produktionsfaktoren.

Fertigung
Unter Fertigung versteht man die industrielle Produktion.

Organisationstypen der Produktion
Es werden im allgemeinen zwei Organisationstypen genannt: Die Werkstattfertigung und die Fließfertigung.

Werkstattfertigung
Bei diesem Organisationstyp werden die Betriebsmittel nach technologischen Gesichtspunkten in "Werkstätten" zusammengefaßt. Gleichartige Maschinen werden am selben Ort aufgestellt. Das zu bearbeitende Werkstück wird zu den Maschinen gebracht.

Fließfertigung (Reihenfertigung)
Fließfertigung gehört zu den Organisationstypen der Produktion. Die Betriebsmittel werden nach technologischen Gesichtspunkten der Produktion in Fertigungsstraßen hintereinander aufgereiht. Wenn das Werkstück eine Maschine verläßt, kann es sofort in der nächstfolgenden Maschine weiterbearbeitet werden, ohne an einen anderen Ort transportiert werden zu müssen.

Fertigungstypen
Es gibt fünf Fertigungstypen: Die Einzelfertigung, die Serienfertigung, die Sortenfertigung, die Massenproduktion und die Kuppelproduktion. (...)

5) Wenn diese Etappen durchlaufen sind, sollte man keinesfalls zum nächsten Thema übergehen, auch nicht im universitären Bereich, sondern das Gelernte trainieren. Es bieten sich hierzu die bekannten Fragebogentypen an, wie *Richtig oder falsch*, Ergänzungs- und Definitionsübungen usw.

Exercice 1: vrai ou faux ?

1. Der Produktionsbegriff ist enger als der Begriff der Leistungserstellung. (Ja-Nein)

2. Zu den Fertigungstypen gehören die Werkstattfertigung und die Fließfertigung. (Ja-Nein)

3. Die Umstellung der Maschinen ist bei der Serienfertigung weniger aufwendig als bei der Sortenfertigung. (Ja-Nein) (...)

Exercice 2: trouvez le terme complémentaire au terme marqué d'un astérisque

1. *Produktion bedeutet im engeren Sinne die Erstellung von Produkten, zu denen auch die landwirtschaftlichen Erzeugnisse gehören. Mit dem Begriff Leistungserstellung kommt im weiteren Sinne auch die Erstellung von Dienstleistungen zum Ausdruck.

2. Bei der *Fließfertigung werden die Maschinen so angeordnet, daß die Werkstücke nach ihrer Bearbeitung ohne Transportzwang sofort in die nächste Maschine verbracht werden können. Dagegen müssen die Werkstücke bei der Werkstattfertigung zu den Maschinen transportiert werden, die in unterschiedlichen Räumen aufgestellt sind.

3. *Fließbandfertigung ist die Automatisierung der Fließfertigung. (...)

Exercice 3: traduisez les termes suivants

1. die Fließfertigung	?
2. die Serienfertigung	?
3. die Leistungserstellung	? (...)

Exercice 4: complétez

1. Der Begriff Produktion bezieht sich auf die Herstellung von ...... Gütern und ...... Erzeugnissen.
2. Die Fließbandfertigung unterscheidet sich von der Fließfertigung durch die ...... der Produktion.
3. Wenn die Lagerhaltung selbst ein Bestandteil des Fertigungsprozesses ist, spricht man von einem ......lager. (...)

Exercice 5: indiquez les termes subordonnés au terme générique suivant

1. Fertigungstypen:

a)	?
b)	?

c) ?
d) ?
e) ?
2. Organisationstypen
a) ?
b) ?

3. Betriebliche Funktionen
a) ?
b) ?
c) ?

Exercice 6: indiquez les termes opposés

1. Kundenfertigung ?
2. Leistungsverwertung ?
3. Güterwirtschaftliche Grundfunktion ? (...)

Exercice 7: donnez une définition en allemand

1. Serienfertigung
2. Produktivlager
3. Werkstattfertigung
4. Kuppelproduktion
5. Auftragsfertigung

6) Schließlich kann man die Arbeit noch mit Übersetzungsübungen abrunden, wobei das Prinzip hier darin besteht, einen Schlüsselbegriff in einem Satz zu kontextualisieren und diesen Satz übersetzen zu lassen.

Exercice 8: version de contrôle

1. Zu den betrieblichen Funktionen gehören die Produktion, der Absatz, die Beschaffung, die Lagerhaltung, die Personalwirtschaft und die Finanzierung.

2. Die Produktion industrieller Güter ist in der Bundesrepublik weiter angestiegen.

3. Im Falle der Werkstattfertigung werden gleichartige Maschinen in verschiedenen Räumen aufgestellt. Das zu bearbeitende Werkstück wird von einer Maschine zur anderen transportiert. (...)

Exercice 9: thème de contrôle

1. Dans la fabrication à la chaîne, la disposition des machines et des postes de travail est faite de telle façon qu'elle soit au mieux adaptée aux exigences du processus de production.

2. Le bois et le vin obtiennent leur qualité définitive seulement après une certaine durée de stockage.

3. Il existe plusieurs motifs pour la création de stocks. (...)

7) Eine Anwendung des Gelernten auf einen authentischen Zeitungstext oder auch einen echten Fachtext könnte die letzte Etappe des Programms sein. So werden im Anschluß an jedes Modul mehrere Anwendungstexte mit Fragen zum Textverständnis angeboten (ohne Beispiel).

Sowohl für die Übungen in Fragebogenform wie auch für die Übersetzungsübungen existiert ein Lösungsteil, in dem der Lernende für jede Aufgabe einen Lösungsvorschlag findet (ohne Beispiel).

Gelegentlich können auch Wortfelder in Form von Übersichtstafeln präsentiert werden, v.a. dann, wenn die zur Verfügung stehenden (fachsprachlichen) Hilfsmittel (Wörterbücher etc.) dem Lerner keine ausreichende Unterstützung bieten:

Utiliser correctement les termes de la production *Leistungserstellung, Produktion, Fertigung, Herstellung*.

Leistungserstellung: production de biens et services: Terme technique pour désigner toute création de biens économiques

die betriebliche Leistungserstellung	la production de biens et services au niveau de l'entreprise)

Produktion: production, fabrication: *Produktion* désigne la production des biens industriels et des produits agricoles:

die industrielle Produktion	la production industrielle
die landwirtschaftliche Produktion	la production agricole
die Produktion steigern	augmenter la production
die Produktion drosseln	freiner la production

Fertigung: fabrication, production, usinage: *Fertigung* se réfère aux biens industriels:

die Fertigungsanlagen (pl)	les installations de production
die Fertigungsdauer	la durée de la fabrication
in der Fertigung	en cours de fabrication

Herstellung: fabrication, production, construction: *Herstellung* est synonyme de *Fertigung*:

der Herstellungsbetrieb, e	l'établissement producteur
das Herstellungsjahr, e	l'année de fabrication
die Herstellungsmenge, n	la quantité produite
der Herstellungspreis, e	le prix de revient de la fabrication/le prix à la production
das Herstellungsverfahren, -	le procédé de fabrication, la méthode de production

NB: *Erstellung* (production, réalisation, construction) s'utilise souvent lorsque *Leistung* figure dans le deuxième élément d'un groupe nominal introduit par *Erstellung*.

die Erstellung von Dienstleistungen	la production de services
ou se traduit par construction:	
die Erstellung von Industrieanlagen	la construction de complexes industriels
ou par établissement:	
die Erstellung des Antrags	l'établissement de la demande
ou ne se traduit pas du tout:	
zur Erstellung der Produktion nötig	nécessaire à la production

Computerübungen zum Selbstlernen

Der Vielfalt der didaktischen Methoden könnte eine Vielfalt der medialen Träger (also Bücher, Videomaterial[7], Computerübungen etc.) entsprechen. Für das AEE wurde ein Lernprogramm entwickelt, in dem der Inhalt des Lehrbuchs in kondensierter Form didaktisch aufbereitet wurde[8]. Die Studierenden hatten die Gelegenheit, den Stoff im Rahmen einer computergestützten Übung *(travaux dirigés)* als Parallelveranstaltung zu einer Vorlesung *(cours)* nach- bzw. vorzubereiten.

Um eine Rückmeldung zu diesem Programm von seiten der Studenten zu erhalten, wurde in den Studienjahren 1990/91 und 1991/92 bei den Kursteilnehmern (Licence – 3. Studienjahr in *Langues Etrangères Appliquées*) eine Fragebogenaktion durchgeführt. Die Befragten gaben ihre Antworten und Einschätzungen anonym. Das Ergebnis, das natürlich keineswegs als repräsentativ gelten kann, ist insgesamt ermutigend, es zeigt, daß viele Studenten den Computer als Lernmittel akzeptieren. Der Computer ermöglicht weiterhin ein individuelles Lernen, jede Phase des Programms kann beliebig oft wiederholt werden, was von vielen Studenten, die Mühe haben, dem Rhythmus einer Vorlesung in deutscher Sprache zu folgen, als Vorteil angesehen wird. Im einzelnen wurden folgende Fragen gestellt:

---

7 Vgl. hierzu Helmut SCHWARTZ: "Videomaterial im Fachsprachenunterricht" (in diesem Sammelband).

8 Zur Gestaltung der einzelnen Übungen und des Programmrahmens vgl. den Beitrag von Hans FINGER: "Computerübungen zum Fachwortschatz" (in diesem Sammelband).

Questionnaire

		1990/91 (24)		1991/92 (26)	

1) Maniabilité du logiciel: Construction du programme - s'y retrouve-t-on facilement?

	1990/91 (24)	1991/92 (26)
oui	20	26
oui, mais	3 *)	0
non	1	0

2) Niveau des exercices: Impression d'ensemble:

	1990/91 (24)	1991/92 (26)
bien	24	26
moins bien	0	0

Quels exercices vous plaisent le plus, quels exercices vous plaisent le moins?

	1990/91 +	1990/91 -	1991/92 +	1991/92 -
"Begriffspaare"	2	6	2	3
"Gegensatz"	0	1	1	4
"Glossar"	12	0	15	1
"Begriffsdefinitionen"	8	2	1	7
"Lückentext"	12	1	1	1
"Richtig/falsch"	10	4	11	1

(Mehrfacherwähnungen waren möglich)

3) Autonomie du programme: Le programme permettrait-il à un apprenant ayant votre niveau linguistique, de s'initier par lui-même à cette langue de spécialité?

	1990/91 (24)	1991/92 (26)
oui	17	22
oui, mais	3 **)	2 ***)
non	4	2

*) Kommentare:

1) Oui. Mais en début d'année, c'est un peu confus. Après deux ou trois séances de TD, on parvient plus facilement à établir un programme de travail.
2) Oui. Mais il faudrait peut-être présenter dans une seule fenêtre toutes les parties et sous-parties.
3) Programme varié. Parfois on a du mal à retrouver des exercices, à cause des sous-parties.

**) Kommentare:

1) Oui, bien sûr. Il manque peut-être des traductions et des possibilités de bloquer l'écran quand il n'y a pas de définitions.
2) Il lui manquerait peut-être des structures ou un vocabulaire spécialisé qui n'est pas toujours traduit.
3) Oui, mais parfois on a besoin d'explications qui sont données en cours, le contact n'étant pas direct avec l'ordinateur.

***) Kommentare:

1) Oui, s'il en a la volonté et le courage.
2) Oui, mais avec beaucoup d'efforts de sa part.

Die Befragten hatten schließlich die Gelegenheit, einen freien Kommentar zu dem Lernprogramm zu liefern, wovon die Mehrzahl der Kursteilnehmer Gebrauch machte. Folgende Bemerkungen wurden gemacht:

Observations 1990/91

1) Il est plus facile d´apprendre le cours sur ordinateur, le travail de révision s´en trouve facilité. C´est également un travail divertissant. De plus, chacun peut travailler à son propre rythme.

2) Une bonne méthode d´assimilation, efficace et divertissante.

3) J´apprécie le système par ordinateur.

4) Il est beaucoup plus facile et agréable d´assimiler le programme de terminologie allemande à l´aide de ces logiciels. De plus, le programme sur logiciel permet à chacun de travailler selon son rythme et facilite les révisions à la maison.

5) Le programme m´a beaucoup servi pour comprendre le cours.

6) Moyen efficace pour mémoriser et comprendre les notions spécifiques du cours.

7) Certains exercices sont vraiment trop faciles (richtig/falsch...).

8) Certains exercices semblent quelque peu faciles.

9) C´est un bon moyen pour se familiariser avec un sujet précis. Cela devrait peut-être permettre d´approfondir les différentes notions.

10) Seuls les exemples avec définitions sont utiles.

11) Pratique, car cela permet de compléter son cours à son propre rythme. Ne remplace pas le cours cependant, et notamment l´exercice de compréhension orale que le cours avec le professeur représente.

12) Les travaux dirigés sont un bon complément au cours, mais dommage qu´on ne puisse pas accéder à la salle si le professeur n´est pas là.

13) Les travaux dirigés sont un très bon complément du cours et sont vraiment indispensables.

14) Sans aucun cours ce serait un peu difficile à comprendre, mais avec quelques bases, c´est bien pratique.

15) Je pense que ce programme constitue un excellent complément au cours, mais il me paraît difficile de s´initier soi-même à cette langue de spécialité. Evidemment tout dépend de la volonté de l´individu.

16) Ces exercices sont très utiles dans la mesure où ils permettent de travailler chacun à son rythme et permettent d´approfondir le cours.

Observations 1991/92

1) Chacun travaille à son rythme et a la possibilité de refaire les exercices et revoir le cours autant de fois qu´il le désire et à tout moment à la différence d´un cours magistral classique. De plus, je trouve que l´utilisation de l´ordinateur rend l´étude de cette langue de spécialité (qui pourrait paraître rébarbative) beaucoup plus agréable.

2) Le cours de travaux dirigés informatique suffirait (double emploi avec le cours).

3) Les travaux dirigés d´informatique suffiraient.

4) Très bon complément du cours. La traduction des termes de spécialité permet aux "apprenants" de ne pas se décourager d´emblée! Dommage qu´il n´y ait pas assez de moniteurs pour que chacun puisse suivre à son rythme – c´est la seule chose à déplorer.

5) Cours intéressant.

6) Très pratique pour vérifier si le cours est compris.

7) Il faudrait pouvoir poursuivre cette matière en maîtrise L.E.A., mais d´une manière un peu plus approfondie peut-être (marketing, comptabilité entre autre). Le nombre d´heures (deux heures hebdomadaires) suffit pour étudier cette matière un peu plus en profondeur.

8) Il faudrait peut-être plus d´exercices différents.

9) Plus agréable que par l´intermédiaire d´un livre car le programme est vivant! et en couleur!

10) Logiciel beaucoup plus complet que le cours.

11) Les travaux dirigés préparent bien aux examens. Ils sont par conséquent fort utiles.

12) Apprendre par le jeu est une approche très pédagogique, bravo!

13) Cela change des autres cours.

Bibliographie

MORGENROTH, Klaus: "Die Vermittlung betriebswirtschaftlicher Fachterminologie im Studiengang Langues Etrangères Appliquées an der Universität Metz. Ein Beispiel". In: *Fremdsprachen lehren und lernen*, 16 (1987), S. 111-133.

MORGENROTH, Klaus: *Le terme technique. Approches théoriques, recherches statistiques – appliquées à la langue de spécialité économique du français et de l´allemand.* In: *Zeitschrift für romanische Philologie*, Beiheft 250. Tübingen, Niemeyer 1993.

MORGENROTH, Klaus/WAGNER, Horst: *L´Allemand Economique d´Entreprise.* Paris, Ellipses 1991.

MORGENROTH, Klaus /WAGNER, Horst: *Wirtschaftslexikon Französisch.* München, Hueber 1993.

WÖHE, Günter: *Einführung in die Allgemeine Betriebswirtschaftslehre.* München 1986.

Computerübungen zum Fachwortschatz

Hans FINGER, Freiburg

In Kursen "Betriebswirtschaft Deutsch" für Französischsprecher im Studiengang *Langues Etrangères Appliquées* an der Universität Metz werden Computerübungen eingesetzt. Es handelt sich um eine Sammlung von Programmen, welche Texte und Fachwortschatz in verschiedenen Übungsformaten darbieten. Der Programminhalt stammt aus einem für französische Lerner konzipierten Lehrbuch für Betriebswirtschaftslehre[1], die Programmformen stammen von mir, die didaktische Gesamtkonzeption ist das Ergebnis einer mehrjährigen Zusammenarbeit mit dem *Département d'Allemand* der Universität Metz.

Die verwendeten Übungsformate sind nicht nur für das Thema "Betriebswirtschaft" gültig, sondern können auch in anderen fachsprachlichen Themenbereichen verwendet werden. An der Pädagogischen Hochschule Freiburg werden die hier vorgestellten Programmformen und zahlreiche andere Selbstentwicklungen in den Fächern Deutsch, Englisch und Französisch verwendet.

Es gibt sogenannte Autorensysteme, mit denen man zum Beispiel aus einem normalen, fortlaufenden Text einen Lückentext für Lehrzwecke herstellen kann. Unter den hier beschriebenen Computerübungen befindet sich ebenfalls ein Lückentextprogramm. Dennoch unterscheidet sich die hier beschriebene Sammlung von Programmen in zweifacher Hinsicht von Erzeugnissen eines Autorensystems. Erstens ist hier das Programmformat mit Überschriften und Gestaltung auf dem Bildschirm schon fertig vorgegeben. Man braucht als Programmautor nur noch den Text einzugeben. Zweitens sind verschiedene Übungsformate durch ein Menü "gebrauchsfertig" miteinander verbunden. Man kann die Programme mit leeren Hülsen vergleichen, die mit Inhalt gefüllt werden können (englisch: "template programmes").

Im folgenden gehe ich der Frage nach, wie die Inhalte von fachsprachlichen Lernbereichen einerseits und die Formate meiner "Programmhülsen" andererseits zusammenpassen. Ich möchte damit didaktische Möglichkeiten aufzeigen und zugleich anderen Lehrenden anbieten, meine Programmformen für ihre Zwecke zu benutzen.

---

1 Klaus MORGENROTH/Horst WAGNER: *L'Allemand Economique d'Entreprise.* Paris, Ellipses 1991; vgl. auch Klaus MORGENROTH: "Zur Gestaltung einführender Lehrwerke für den fachbezogenen Fremdsprachenunterricht" (in diesem Sammelband).

Sprachliche Gegebenheiten im Lehrbuch

(1) *Fachwortschatz.* Ein Lehrbuch zu einem beliebigen Thema enthält als Hauptinformationsträger fortlaufenden Text. Darin grammatisch und semantisch verankert findet sich Fachwortschatz im engeren Sinne. Dieser kann beispielsweise in einem Stichwortverzeichnis erscheinen und/oder in besonderen Definitionstexten erklärt werden. Hier einige Beispiele aus einem Text zur Betriebswirtschaftslehre: "Betriebsmittel", "Leistungserstellung", "Produktionsfaktoren", "Sozialleistungen", "Werkstoffe".

(2) *"Geborgter" Wortschatz.* Neben dem eigentlichen Fachwortschatz enthalten die meisten Texte außerdem einen "geborgten" (allgemeinwirtschaftlichen bzw. -wissenschaftlichen) Wortschatz, der nur schwer von der eigentlichen Fachterminologie zu trennen ist und häufiger als diese auch in der Gemeinsprache verwendet wird. Folgende Beispiele stammen aus dem gleichen betriebswirtschaftlichen Text: "besitzen", "Betrieb", "Lohn", "Miete", "sparen".

(3) *Gemeinsprachlicher Wortschatz.* Schließlich enthalten die meisten Texte einen beträchtlichen Anteil an Wörtern und Wendungen aus der Gemeinsprache.

Didaktische Gegebenheiten im Lehrbuch

Ich habe den Eindruck, daß Fachbücher heutzutage, zum Beispiel im Lernbereich "Psychologie", wesentlich lesbarer gestaltet sind als etwa noch vor zwanzig Jahren. Dies liegt offensichtlich daran, daß der Stoff besser aufbereitet und dementsprechend auf dem Papier dargestellt wird. Wenn man nur den sprachlichen Teil der Lehrbücher ansieht und Tabellen, Zeichnungen usw. außer acht läßt, wird deutlich, daß die erwähnten Bestandteile des Wortschatzes und andere sprachliche Gegebenheiten bei der Gestaltung des Lehrbuches "sichtbar" werden. Man unterscheidet deutlich zwischen verschiedenen sprachlichen Formen. Der laufende Text wird zweckentsprechend gegliedert, und man kann u.a. folgende Bestandteile unterscheiden:

(a) Überschriften, die sowohl Textabschnitte ordnen als auch Sinnbeziehungen innerhalb des Fachwortschatzes sichtbar machen;

(b) Fachsprachlicher Text mit evtl. hervorgehobenen Fachausdrücken;

(c) Beispiele aus der Wirklichkeit bzw. aus der Praxis, welche dem Fachwortschatz bzw. der Theorie zugeordnet sind.

Übungsformate auf dem Bildschirm

Wenn Wissensbereiche auf dem Computerbildschirm dargeboten werden, so kann dies zum Beispiel in Form sogenannter Hypertexte geschehen; es kann jedoch auch in Form von Testaufgaben oder Übungen geschehen. Deutlicher als im gedruckten Buch wird der Wissensbereich auf dem Computerbildschirm "interaktiv" dargeboten: Der Leser muß Steuerbefehle geben, um weiterzulesen. Hypertexte sollen ihm verschiedenartige Zugangswege zur gespeicherten Information eröffnen. Testaufgaben und Übungen setzen voraus, daß er einen "Basaltext" gelesen hat und zielen durch ihre Fragestellung auf einzelne Aspekte der Gesamtinformation. Ein wesentlicher Unterschied zwischen den beiden Darbietungsweisen liegt wohl darin, daß beim Hypertext der Lerner die Tastatur (oder die Computer-Maus) nur zum "Umblättern" verwendet, während er sie bei Tests und Übungen braucht, um selbst Antworten zu formulieren.

Die erwähnten sprachlichen Gegebenheiten (Text und Wortschatzbereiche) erlauben bestimmte sinnvolle Beziehungen untereinander, aus denen sich Übungsformate herleiten lassen:

(1) Lückentext: Im Text ist ein Fachausdruck verankert. Beides wird für Übungszwecke getrennt: Der Text enthält nunmehr eine Lücke, die auszufüllen ist. Als Hilfe kann der fehlende Ausdruck unter einer Reihe von anderen Fachausdrücken "versteckt" werden.

Das Ergebnis ist ein Lückentext, gekoppelt mit Multiple Choice. Ein Beispiel:

Die Forschungen und Aussagen des Amerikaners Taylor zur
------ der Arbeit sind vielfach kritisiert und auch
mißdeutet worden. Es ist keineswegs so, daß Taylor nur eine
mechanische Optimierung der Arbeitsabläufe forderte.

(Behandlung / Effizienz / Leistung)

(2) Fachausdruck und Beispiel: Zu einem Fachausdruck gehört ein bestimmtes Beispiel aus der Wirklichkeit. Die beiden Elemente werden getrennt dargeboten: Entweder stehen verschiedene Fachausdrücke einem Beispiel gegenüber (nur einer paßt) oder verschiedene Beispiele stehen einem Fachausdruck gegenüber (nur eines paßt). Ein Beispiel:

Die Leistung eines Betriebes besteht entweder aus der
(1) Produktion von Gütern oder aus (2) Dienstleistungen.

Bitte zuordnen:
(a) Herr Müller läßt sich für das Wohnzimmer einen Teppich weben.
(b) Die Post befördert jedes Jahr Millionen von Briefen.

(3) Begriffspaare: Fachausdrücke gehören oft in geschlossene Bedeutungsfelder, die im Text etwa wie folgt dargestellt werden: "Es gibt drei Möglichkeiten, erstens... zweitens... drittens..." Sehr oft gehören Fachausdrücke auch paarweise zusammen, entweder als Gegensätze oder als sich ergänzende Ausdrücke. Verschiedene Frageformen sind möglich: Die Begriffspaare können in Listen erscheinen oder auch im fortlaufenden Text. Ein Beispiel:

Welcher Begriff gehört dazu?

Geschäftsführer neigen dazu, Gewinne zu thesaurieren,
d.h. im Betrieb zu belassen, während Eigentümer eher
darauf abzielen, Gewinne auszuschütten.

(Antwort: auszuschütten)

(4) Falsch und Richtig: Der Basaltext enthält eine Anzahl von zutreffenden Aussagen zum Thema, die normalerweise in Sätze gefaßt sind. Es lassen sich sprachliche Parallelformen konstruieren, die das gleiche anders ausdrücken oder aber zur Aussage des Basaltexts in Widerspruch stehen. Zu entscheiden ist, ob ein neuer Satz im Sinne des Textes richtig oder falsch ist. Beispiele:

Eigentümer und Geschäftsführer haben die gleichen Interessen. (Falsch)
Oft haben Eigentümer und Geschäftsführer verschiedene Interessen. (Rückmeldung)
Die Arbeit ist ein Produktionsfaktor. (Richtig – Keine zusätzliche Rückmeldung)

(5) "Übersetzung": Zu einem Fachausdruck im engeren Sinne gehört ein Wort, welches sonst auch zur Gemeinsprache gehört. Dieses Wort wirkt wie eine "Übersetzung" des Fachausdrucks in die Gemeinsprache. Wieder kann das Prinzip des Multiple Choice in Übungs- und Testaufgaben verwendet werden. Statt der "Übersetzung" in die Gemeinsprache kann natürlich auch die Übersetzung in die Fremdsprache erfolgen. Dies ist in den erwähnten Programmen zu "Betriebswirtschaft Deutsch" der Fall. Sie sind für französischsprechende Lerner gedacht.

Es folgt ein Beispiel. Auf dem Bildschirm erscheint der deutsche Text. Die französische Übersetzung wird nur gezeigt, wenn der Lerner sie anfordert.

Die Volkswirtschaftslehre/(économie générale)
<abgekürzt/abréviation VWL> (befaßt sich)/(a pour objet)
mit (makroökonomischen Größen.)/(grandeurs macro-
économiques). Sie untersucht/étudie das Zusammenwirken/
interdépendance von Gesamtgrößen,/(agrégats généraux) zu
denen verschiedene Einzelgrößen/(grandeurs individuelles) gehören.

(6) Begriffsdefinitionen: Der Lernstoff aus dem Basaltext wird einzelnen Überschriften bzw. Fachausdrücken zugeordnet und in einer Tabelle dargestellt. Auf dem Bildschirm sind alle wählbaren Überschriften sichtbar, wodurch das Begriffsnetz des Gegenstandes leichter überschaubar wird. In einem Fenster erscheint jeweils für eine vom Lerner gewählte Überschrift der dazugehörige erklärende Text.

Programmstrategien

Von den beschriebenen Formaten sind die ersten vier als Übungsprogramme gedacht und nur die letzten zwei könnten als Lehrprogramme bezeichnet werden. Das Programm "Übersetzung" zeigt einen Basaltext mit abrufbaren Worterklärungen und ist als systematischer Einführungstext, sinnvollerweise vor der Beschäftigung mit dem Übungsteil, zu rezipieren, evtl. auch im Selbstlernverfahren. Das Programm "Begriffsdefinitionen" ordnet den Inhalt des Basaltexts in anderer Weise. In diesen beiden einführenden Formaten "blättert" der Lerner nur, er beantwortet keine Fragen.

Die anderen vier Formate beziehen sich auf den Inhalt des Basaltexts, sie stellen Fragen und können als Übungsprogramme bezeichnet werden. Sie setzen voraus, daß eine Einführung in den Gegenstand stattgefunden hat, entweder durch die genannten Programme oder durch normalen Unterricht. Ich halte es für wichtig, daß durch verschiedene Übungsformen der Lerner dazu gebracht wird, den Lerninhalt jeweils aus einem anderen "Blickwinkel" zu sehen. Weil der Lerner am Computer aber lediglich üben soll, sind keine sogenannten Hilfsseiten eingebaut. Für den Lerner sollte es im übrigen selbstverständlich sein, sich Hilfsinformationen auch aus dem Fachbuch zu holen.

Technisches

Die Programme laufen unter MS-DOS direkt von der Diskette oder auch von der Festplatte. Der Inhalt der vorgestellten Computerübungen ist als Ascii-Text in gesonderten Dateien zugänglich. Die Texte sind nicht verschlüsselt. Sie können mit einer normalen Textverarbeitung aufgerufen und verändert werden. Allerdings muß man die vorgegebene Form (Textlänge, Sonderzeichen, Klammern usw.) genau einhalten, damit ein Programm seine Daten richtig verarbeiten kann.

*

Bei den Kursen "Betriebswirtschaft Deutsch" in Metz handelt es sich zugleich um Sprachunterricht. Zum einen findet eine Einführung in die Fachsprache statt, zum anderen lernen Französischsprecher die Fremdsprache Deutsch. In der Fremdsprachendidaktik wird heute stärkeres Gewicht auf sogenannten Spracherwerb (englisch "acquisition") gelegt, während früher das Sprachlernen ("learning") vorrangiges Ziel war. Unter Sprachlernen verstand man vor allem regelorientiertes Lernen. Die heutige Auffassung vom Spracherwerb stellt den Text in den Mittelpunkt und geht von der Erfahrung aus, daß der Lerner bei der Beschäftigung mit dem Textinhalt vieles aus der Fremdsprache ohne Regelbezug aufnimmt.

Videomaterial im Fachsprachenunterricht

Helmut SCHWARTZ, Saarbrücken

Begründung

Die Vorteile der Verwendung von Videomaterial im Fremdsprachenunterricht generell sind seit langem anerkannt (vgl. die grundlegende Arbeit von W. BUFE und U. DETHLOFF: *Zur Integration der gesprochenen Sprache in den Fremdsprachenunterricht der Hochschule – Das Hörverstehen am Beispiel des Französischen.* Hochschuldidaktische Materialien Nr. 35, Hamburg 1972). Daß entsprechend ausgewählte Materialien auch für die Erlernung von *Fach*sprachen fruchtbar gemacht werden können, liegt nahe – wo nicht gar auf der Hand. Einer der Gründe hierfür ist, daß gerade im oft trockenen fachsprachlichen Unterricht die Motivation der Lerner wachgehalten werden muß. Dies kann unter anderem durch abwechslungsreiche Gestaltung des Unterrichts, also auch durch Verwendung unterschiedlicher Texttypen und Medien, erreicht werden. Hinzu kommt, daß auch aus prinzipiellen Gründen im fachsprachlichen Bereich eine orale Komponente nicht fehlen sollte, u.a. weil ein Großteil aller aktuellen Information in der außerschulischen bzw. außeruniversitären Realität über audiovisuelle Medien aufgenommen wird und eine entsprechende Kompetenz frühzeitig und systematisch aufgebaut werden muß.

Vor diesem Hintergrund verstehen sich die folgenden Ausführungen als ein Erfahrungsbericht, bzw. als eine Reflexion von Erfahrungen, die der Verfasser beim Unterrichten von Wirtschaftssprache mit Videotexten gemacht hat. Dabei geht es selbstverständlich primär um adäquate Textrezeption durch ein Publikum von Schülern (Abschlußklassen der Gymnasien – Deutsch als erste Fremdsprache), aber auch von Germanistikstudenten des ersten Studienjahres, soweit Wirtschaftsfachsprache zum Lern- bzw. Studienprogramm dieser beiden Niveaustufen gehört. Beide Lernergruppen sind hinsichtlich der Fachsprache als "Anfänger" einzustufen, auch wenn sie im Bereich der Allgemeinsprache durchaus eine langjährige Lernerfahrung hinter sich haben.

Vorfragen

Im Vorfeld der Verwendung von Videomaterialien im Unterricht stellen sich einige grundlegende Probleme, die kurz angesprochen werden sollten:

1. Rechtliche Probleme. Prinzipiell dürfen Fernsehmittschnitte – und um solche wird es sich vorwiegend handeln – nur für private Zwecke verwendet werden. Dies schließt eine Nutzung im Klassen- oder Seminarraum aus.

Anders verhält es sich in Deutschland mit Schulfunksendungen. Diese dürfen während einem Jahr aufgehoben und im Unterricht verwendet (prinzipiell jedoch nicht weitergegeben) werden (§ 47 Urheberschutzgesetz). Dann allerdings sind sie zu löschen und durch neue Sendungen zu ersetzen – was bedeutet, daß auch die eventuell geleistete Aufbereitung der Texte hinfällig wird und ganze Unterrichtseinheiten neu erstellt werden müssen: ein Nachteil unter dem Gesichtspunkt der Arbeitsökonomie, ein Vorteil insofern, als ein zusätzlicher Zwang zur ständigen Aktualisierung der Materialien entsteht.

2. Mit der Notwendigkeit, aus rechtlichen Gründen auf Schulfunksendungen zurückzugreifen, stoßen wir zugleich auf das Problem der Authentizität der verwendeten Texte. Schulfunktexte sind selten "authentisch", sondern meist zum Zweck der Sendung zusammengebastelt und 'gestellt'. Dies macht sich – etwa im Fall von Diskussionen oder Gesprächsszenen – oft deutlich und unangenehm bemerkbar. Aus diesem Grund wäre es zumindest ab dem zweiten Studienjahr der Universität wünschenswert, mit Textpassagen aus Wirtschaftsmagazinen und Wirtschaftsnachrichten zu arbeiten. Jedoch bieten Schulfunksendungen für Fachsprachen-Anfänger den beträchtlichen Vorteil, in einem gewissen Umfang schon didaktisiert zu sein. Das heißt, ein erster Schritt, um die Sachtexte und die darin behandelten – zum Teil ja in sich schon schwierigen – Fragen zugänglich zu machen, ist hier vorweg geleistet. Da das Zielpublikum der Autoren solcher Schulsendungen aber nicht Fremdsprachenlerner sind, sondern Muttersprachler, die sich Fachwissen aneignen möchten, wird bei Verwendung der Texte im Fremdsprachenunterricht meist eine weitere Didaktisierung nötig sein. Sie ist jedoch im Fall von Schulsendungen weniger aufwendig als bei "authentischen" Texten aus Wirtschaftsmagazinen und ähnlichen Sendungen. Ganz abgesehen von rechtlichen Fragen macht dies Schulfunkprogramme für die Verwendung im Unterricht – trotz der Problematik ihrer "Authentizität" – attraktiv. Es wäre daher zu begrüßen, wenn – z.B. zwischen Partnerschulen oder Partneruniversitäten in Deutschland und Frankreich – ein Materialaustausch organisiert werden könnte, der Schulfunksendungen mit umfaßt. Dies ist jedoch aus urheberrechtlichen Günden offiziell nicht möglich.

Vor der Auswahl eines Textes und der Arbeit am Text sind drei weitere wichtige Fragen zu bedenken: die Frage der Textlänge, die Frage der Textschwierigkeit und die Frage der Funktion des Textes im Unterrichtsgeschehen.

Die Länge der Texte stellt insofern ein Problem dar, als die Fähigkeit von "Anfängern", fremdsprachliche Texte über das Gehör aufzunehmen, vom Lehrer erfahrungsgemäß leicht überschätzt wird. Dies gilt auch für Texte mit Bildunterstützung (wobei diese bei TV-Sendungen keineswegs immer automatisch gegeben ist: z.T. kann das Bild auch ablenken und damit das

Verständnis erschweren). Ein Text von vier Minuten Dauer ist in jedem Fall als lang einzustufen, und alle Mitschnitte mit ausgeprägtem Fachsprachencharakter, die mehr als zwei bis drei Minuten dauern, sollten in zwei oder mehr Abschnitten vorgeführt und erarbeitet werden. Daß eine solche Aussage nur prinzipiell gilt und je nach Schwierigkeitsgrad des Textes (sprachlich und inhaltlich) bzw. nach Kenntnis- und Fertigkeitsstand der Lernenden zu modifizieren ist, versteht sich von selbst.

Hinzufügen sollte man, daß eine Zahl von mehr als drei bis vier Abschnitten die Konzentrationsfähigkeit von Anfängern im fachsprachlichen Lernbereich ebenfalls in aller Regel überschreiten dürfte. Zusammen mit dem eben erwähnten grenzt dieser zweite Erfahrungswert die Vorführung von Videomaterial auf maximal ca. 8 Minuten Gesamtdauer pro Unterrichtsstunde ein und führt damit oft zu einem Konflikt zwischen fachlicher Informationsvermittlung (langer, informationsreicher Text) einerseits und Hörverstehensübung (kurzer, aber intensiv aufnehmbarer Text) andererseits. Bei Anfängern hat man meiner Erfahrung nach allen Anlaß, der sprachlichen Übung den Vorzug zu geben. Eine umfangreichere Informationsvermittlung kann und muß dann zunächst einmal über schriftlich vorliegende Texte laufen. Daß die gewählten Fernsehausschnitte dennoch möglichst auch einen inhaltlich "harten" Kern haben sollten, leuchtet ebenso ein wie das Prinzip der allmählichen Steigerung der Textlänge im Laufe des bzw. der Jahre.

Was die Textschwierigkeit angeht, so ist eine präzise Aussage kaum möglich, weil alles noch stärker als bei dem bisher Gesagten von dem jeweils erreichten Niveau der Lernergruppe abhängt. Jeder Text muß in einer vernünftigen Relation stehen zu diesem Niveau. Dennoch wäre es falsch, davon auszugehen, daß nur ein ganz bestimmtes Schwierigkeitsniveau für eine gegebene Lernergruppe in Frage käme. Ob ein Text für eine bestimmte Gruppe von Schülern oder Studenten verwendbar ist, hängt entscheidend vom Ort und vom Vorbereitungsgrad innerhalb einer größeren Unterrichtsreihe ab.

Damit sind wir zugleich bei der dritten Vorfrage, der Frage nach der Funktion des Textes in einer Unterrichtsreihe. Erfahrungsgemäß ist es auch im Bereich der Hörtexte nützlich, zu unterscheiden zwischen

1) einem (motivierenden, lebendigen, nicht zu schwierigen) "Einstiegstext" in eine thematisch definierte Unterrichtsreihe und

2) einem (informationsreicheren und schwierigeren) "Kerntext" oder "Zieltext", dessen Verständnis und Analyse durch entsprechende Informations- und Vokabelarbeit vorweg "entlastet" sein sollte. Auf die Frage der Lernkontrolle gehe ich im einzelnen nicht ein. Es mag hier genügen festzuhalten, daß der Lehrer mit einem Kontrolltext im Schwierigkeitsgrad über den Einstiegstext (Nr. 1) hinausgehen, aber unter dem schwierigsten Text (Zieltext, Nr. 2)

bleiben sollte.

Auswahl und Aufbereitung der Texte

Zunächst geht es im Lehreralltag, nach grundsätzlichen Überlegungen wie den vorstehenden, um die Auswahl und Aufbereitung einzelner Texte bzw. Textpassagen.

Die hierbei zur Verfügung stehenden Texttypen sind in Schulfunksendungen im Prinzip ähnlich wie in authentischen Wirtschaftssendungen. Im wesentlichen handelt es sich um:

- Reportage
- Exposé eines Sachproblems
- Interview zu einem Sachproblem
- Streitgespräch (u.U. auch Podiumsgespräch).

Gemessen an dem, was im Fachsprachenunterricht bei "Anfängern" als Fachvokabular schrittweise aufgebaut werden kann, enthalten alle diese Texttypen in der Regel einen zu umfangreichen thematischen Fächer: d.h. sie gehen über das jeweils behandelte und für den Lerner zumutbare Wortmaterial und die damit verknüpfte Sachthematik hinaus. Z.B. wird in einer Reportage zum Thema "Arbeitsbedingungen in Europa" (vgl. unten) vermutlich auch die Rede sein von Rationalisierungsmaßnahmen, Unternehmerinteressen und Unternehmerstrategien, gewerkschaftlichen Gegenpositionen, Arbeitslosenversicherung, Ausländerfeindlichkeit u.ä.m. Eine erschöpfende Behandlung der komplexen Problematik würde es nötig machen, alle diese Fragen möglichst gründlich zu behandeln. Ein lernerzentriertes Vorgehen wird dagegen eine Vereinfachung und eine Reduktion der Problematik auf möglichst wenige zentrale Aspekte nahelegen (die an sich wünschenswerte Reduktion auf nur einen einzigen Aspekt wird selten möglich sein). Es ist also zu prüfen, welche Aspekte und Textteile wegfallen sollen und können, ohne daß die Kohärenz der gewählten Passage verloren geht. In der Praxis des Lehrgeschehens ist es keineswegs einfach, einer zunächst interessant erscheinenden und "leichten" Sendung (langsamer Sprachduktus, nicht allzu komplizierte Syntax, gute Tonqualität ...) ihre thematische und wortschatzmäßige Komplexität sofort anzusehen und den Text so zu kürzen, daß er sachlich und sprachlich für Anfänger überschaubar wird. Beziehungsweise, falls eine solche Kürzung nicht möglich ist, müßte der Lehrer die Konsequenz ziehen und neuerlich auf Textsuche gehen – vielleicht, nachdem er schon beträchtliche Arbeitszeit in die didaktische Analyse der jetzt als unbrauchbar oder schwer brauchbar erkannten Sendung investiert hat. Was not tut, ist also der Blick für die Komplexität einer Textpassage und der "Mut" zur Kürzung und Konzentrierung bzw. zur Neuauswahl.

Die endgültige Auswahl des Textes erfolgt dann im Hinblick auf Ort und Funktion innerhalb der Unterrichtsreihe.

Einstiegstext

Der "Einstiegstext" sollte relativ leicht und anregend sein. Außer den oben genannten Kriterien (Sprachduktus, Tonqualität, Syntax, Umfang des Fachvokabulars) sollte hier auch die verständnisunterstützende oder ablenkende Wirkung der Bilder bedacht werden. Text und Situation sollten im übrigen an die allgemeinsprachlichen Kenntnisse und Erfahrungen der Schüler anknüpfen, fachbezogenes Vokabular sollte in beschränktem Umfang enthalten sein, damit der Text eine Art "Brückenfunktion" zwischen Allgemeinsprache und Fachsprache erfüllen kann. Ein – wenn auch "gestelltes" – Familiengespräch wie das folgende kann diesen Ansprüchen entsprechen:

Textauszug 1

(Situation: Zwei Nachbarinnen im Wohnzimmer beim Nachmittagskaffee. Die beiden Ehemänner kommen etwas später hinzu)

- Sag mal, die Kegeltour muß doch zu Ende organisiert werden!
- Ah! Ich hab ganz vergessen, die Wettersteins anzurufen!
- Oh, Schätzchen, ich hab doch aber keine Zeit im Moment! Da kommt Georg! Georg, wir trinken hier Kaffee.
- Ach, das ist ja auch kein Wunder, bei dem Wetter!
- Halloh!
- Grüß dich, mein Schatz.
- Dafür bist du mein Sonnenschein!
- Jutta, à propos Sonnenschein!
- Ja?
- Bald kannst du jeden Tag in der Sonne sitzen.
- Was soll das denn heißen?
- Dein Mann hat dir eine Reise gebucht! Freu dich!
- Haha, das wüßt ich ja! Aber, was ist denn nun los? Erzähl mal!
- Ich hab heute mit dem Chef gesprochen. Der will in der Nähe von Lissabon einen Zweigbetrieb aufmachen.
- Aber was hat das mit uns zu tun?
- Das wirst du wissen, wenn wir ab September für 8 Wochen nicht zu Hause sind.
- Ach!
- Ich soll nämlich darunter, den Betrieb mit aufbauen helfen.
- Ist ja toll, kannste ja da Urlaub machen!
- Ja, sehr interessant, aber wie stellst du dir das vor? Und du wirst mich dann im Geschäft vertreten, ja?
- Tt, sagt mal, ihr habt das immer noch nicht begriffen, was das heißt!

- Nein!
- Das ist nicht nur für ne kurze Zeit! Ich muß damit rechnen, daß aus den 8 Wochen - hm - gut zwei Jahre werden können!
- Was?
- Da ist Karl!
- Komm herein!
- Ich werd neuen Kaffe machen.
- Hallo! Hab mir gedacht, daß du hier bist - hab dich überall gesucht!
- Setz dich!
- Danke!
- Karl, wir haben riesige Neuigkeiten!
- Neuigkeiten? Hat wieder jemand ein Kind gekriegt in der Nachbarschaft?
- Nein (...)
- Hubers ziehen nach Portugal!
- Was?
- Nur mal langsam, langsam. So weit ist es ja nun noch lange nicht! Außerdem: werd ich hier überhaupt nicht gefragt?
- Du, ich werd das Angebot kaum ausschlagen können!
- Ach!
- Informiert mich mal jemand?
- Karl, du weißt doch, wie hart bei uns in der Branche die Konkurrenz ist. Der Chef versucht, mit Blick auf die Europäische Gemeinschaft einen produktionsgünstigeren Standort zu finden. Ja, und da ist er auf Portugal gekommen. Hier, in Deutschland, sind die Lohnkosten etwa viermal so hoch wie da unten, in Portugal!
- Anita, lern schon mal Portugiesisch!
- Ah!
- Das ist keine einfache Aufgabe für dich, Georg! Andere Sitten, andere Sprache, andere Mentalität!
- Du hast ja recht, Kurt, aber wir haben doch im Betrieb seit Jahren diese zwei Portugiesen, die wollen jetzt natürlich mit runter. Ich könnt mir vorstellen, daß die mir ne große Hilfe sind.
- Also bei den niedrigen Löhnen! Sag mal, was verdienst du denn überhaupt?
- Anita, genau das gleiche wie vorher - plus Auslandszulage! Das ist ja auch gar nicht das Problem! Der Betriebsrat, der ist vielleicht rebellisch, seit er von der Sache gehört hat!
- Ist auch zu verstehen! Wenn der Laden da unten gut läuft, wird hier 'n Teil geschlossen! Die Leute werden arbeitslos, oder die Löhne werden gedrückt. Mit Hinweis auf die zu erhaltende internationale Wettbewerbsfähigkeit.
- Das sind ja schöne Aussichten! Und wenn du dann nicht mehr gebraucht wirst, kannst du dir jetzt schon ausrechnen, wann du durch einen Portugiesen ersetzt wirst!
- Ich stell mir das herrlich vor! Für zwei Jahre nach Portugal! Die niedrigen Lebenshaltungskosten!

- Haha, also Jutta, du bist 'n richtiger Sonnenschein! Für einen Deutschen mit einem hohen Einkommen stimmt das. Aber für einen Portugiesen mit 400 Mark Monatsgehalt, umgerechnet in unserem Geld - du, da ist nicht mehr viel zu machen!
- So wenig kriegen die?
- Ja, das ist sogar noch 'n besseres Gehalt! Soziale Leistungen wie bei uns kennen die überhaupt nicht. An Kindergeld gibt es 14,27 Mark. Die arbeiten pro Woche noch 45 Stunden. Und ein Kantinenessen für 1,80 Mark gibt's nicht.
- Dafür hast du keinen Ärger mit dem Betriebsrat!
- Also Kinder, nun macht mich doch nicht verrückt! Also ich gebe meinen sicheren Job auf gar keinen Fall auf!
- Schatz, da sprechen wir nochmal in aller Ruhe drüber! Was ist denn mit eurem Kegelausflug?
- Haha, also weißt du, es wurde beschlossen, daß wir - sag es! - nach Portugal fahren eine Woche!

(Aus: Telekolleg II, Lektion 3, Arbeitsmarkt und Sozialrecht im vereinten Europa. SW 3, Dienstag 26.5.1992)

Der Text dauert in der Sendung 4 Minuten und 20 Sekunden. Da er keinen ausgesprochenen Fachsprachencharakter hat, erscheint er auch für wenig erfahrene Lerner der eingangs genannten Niveaustufen zumutbar. Er entspricht den genannten Kriterien für einen Einstiegstext: Alltagssituation und Alltagssprache mit eingestreuten fachbezogenen Begriffen, unterstützende Bildwirkung (deutlich erkennbare Sprecherrollen, Entwicklung der Hauptgedanken durch einen Sprecher in klarer Gedankenabfolge).

Motivationsfördernd kommt hinzu, daß man im Unterricht auch eine eher vergnügliche kritische Analyse vornehmen kann – etwa hinsichtlich des Gesprächsparts, der den Frauen zugeteilt wird oder hinsichtlich des traditionellen deutschen Kaffeeklatschs. Dies aber nur am Rande. Entscheidend ist vielmehr inhaltlich gesehen, daß die Szene einen nicht allzu schwierigen Einstieg bietet in die Thematik "Unternehmensstrategie und Arbeitsbedingungen im vereinten Europa". Nehmen wir also an, daß dies in das Generalthema unserer – hier ja nur gedachten – Unterrichtsreihe paßt.

Der Einstiegstext dient der Motivation und der Einübung rezeptiver Fertigkeiten im oralen Bereich. Sinnvolle Arbeitsschritte hierfür sind nach zwei- bis dreimaligem Hören ohne Einblick in den schriflichen Text: Notizenmachen beim dritten Hören, Antworten auf Einzelfragen zu wichtigen Grundgedanken, u. U. mündliche Formulierung einer kohärenten Zusammenfassung zur Sicherung des Globalverständnisses. Sinnvoll ist ebenfalls das Ausfüllen des inzwischen schon klassischen Lückentextes zur Übung des Detailverstehens. Dies setzt voraus, daß nach der Zusammenfassung und inhaltlichen Besprechung der Hauptgedanken durch die Lerner diesen eine Transkription der Szene ausgehändigt wird, in der – bei dieser Textlänge – ca. 10 Ausdrücke weggelassen und durch Pünktchen ersetzt sind. Diese Lücken, die dann beim Hören (Pause nach jeder Lücke und nochmaliges Vorspielen der entsprechenden Passage!) ausgefüllt werden müssen, sollten nicht das Fachvokabular betreffen, da dieses bei einem Einstiegstext ja nicht vorausgesetzt werden kann, sondern erarbeitet werden muß. Gedacht ist bei den Lücken in einem solchen Fall vielmehr an einfaches allgemeinsprachliches Vokabular (z.B. in Zeile 5: "auch kein Wunder bei diesem Wetter"). Auch wenn die Ausdrücke gelegentlich etwas zu leicht gewählt sein sollten, ist dies kein Fehler, da in diesem Fall auch bei schwächeren Schülern ein motivationsförderndes Erfolgsgefühl entstehen mag. Allerdings sollte insgesamt die Streubreite des Schwierigkeitsgrades so sein, daß eine Art Rätsellösungs- oder gar Wettbewerbsatmosphäre erhalten bleibt.

Der nächste Schritt beim Umgang mit dem Einstiegstext ist die Erarbeitung – und Ergänzung – des fachbezogenen Vokabulars.

In unserem Fall kommen hierfür folgende im Text enthaltenen Ausdrücke in Frage:

Fachvokabular und fachbezogenes Vokabular 1: Gespräch in der Familie

(in der Reihenfolge des Textes; im Schrägdruck: ausgewählte Arbeitsmöglichkeiten und verwandte Begriffe in Text 2 – Zieltext)

Chef

Zweigbetrieb

einen Betrieb aufmachen

Erarbeitung des Begriffsfelds Betrieb; Kollokationen von "Betrieb": aufmachen, eröffnen, schließen u.a.m.; Begriffe im Zieltext: Zulieferunternehmen, hundertprozentige Tochter)

ein Angebot ausschlagen

die Konkurrenz (ist hart) *und weiter unten:*

die Wettbewerbsfähigkeit

(Erarbeitung des Begriffsfelds "Konkurrenz"; im Zieltext: Wettbewerbsfähigkeit; weltweit konkurrenzfähig bleiben)

die Branche

(Übung von Zusammensetzungen; im Zieltext: Automobilbranche)

die Europäische Gemeinschaft

ein produktionsgünstiger Standort

(Erklärung des Begriffs "Standort"; Erarbeitung von Kollokationen und Begriffsfeld; im Zieltext: Standort für günstige Produktionsbedingungen)

die Lohnkosten (sind viermal so hoch)

niedrige Löhne

verdienen und unten: das Einkommen

(Erarbeitung des Wortfelds Löhne und Kosten; im Zieltext: Lohnkosten, Lohnnebenkosten, verdienen, mit Zuschlägen verdienen)

die Auslandszulage

der Betriebsrat

der Laden (läuft gut)

einen Betrieb schließen

arbeitslos werden

die Löhne werden gedrückt

die Wettbewerbsfähigkeit (zu erhaltende internationale ...)

Lebenshaltungskosten (niedrige)

das Einkommen (hohes)

das Monatsgehalt (von 400 Mark)

das Gehalt (ein besseres)

wenig kriegen

soziale Leistungen (gibt es nicht)

(Erarbeitung des Begriffsfelds soziale Leistungen; im Zieltext: hohes soziales Niveau, soziale Rechte, soziale Errungenschaften; System der sozialen Sicherung)

das Kindergeld (es gibt 14 Mark ...)

45 Stunden pro Woche arbeiten

seinen sicheren Job aufgeben

(Erarbeitung des Begriffsfelds Arbeit, Arbeitsplatz, Arbeitslosigkeit)

Auf der Grundlage des schriftlich vorliegenden Textes kann das fachbezogene Vokabular von den Lernenden herausgesucht und entweder aus dem Kontext erschlossen oder mit Lexikon erarbeitet werden. Wichtig erscheint dabei in einer solchen Szene die Zuordnung der Ausdrücke zu verschiedenen Sprachebenen ("der Laden läuft gut", "wenig kriegen" vs "einen Betrieb schließen", "die Konkurrenz ist hart" u.ä.m.).

Abwechslungsreich kann die Umsetzung der im Fernsehdialog verwendeten Wörter und Ausdrücke in ein aus der umgekehrten Perspektive geführtes Gespräch sein: Zwei Portugiesen, die sich über ihren Aufbruch nach Deutschland, den Betrieb, in dem sie dort arbeiten werden, und die neuen Lebensbedingungen unterhalten. Damit würde eine Form der Textproduktion eingebracht, die über das pure Resümieren hinausginge.

Wichtig ist aber vor allem die Ergänzung des im Einstiegstext vorkommenden fachbezogenen Vokabulars durch systematische Lexikonarbeit bzw. gezielte Hilfen des Lehrers. Denn durch eine solche Ergänzungsarbeit (Erarbeiten von Kollokationsmöglichkeiten und Begriffsfeldern) kann das Fachvokabular der

Lerner gezielt erweitert werden – und dies ist selbstverständlich eines der entscheidenden Lernziele im fachsprachlichen Unterricht. Darüber hinaus kann im gleichen Arbeitsschritt – bei entsprechendem Zuschnitt des Ergänzungsvokabulars – ein eventuell folgender schwierigerer "Zieltext" entlastet werden. Die Eintragungen in der obigen Liste machen an einigen erweiterbaren oder – je nach Bedarf – auch kürzbaren Beispielen deutlich, wo Wortschatzarbeit geleistet werden kann und wo sich Beziehungen zu Text 2 (Zieltext) herstellen lassen. Wie vollständig eine solche Vorbereitungsarbeit durchgeführt werden kann und soll, muß im Einzelfall entschieden werden. Sicher wird es ratsam sein, diese Art Arbeit auf mehrere Texte zu verteilen – also z.B. zur Vorbereitung eines schwierigen Hörtextes auch noch andere, schriftlich vorliegende Texte zu verwenden.

Zieltext

Als ein für "Anfänger" schwieriger "Zieltext" zu unserer Thematik stellt sich die folgende Reportage dar:

Textauszug 2

Die Bedingungen in den einzelnen EG-Mitgliedstaaten sind in der Tat recht unterschiedlich. Und soziale Errungenschaften, die in der Bundesrepublik zum gesicherten Bestand unseres Alltags gehören, müssen in anderen EG-Ländern erst noch erkämpft werden. Die Hoffnungen der Unternehmer liegen darin, Standorte für günstige Produktionsbedingungen zu finden. Der Name Portugal mit seinen niedrigen Lohnkosten und seinem noch nicht so ausgebauten System der sozialen Sicherung fällt bei solchen Überlegungen nicht selten. Die Sorge der deutschen Arbeitnehmer besteht vor allem darin, daß sie befürchten, durch den gemeinsamen Markt soziale Rechte zu verlieren und auf ein niedrigeres Niveau gestuft zu werden. "Sozialdumping" ist das häßliche Stichwort. Andere Länder wiederum befürchten, daß das hohe soziale Niveau der Bundesrepublik die Wettbewerbsfähigkeit der eigenen Wirtschaft nachteilig beeinflußt, wenn sie gezwungen sind, sowohl Löhne als auch andere soziale Leistungen an das hohe Niveau in der Bundesrepublik anzugleichen. Der Vergleich der Sozialpolitik und des Arbeitsmarktes in verschiedenen EG-Ländern verdeutlicht die Problematik:

Waren und Werte rollen ungehindert von Dänemark nach Portugal. Männer und Frauen wählen ihren Arbeitsplatz zwischen Irland und Griechenland. Ein Wirtschaftsraum ohne Grenzen beschert 320 Millionen Bürgern Wachstum und Wohlstand. Deutsche Zulieferunternehmen der Automobilbranche haben schon Produktionsstandorte in verschiedenen Ländern. Wird sich für ihre Beschäftigten 1992 etwas ändern?

Automobilzulieferer Tewes, eine 100-prozentige Tochter des amerikanischen ITT-Konzerns, produziert weltweit an 21 Standorten und beliefert fast alles, was Autos baut, mit Bremsen, Hydraulik und anderen Bauteilen. Die Türkin Efiogu Gyrsel (?) montiert Bremsen für den Ford Sierra. Sie verdient mit Zuschlägen 14,50 Mark in

der Stunde. Noch einmal das gleiche muß das Unternehmen an Lohnnebenkosten ausgeben. Damit sind die Bremsen fast 30 % teurer, als wenn sie im englischen Teweswerk produziert würden. Wichtig ist jedoch, daß bei niedrigeren Kosten gleiche Qualität geliefert werden kann. Gerhard Gores in der Montagehalle. Er überwacht die laufende Produktion, muß Alarm schlagen, wenn die Ausschußquote zu hoch wird. Nur mit einwandfreien Lieferungen und hoher Produktivitätsrate glaubt das Unternehmen, weltweit konkurrenzfähig bleiben zu können. Scheibenbremsen können überall gefertigt werden. So sieht das Werk Rheinböllen die schärfste Konkurrenz in ausländischen Standorten des eigenen Unternehmens. Der Kostendruck der Automobilhersteller wird auf die Zulieferunternehmen abgewälzt. Das könnte Arbeitsplätze in Deutschland gefährden. Mit 1716 Jahresarbeitsstunden arbeitet Gerhard Gores weniger als alle anderen europäischen Kollegen. 30 Tage Urlaub, 17 Freischichten, wegen der Arbeitszeitverkürzung. Das ist eigentlich schon die Viertagewoche, meint der Personalchef, und das Äußerste, was noch vertretbar ist. Nur längere Maschinenlaufzeiten und flexiblere Arbeitszeitgestaltung könnten da noch kostendämpfend wirken. Laut Tarifvertrag darf der Betriebsrat bei der Arbeitszeitgestaltung mitreden. (...)
(Gleiche Sendung wie oben)

Ein Schlußteil des Textes (ursprünglich folgend auf: "mitreden") wurde gestrichen, weil in diesem Teil ein neues, nicht vorbereitetes Thema angesprochen wird, nämlich die Rechte des Betriebsrats in deutschen Unternehmen. Vergleicht man diesen Text mit dem vorhergehenden, so wird deutlich, daß der Abstand im Anspruchsniveau der beiden Texte – und insbesondere im Umfang des Fachvokabulars – beträchtlich ist. Bei sehr fortgeschrittenen Lernern wird sicherlich auch ein solcher Text als "Einstieg" in die Thematik dienen können: die vorliegende Reportage ist zu diesem Zweck ausreichend lebendig und facettenreich, die Bilder im übrigen aussagekräftig und von professioneller Qualität. In unserem Fall (Anfänger) ist die Arbeit mit diesem Text jedoch nur nach entsprechender Vorbereitung und Kürzung möglich. Trotz dieses Aufwands erscheint es aber sinnvoll, die angehenden Fachsprachenlerner an das Verständnis eines solchen Textes heranzuführen, weil er bei aller Didaktisierung in seiner Informationsdichte sehr nahe bei "realen" Nachrichtensendungen, wie sie in Deutschland jederzeit begegnen können, anzusiedeln ist. Praxisrelevanz des Textes ist insofern sicherlich gegeben. Für eine weitere Kürzung (über die schon erwähnte Streichung des Schlußteils hinaus) kommt die jetzt am Ende stehende Passage von "Scheibenbremsen" bis "mitreden" in Betracht. Der dann übrig bleibende Teil hat in sich noch Kohärenz und Aussagekraft, ist aber von Länge und Vokabular her etwas leichter zu überschauen.

Durch die an Text 1 geleistete Arbeit ist der Text 2 vorbereitet: Wortfeldarbeit ermöglicht es, wie gesagt, die im Zieltext verwendeten Begriffe schon am Einstiegstext erstmalig einzuführen. Ein solches Verfahren ist natürlich nicht mit letzter Konsequenz möglich. Generell aber kann gesagt werden, daß schwierige Zieltexte umso eher verwendbar sind, je präziser sie unter Wortschatzaspekten zunächst analysiert und dann vorbereitet worden sind.

Die Arbeit am Zieltext selbst (Zahl der Hörvorgänge, Globalverständnis, Detailverständnis am Lückentext, Auswerten des schließlich ausgehändigten schriftlichen Textes unter fachsprachlichem Aspekt) könnte ähnlich ablaufen wie oben beim Einstiegstext geschildert. Lücken sollten sich jetzt allerdings auch, ja sogar vorwiegend, auf schon bekannte Fachbegriffe erstrecken. Eine Kontrollübersetzung wichtiger Ausdrücke und Passagen – aber auch die Rückübersetzung eines an den Originaltext angelehnten französischen Textes ins Deutsche würde das Lernergebnis zusätzlich sichern.

Diese Ausführungen zu Fernsehmaterialien sollen nicht abgeschlossen werden, ohne daß darauf hingewiesen wird, daß der Texttyp der Reportage, der im zuletzt genannten Fall vorliegt, natürlich auch Bildbeschreibungen und Bildanalysen zuläßt, die genutzt werden sollten, die jedoch hier – ohne die Möglichkeit einer Veranschaulichung am Film – nicht näher diskutiert werden können. Solche Beschreibungen oder – auf höherem Niveau – Bildanalysen sollten die Arbeit mit Fernsehtexten sinnvoll abrunden und einen abwechslungsreichen Einsatz von Videomaterialien sicherstellen.

Bibliographie

Quelle der Hörtexte

Telekolleg II, Lektion 3, Arbeitsmarkt und Sozialrecht im vereinten Europa, ausgestrahlt auf SW 3, Dienstag 26.5.1992.

Zitierte Literatur

BUFE, W./DETHLOFF, U.: *Zur Integration der gesprochenen Sprache in den Fremdsprachenunterricht der Hochschule. Das Hörverstehen am Beispiel des Französischen.* Hamburg 1972 (Hochschuldidaktische Materialien Nr. 35).

BUFE, W./DEICHSEL, I./DETHLOFF, U. (Hgg.): *Fernsehen und Fremdsprachenlernen. Untersuchungen zur audiovisuellen Informationsverarbeitung: Theorie und didaktische Auswirkungen.* Tübingen, Narr 1984.

Bundesminister der Justiz: *Das neue Urheberrecht – die geänderten Vorschriften im Überblick.* 2. Aufl., Bonn 1986.

Der Einsatz von Werbetexten im Fremdsprachenunterricht

Rosa PIÑEL, Madrid

Die sogenannte postindustrielle Gesellschaft ist durch grundlegend neue Produktionstechniken gekennzeichnet, wodurch wichtige Veränderungen in den gesellschaftlichen, politischen und kulturellen Strukturen verursacht wurden. Wir leben in einer überwiegend wirtschaftlich geprägten Gesellschaft und tragen auch alle Konsequenzen dieser neuen Situation. Eine der wichtigsten Folgen der modernen Evolution ist die rasante Entwicklung der sogenannten Massenmedien, die ihrerseits eine Veränderung der alten Ausbildungs- und Erziehungsstrukturen erfordern, und zwar nicht nur hinsichtlich ihrer Inhalte, sondern auch in bezug auf die Methoden der beruflichen Ausbildung, etwa von Technikern und Lehrkräften, auf die Einrichtung neuer Studiengänge usw.

Die Internationale Konferenz zur Weltausbildungskrise, die im Jahre 1967 in Virginia stattfand, zog wichtige Schlußfolgerungen zu diesem Thema, so z.B. die folgende:

> In allen Ländern, reichen und armen zugleich, müssen die Ausbildungsprogramme, die Strukturen und selbst der Ausbildungsprozeß dringendst in Betracht gezogen werden, damit neue Methoden gefunden werden können, um die alte Unbiegsamkeit der Lehrprogramme durch Innovation, die alten oder traditionellen Ideen durch modernere Gesichtspunkte zu ersetzen[1].

Die siebziger Jahre waren charakterisiert durch eine in mehreren Ländern experimentell vollzogene Ausbildungsreform, inspiriert und unterstützt von der UNESCO. Auf allen diesbezüglichen Konferenzen und Symposien wurden auch die vorrangigen Ausbildungsziele definiert, von denen das erste forderte, den Schüler in sein soziales Milieu zu integrieren und es ihm zu ermöglichen, genügend Urteilskraft zu entwickeln, damit er befähigt ist, sich dem Ausbau der neuen Gesellschaft zu widmen, ihn zu kritisieren und auch aktiv daran teilzunehmen. Unter diesen Prioritäten spielen die Kommunikationsmittel eine entscheidende Rolle, da sie die Hauptträger der Gestaltung und Übertragung der Lebensarten und der Denk- und Verhaltensweisen der heutigen Gesellschaft sind. Die Fortschritte in bezug auf die Kommunikation und die Technologie sind beständig; der Erzieher muß bereit sein, sie zu akzeptieren, da sie eine neue und fruchtbringende Dimension der Ausbildung anbieten.

1981 wurden in Spanien neue Pläne für die "Educación General Básica" entworfen, die im Bereich des Faches "Spanisch" das Arbeitsthema "Kommunika-

---

1 Vgl. J. L. RODRÍGUEZ: *Las funciones de la imágen en la enseñanza.* Barcelona 1977, S. 196.

tionsmittel" vorsehen. In der Einleitung wird gefordert, daß die Schüler nicht nur literarische, technische oder wissenschaftliche Texte lesen müssen, genauso wichtig ist es, Zeitungen, Werbetexte oder sogar Comics lesen und interpretieren zu lernen. Es ist besonders notwendig, dem Schüler beizubringen, wie man mit den verschiedenen Kommunikationsmitteln umgeht, um diese wirklich zu verstehen und zu analysieren[2].

Die Werbesprache ist in den letzten Jahren ein wichtiges didaktisches Hilfsmittel geworden, mit dem man hervorragend im Unterricht arbeiten kann. Trotz erfolgversprechender Ergebnisse, die man experimentell in Spanien sowie in anderen Ländern erzielt hat, wird sie immer noch nicht überall als geläufiges Arbeitsmaterial verwendet. Die Gründe des Erfolgs sind vielfältiger Natur: Das Kind bzw. der Jugendliche hat sich innerhalb der Bild- und Werbewelt entwickelt; trotzdem hat ihm niemand erklärt, wie man mit den Anzeigen umgeht. Das Analysieren von Werbetexten läßt die Welt der Gefühle und der kommerziellen Phantasie in den Unterricht eindringen, eine Dimension, die im allgemeinen bis jetzt keine große Rolle im Sprachunterricht gespielt hat. Der Lerner befindet sich auf einem Terrain, das er sehr gut kennt und das von Anfang an eine starke Anziehungskraft auf ihn ausübt.

Darüber hinaus kann der Unterrichtende den Lernenden sehr leicht für dieses Thema interessieren, indem er ihn beauftragt, eine freie und persönliche Zusammenstellung von Werbetexten und Slogans anzufertigen. So erhält er die Möglichkeit, aktiv mit der Sprache umzugehen, und zwar mit der aktuellen Umgangssprache, die normalerweise selten im Unterricht als Arbeitsbasis zugrundegelegt wird. Da diese Sprache einen markanten funktionellen Charakter hat, ist sie für den Unterricht besonders geeignet. Die Werbeleute müssen originelle Anzeigen entwerfen, damit die in ihnen enthaltene Mitteilung die Aufmerksamkeit der Verbraucher erregt. Dafür verwenden sie in den Texten eine lebendige, dynamische und kommunikative Sprache.

Die Verwendung dieses Lehrmaterials hat einen weiteren Vorteil: Dem Schüler oder Studenten macht es Spaß, mit Werbetexten zu arbeiten, da die Anzeigen einen Teil seines Lebens außerhalb der Schule reflektieren, und gerade dieses Leben ist für ihn oft interessanter, aktueller und wirklicher als das akademische. Wenn er wahrnimmt, daß hinter einer offenbar einfachen Anzeige

---

2 "Dado el papel cada vez más importante que desempeñan los medios de comunicación en la sociedad, se hace necesario que los alumnos de este ciclo se vayan familiarizando con ellos y con los códigos empleados por cada uno. Con este fín se incluye et tema relativo a los mismos." - Bloque temático 5: El Lenguaje y los medios de comunicación. - 5.5. Descubrir el sentido explícito o implícito de los mensajes publicitarios y los medios empleados para llegar al público. (Orden 25 Noviembre 1982 M° Educación y Ciencia) B.O.E. 4 Dic. 1982.

etwas mehr steckt als lediglich der Verkaufswunsch für ein bestimmtes Produkt, fühlt er sich meistens sehr beeindruckt. Allmählich versteht er, daß sich in einer Anzeige ein rhetorisches Bewußtsein, eine stilistische Verfeinerung und ein soziologischer und emotionaler Inhalt verstecken können. Diese sprachlichen Eigenschaften sind manchmal sogar eindeutiger in den Werbetexten zu erkennen als in den literarischen, die er schon im Unterricht analysiert hat.

Im Sprachunterricht sind Werbetexte jedoch nicht nur ein adäquates didaktisches Material, um die eigene Sprache gründlich zu beherrschen, sie sind auch für den Einsatz im Fremdsprachenunterricht geeignet. Beim Erlernen einer Fremdsprache stößt man auf eine Reihe von Hindernissen, die meistens kultureller Art sind. Die Aufgabe besteht nicht nur in der Beherrschung eines fremden sprachlichen Kodex, sondern auch in der Identifizierung mit einer anderen Kultur und Denkweise. Dieses ist meistens das größte Problem, das es dem Lernenden schwer macht, den neuen sprachlichen Kodex zu benutzen.

Die Werbetexte besitzen eine Reihe von spezifischen Merkmalen, die die obengenannten Hindernisse beseitigen können. So sind die Werbetechniken oder -strategien fast universell. Viele Anzeigen vertreten keine konkrete Kultur, da sie von multinationalen Firmen entworfen werden; sowohl die Produkte als auch die Werbeaktionen werden in die verschiedensten Länder exportiert. Deswegen kommen Sitten und Gewohnheiten einzelner Länder in diesen Anzeigen nur selten zum Vorschein; sie müssen gleichzeitig von einem Franzosen, Deutschen oder Engländer verstanden werden.

Wie schon erwähnt, ist die Werbung ein allen Bewohnern der entwickelten Welt bekanntes Phänomen, das die jüngere Generation schon von Kindesbeinen an gut kennt, weil sie unleugbar ein Teil ihres Lebens ist. Alle diese Faktoren vermitteln dem Schüler ein Gefühl der Vertrautheit, das er sonst nicht hat, wenn er mit Texten umgeht, die von Autoren fremder Herkunft und Kultur geschrieben worden sind. Der Lernende findet sich besser zurecht und scheut sich nicht, diese Texte zu behandeln, auch wenn sie in einer für ihn fremden und von ihm noch nicht beherrschten Sprache geschrieben sind.

Das mit der Anzeige eng verbundene optische Bild stellt einen weiteren Vorteil dar. Es ist sogar manchmal unentbehrlich für das korrekte Verstehen des Textes. Der Werbetext stüzt sich auf das Bild, um bestimmte, dem Verbraucher – und damit auch dem Lerner – bekannte Lebenserfahrungen, Situationen und Verhalten wachzurufen. Dies führt zu erhöhter Motivation und der Bereitschaft, eine aktivere Rolle im Unterricht zu spielen. Derartiges Lehrmaterial sollte schon von Anfang an bei der Vermittlung einer Fremdsprache verwendet werden, und zwar nicht nur in einer interkulturellen Perspektive, sondern auch deshalb, weil vielfältige interessante sprachliche Strukturen (phonetische, morpho-syntaktische) in den Werbeanzeigen vorkommen.

Bevor wir einige Aspekte der didaktischen Anwendungsmöglichkeiten der Werbetexte vorstellen, sollen kurz die Struktur und die Funktion des Grundtextes einer Anzeige, des sogenannten *Slogans*, erläutert werden.

Das Wort "Slogan" entstammt den gälischen Wörtern "sluagh-ghairn", die den Kriegsschrei der keltischen Kämpfer bezeichnen. Die meisten Sprachen haben dieses Wort über das Englische entlehnt. Sein Aufschwung begann mit der Entstehung der Produktmärkte und mit der Notwendigkeit, die eigenen Produkte von anderen gleichartigen Produkten zu differenzieren. Seit den zwanziger Jahren sind Millionen von Slogans geschaffen worden, von denen manche überlebt haben und heute immer noch in der Erinnerung älterer Leute haften geblieben sind. Die meisten Anzeigen enthalten einen Satz (oder eine Wortgruppe), der von einem umfassenderen erklärenden Text getrennt ist – bei manchen fehlt der letztere sogar ganz. Das ist der Slogan, die einfachste Werbeformel, das Kennzeichen einer Firma. Der Slogan kommt in der Werbung neben der Produktmarke oder ganz am Ende der Anzeige vor. Er ist kurz, hat einen suggestiven Wert, es ist besonders einfach, ihn im Gedächtnis zu behalten. Dieses Kennzeichen bleibt für immer und unumgänglich mit dem Produktnamen verbunden. Wenn ein umfassenderer Text fehlt, bildet nur der Slogan die Anzeige. Er erscheint auf der Verpackung, in Briefköpfen, Prospekten usw. Alle wichtigen Marken verfügen heutzutage über einen eigenen und persönlichen Slogan, der auf Grund des Wiederholungseffektes dem potentiellen Verbraucher im Gedächtnis haften bleibt. Deswegen muß beim Entwerfen eines Slogans sehr vorsichtig vorgegangen werden: Der Text muß sorgfältig und gezielt gewählt werden, er muß die Vorteile und positiven Eigenschaften des Produktes prägnant beschreiben und hervorheben. Der Slogan ist gleichzeitig ein direktes und ein indirektes Mittel der Überredung. Er richtet sich an ein Publikum, damit es eine bestimmte angebotene Idee akzeptiert. Zwischen dem Werbeslogan eines Handels- oder Wirtschaftsunternehmens und dem von den verschiedenen Parteien benutzten politischen Slogan besteht kein wesentlicher Unterschied. Der letztere beinhaltet eine elementare Begründung, die versucht, eine positive Reaktion der Wähler gegenüber einer bestimmten Partei hervorzurufen.

Soziologen, Linguisten und Pädagogen haben über die Funktion, die rhetorische und linguistische Form des Slogans sowie über seine pragmatische Bedeutung geforscht und sind zu interessanten Ergebnissen gekommen[3]. Im Slogan spiegeln sich die spezifischen Merkmale der Werbesprache wider; er

---

3 Vgl. V. ALBA DE DIEGO: *La publicidad (Sociedad, mito y lenguaje).* Barcelona 1976. – R. RÖMER: *Die Sprache der Anzeigenwerbung.* Düsseldorf 1968.

bildet deswegen ein wertvolles didaktisches Material: Man kann damit dem Lernenden bestimmte sprachliche Strukturen der Fremdsprache beibringen. Der Vergleich dieser Textsorte mit Anzeigen seiner Muttersprache erzeugt ein gewisses Vorverständnis, verleiht damit Selbstvertrauen und eine Art Sprachsicherheit.

Im folgenden wird ein praktischer Versuch vorgestellt, wie spanischen Lernern die deutsche Sprache mit Hilfe von Werbespots beigebracht werden kann.

Zunächst sollen einige Probleme behandelt werden, die in der Grundstufe des Fremdsprachenunterrichts gelernt werden müssen, wie z.B. die Phonetik und einige morpho-syntaktische Strukturen. Für höhere Ausbildungsstufen ist es auch zweckmäßig, einige Stilfiguren in Betracht zu ziehen, auf die hier allerdings nur kurz eingegangen werden kann.

Phonetik

Der Slogan entsteht dank einer spezifischen Transkription, die viele typische Strukturen der – gesprochenen – Umgangssprache beinhaltet. Fast alle durch ein beliebiges Kommunikationsmittel vermittelten Anzeigen sind von dem mündlichen Charakter der Werbung geprägt. Obwohl viele Slogans zunächst durch Funk, Fernsehen oder in den Kinos verbreitet werden, werden die meisten von ihnen auch über die Print-Medien dem Verbraucher nahegebracht, sie werden gelesen, dabei aber auch gleichzeitig "gehört". Der Leser wird so zum Hörer, den man direkt "anspricht". Beim Lesen einer Anzeige erkennt er unbewußt die Stimme oder das Gesicht der Werbedarsteller, die den Slogan popularisiert haben.

Das Lesen einer Anzeige ist eine erste Stufe der Textaneignung, die als passivisch bezeichnet werden kann – der Leser schaut lediglich die Anzeige an. Danach beginnt er sie aktivisch zu dekodieren, entweder durch lautes Aussprechen oder indem er eine stumme Artikulation derselben vornimmt. Im letzteren Fall entstehen keine Laute, aber er formt mit seinen Lippen die Silben. Er kann aber auch ausschließlich eine innere Lektüre ohne (laute oder stumme) Artikulation vornehmen. In diesem Fall verwandeln sich die optischen Zeichen in akustische Eindrücke, die Mitteilung nimmt im Bewußtsein des Lesers eine mündliche Form an.

Obwohl die mündlichen Slogans durch die Originalität ihrer klangreichen Strukturen charakterisiert sind, offenbart eine gründliche Analyse derselben eine gewisse Manipulation der akustischen Zeichen, die sich besonders bei der Verwendung bestimmter Vokale und Konsonanten zeigt. Diese werden in charakteristischen Gruppierungen kombiniert und verursachen akustische Assoziationen, die als Rhythmus, Alliteration, Assonanz oder phonetischer

Symbolismus bezeichnet werden. Die scheinbar willkürlichen Gruppierungen mancher Laute machen aus den Werbeslogans einen Lehrstoff hoher Qualität für das Lernen und Praktizieren bestimmter Laute. Besonders die Alliteration ist im Deutschen eines der wirksamsten Werbesprachmittel. Die Alliteration ist eine alte rhetorische Figur der germanischen Dichtung, die im Wiederholen ähnlicher Laute innerhalb eines Satzes, Verses oder einer Strophe besteht.

Bei der Verwendung alliterativischer Verse im Unterricht muß der Lehrende diejenigen auswählen, die dem Lerner die größten Schwierigkeiten bereiten. Innerhalb des deutsches Vokalismus gibt es zweifellos eine Gruppe von Vokalen, die umgelauteten, die für Spanischsprechende sehr schwierig auszusprechen sind, weil es sie im Spanischen nicht gibt. Die Werbeslogans bieten hier ein ausgezeichnetes Übungsmaterial, weil sie in konzentrierter Form in einer Zeile, einem Satz oder Satzteil vorkommen, mit einer Bedeutung versehen sind und in einem kommunikativ geprägten Kontext stehen. Es handelt sich nicht nur um eine mechanische Wiederholung der diesen Laut beinhaltenden Wörter, sondern um Wörter, die eine Botschaft vermitteln.

Palataler Vokal ä [e:]:

Foca. Türkei. Ein Märchen für Pärchen. (CLUB MÉDITERRANÉE)

Mit Ärmeln ist es ein wunderschöner Waschbär- Lumber. Ohne Ärmel ist es eine wunderschöne Waschbär-Weste. Und ohne Weste sind es zwei wunderschöne Waschbär-Ärmel. (BOGNER)

Differenzierung zwischen dem mittleren Vokal a [a] und dem palatalen ä [e:]:

Glänzender kann Lippenglanz nicht sein. (CUTEX)

Der Waschboy wäscht die tägliche Wäsche in 5 Minuten. (WASCHBOY)

Palataler Vokal ö [ø:] und Differenzierung vom hinteren o [o]

Schon für Maestro Rossini war das die schönste Ouvertüre. (BERNET BIANCA)

BELLADAY tönt natürlich schön.

Differenzierung und korrekte Aussprache der palatalen Vokale ö [œ] und e/ä [e]

Könner sein bei der Liebhaberei.

Kenner sein beim Tabak. (HOUSE OF EXCLUSIV)

Palataler Vokal ü [y:]

Mein neuer BH. Spürbar leichter und fühlbar bequemer. (BEHAPPY)

Auf Flügeln bügeln. (TEFAL)

Differenzierung und korrekte Aussprache der palatalen Vokale ä/ö/ü [e:] [ø:] [y]

Wählen Sie die schönen Düfte von SOPREE.

Die Schönheitspflege, die Ihre Haut wählen würde. (HYDROACTIVE CARE)

Auch die korrekte Aussprache und die Differenzierung der langen und kurzen Vokale verursacht bei spanischen Lernenden große Schwierigkeiten. Die Werbeleute gebrauchen sehr oft paralinguistische und graphische Elemente, um die Aufmerksamkeit des Lesers/Hörers anzuziehen; damit heben sie auch gleichzeitig hervor, was für sie der wichtigste Teil des Textes ist. Zu diesem Zweck machen sie von bestimmten orthographischen Mitteln Gebrauch, und zwar von Elementen, die als prosodische Merkmale gelten. Ebenfalls häufig kommt die optische Verlängerung der Vokale mittels ihrer Wiederholung vor, die sogenannte Annomination. Dieser optische Wiederholungseffekt bewegt den Schüler, die für ihn unübliche Verlängerung zu vollziehen:

So tiiief sind wir getrunken. (WW)

AKKURAT Schööön.

Die konsonantische Alliteration wird in den Reklamen öfter als die vokalische benutzt; deswegen können auch damit die Konsonanten präzis geübt und gelernt werden.

Differenzierung, Neutralisierung und korrekte Aussprache der stimmhaften und stimmlosen bilabial okklusiven b [b] und p [p]:

BELINDA macht Beine.

Der neue Kompakt Kopierer 001 von 3M. Problemlos. Praktisch. Preiswert. (3M)

Differenzierung, Neutralisierung und korrekte Aussprache der stimmhaften und stimmlosen alveolaren okklusiven d [d] t [t] und [t^h]

Damit der Durst nicht dick macht. (DEIT)

Top - Technik mit Tiefenwirkung. (DR. KERN)

Differenzierung, Neutralisierung und korrekte Aussprache der stimmhaften und stimmlosen velaren okklusiven g [g] und k [k]:

Gut gelaunt genießen. (HB)

“G” wie gut, großzügig, genug, gewissenhaft, galant, goldrichtig, GEWERBEKASSE.

Bei solchen Waschmaschinen kann uns keiner an den Karren fahren. (AEG)

Differenzierung, orthographische Realisierung der nasal-velaren okklusiven m [m]:

Der magenmilde Muntermacher. (ONKO)

Mode made in München. (MÄRZ)

Differenzierung, korrekte Aussprache und orthographische Realisierung der stimmhaften und stimmlosen labial-frikativen v [v] und f [f]:

Wenn Sie im Wohnstil nicht den Wohnstatus sehen, werden Ihnen unsere Wohnideen gefallen. (SCHÖNER WOHNEN)

Frohe Feste mit THOMY verfeinern.

Verhütung muß verträglich sein. (A. GEN)

Differenzierung, korrekte Aussprache und orthographische Realisierung der stimmhaften und stimmlosen alveolar-frikativen z [z] und s [s]:

SANABIL-SUN. Sorglos sonnen.

Mit gutem Gewissen besser süssen. (ASSUGRIN)

Differenzierung, korrekte Aussprache und orthographische Realisierung des stimmlosen palatodorsal-frikativen [ʃ]:

Schwarz schmecken Sie seinen starken Geschmack am stärksten. (IDEE KAFFEE)

Frischer schmeckt schöner. (KNACK BACK)

Lautkombinationen [ʃ] - [k]:

Der Schluck, der entschlackt. (URECIDIN)

Viel Geschmack im Frische-Pack. (PFANNI)

Lautkombinationen [v] - [g]:

Wir gewinnen Rennen, weil wir gute Reifen bauen. (GOOD YEAR)

Lautkombinationen [k] - [f]:

Der pfiffige Slip, der sich das Kneifen verkneift. (SCHIESSER)

Lautkombinationen [b] - [v]:

Bauknecht weiß, was Frauen wünschen: den Waschvollautomat, den nur BAUKNECHT hat.

Lautkombinationen [ʃp] - [ʃ]:

Spart, macht Spaß und schmeckt. (WINNER)

Syntax

Bei einer Anfängergruppe muß man immer mit der leichtesten syntaktischen Struktur beginnen, das heißt, mit einfachen Hauptsätzen und mit der Satzgliedstellung. Die einfachste Satzstruktur ist Subjekt — Prädikat. Man kann aber schon die Konkordanz zwischen diesen Satzgliedern erkennen:

RHINOSPRAY hilft.

SAAB siegt.

Die Struktur 'Subjekt + Verb + Ergänzung' kommt sehr oft in den Anzeigen vor, ganz besonders in den Slogans. Der Grund dafür ist die Vorliebe für Präzision und Kürze, denn solche einfachen Sätze bleiben leichter im Gedächtnis des Hörers bzw. des Lesers:

FLORA bringt Gesundheit aufs Brot.

ERASCO deckt den Tisch.

Die Werbesätze zeigen auch ganz deutlich die Umstellung Verb/Subjekt, vor allem, wenn am Anfang des Satzes ein Nicht- Subjekt- Element steht, wie in folgenden Beispielen:

Den Blauen kann man vertrauen. (KÖLLNFLOCKEN)

Im KONSUM kaufen kluge Kunden.

Diese Sätze lassen die verschiedenen Satzglieder und ihre Satzstellung sehr deutlich erkennen:

Seine Liebhaberei schenkt ihm Ruhe. Sein Tabak schenkt ihm Geschmack. (EXCLUSIV)

Der nächste Schritt ist die Behandlung komplexerer Sätze, wie z. B. der Relativsätze, der *daß*-Sätze und im allgemeinen aller Nebensätze. Innerhalb dieser Gruppe sind es die Relativsätze, die wegen ihres Erläuterungscharakters am meisten verwendet werden. Lehrer, die schon Erfahrung darin haben, spanischen Lernenden Deutsch als Fremdsprache beizubringen, wissen ganz genau, wie oft solche Sätze wiederholt und erklärt werden müssen, da der Unterschied zwischen der Struktur deutscher und spanischer Relativsätze erheblich ist. Die folgenden Beispiele zeigen das Vorkommen aller möglichen Satzarten in Werbetexten sowie die Konkordanz des Relativpronomens zu seinem Bezugswort, seine Stellung in bezug auf den Hauptsatz usw.

Die Nebensätze kommen dagegen selten in Anzeigen vor, weil auf Grund der Tendenz zur Kürze in der Werbesprache ihr Gebrauch vermieden wird. Trotzdem würde es ratsam sein, so viele Anzeigen wie möglich zu sammeln, in denen Nebensätze das Zentrum der Werbebotschaft bilden, damit der Schüler lernt, diese Satzarten zu erkennen und sich an die Endstellung des Verbs gewöhnt.

Konditionalsätze

VIVIMED hilft, wenn man es braucht.

Wenn Ihnen Schuhe nicht passen, muß das nicht an der Schuhgröße liegen. (DORNDORF)

In dem zweiten Beispiel zeigt die Stellung des Konditionalsatzes vor dem Hauptsatz die Inversion Verb/Subjekt, ein Problem, das dem Lernenden oft Schwierigkeiten bereitet. In der Werbung aber kommt es häufiger vor, daß der Konditionalsatz direkt nach dem Produktnamen auftritt und der Hauptsatz elidiert wird. Der Name des Produktes kann vor dem Konditionalsatz stehen:

GLÜCKSKLEE, wenn Kaffee richtig schmecken soll.

oder, im Gegenteil, nachgestellt sein:

Wenn's um Geld geht — SPARKASSE

Kausalsätze

Die Struktur der Kausalsätze sowie ihre Stellung in bezug auf den Hauptsatz oder den Produktnamen, ist ähnlich:

Ihr Friseur und WELLA, weil schönes Haar kein Zufall ist.

Manchmal elidiert man den Satz, von dem der Nebensatz abhängt:

Weil Kinder gerne Kinder sind. (GREENAGER)

In anderen Fällen wird der Nebensatz verkürzt:

Gut — weil von KODAK.

Finalsätze

Wenn in einer Anzeige ein Finalsatz vorkommt, scheidet normalerweise der Hauptsatz aus. Der erstere hängt direkt vom Produktnamen ab. Der Grund dafür ist, daß die in dem Satz ausgedrückte Finalität es möglich macht, den kommunikativen Inhalt des Hauptsatzes ohne weiteres zu verstehen:

BAUMEISTER-Haus. Damit ausgefallene Bau-Ideen nicht ausfallen.

Damit Ihre gute Soße noch besser schmeckt. (MAGGI)

Stilistik

In den höheren Lehrstufen des Faches "Deutsch als Fremdsprache" sollte man eine Einleitung in die deutsche Stilistik vornehmen. Dabei ist es empfehlenswert, einige der wichtigsten Tropen und rhetorischen Figuren vorzustellen. Auch dafür ist die Werbesprache ein geeigneter Lehrstoff, da in den Anzeigen eine Fülle solcher rhetorischen Figuren vorkommen. Hier werden als Beispiele nur einige der bekanntesten Wiederholungsfiguren erwähnt.

Oben wurde schon über die *Annomination* und die *Alliteration* gesprochen. Diese letztere kommt am häufigsten und in den verschiedensten Formen vor:

KRAFT. Kühl und köstlich.

Männer haben METABO.

Fröhlich-farbig / köstlich-knackig. (RITTER)

RAMA-Riesen-Rubbel-Runden!

Weitere Tropen wären:

Endreim:

Voll Vertrau'n — strahlend braun (PIZ BUIN)

HOESCH macht den Dampf, der Sie entkrampft.

Denn jetzt kann jeder im Stehen und im Sitzen — zu Hause im Römischen Dampfbad schwitzen.

Epizeuxis:

IDEAL-Reis. Kocht ideal — schmeckt ideal.

Gewinnen Sie vom WEISSEN RIESEN ein weisses Haus am weissen Strand.

Anapher:

Man hört es immer häufiger...
Man hört es besonders zeitgemäß...
Man hört es am Klang...
Man erkennt es ... SONY.

Epipher:

DEUTSCHES BIER — Reines Bier.

So ein SAABwetter: Regenwetter, Schneewetter, Glatteiswetter — SAABwetter.

Anadiplose:

Was das Händchen nicht kriegt, kriegt die Hand nimmermehr. (CREME 21)

Der Mensch lebt durch den Kopf.
Der Kopf reicht ihm nicht aus. (COMPUTER)

Parallelismus:

Ein Wohnzimmer zum Arbeiten,
ein Arbeitszimmer zum Schlafen,
ein Schlafzimmer zum Wohnen. (INTERLÜBKE)

Von Forschern entwickelt.
Von Ärzten geprüft.
Von Verbrauchern bestätigt. (EVERSUN)

In anderen Anzeigen werden verschiedene Figuren kombiniert:

Anapher und Alliteration:

Gutes Sehen schützt — Gutes Sehen nützt. (DEUTSCHES GRÜNES KREUZ)

Parallelismus und Derivation:

Persönlich im Ausdruck — überzeugend im Eindruck. (RODIER)

Bibliographie

ALBA DE DIEGO, V.: *La publicidad (Sociedad, mito y lenguaje)*. Barcelona 1976.

RODRÍGUEZ, J. L.: *Las funciones de la imágen en la enseñanza*. Barcelona 1977, S. 196.

RÖMER, R.: *Die Sprache der Anzeigenwerbung*. Düsseldorf 1968.

Die Autoren dieses Sammelbandes

BUSCHA, Annerose, Dr. – Universität Leipzig, Sektion Germanistik, Fachgebiet Deutsch als Fremdsprache, Augustusplatz 9, O-7010 Leipzig. – Forschungsschwerpunkte: Deutsche Grammatik, Didaktik des Unterrichts Deutsch als Fremdsprache, Diskursanalyse.

FINGER, Hans, Prof. Dr. – Pädagogische Hochschule, Freiburg, Kunzenweg, W-7800 Freiburg. – Forschungsschwerpunkte: Sprachliche Computerübungen, Fremdsprachendidaktik, Semantik.

GLÄSER, Rosemarie, Prof. Dr. – Universität Leipzig, Fachsprachenzentrum, Augustusplatz 9, O-7010 Leipzig. – Forschungsschwerpunkte: Anglistische Sprachwissenschaft, Fachsprachenlinguistik und -onomastik, Textlinguistik, Stilistik und Phraseologie der englischen Sprache, Sprachvergleich Englisch-Deutsch.

MORGENROTH, Klaus, Docteur ès Lettres, Maître de Conférences. – Université de Metz, Département d'Allemand, F-57000 Metz. – Forschungsschwerpunkte: Fachsprachendidaktik, Lexikologie und Lexikographie, Übersetzungswissenschaft.

PIÑEL, Rosa, Prof. Dr. – Universidad Complutense de Madrid, Facultad de Filología, Ciudad Universitaria, 28040 Madrid. – Forschungsschwerpunkte: Deutsch als Fremdsprache, kontrastive Sprachwissenschaft, Sprache der Werbung, Phraseologie.

SCHWARTZ, Helmut, Dr., Akademischer Mitarbeiter. – Universität des Saarlandes, Fachrichtung 8.2 Romanistik, D-6600 Saarbrücken.

VERNON, Jean-Paul, Dr. – Université du Maine, Institut d'Etudes Germaniques, Centre de Lexicologie Franco-Allemande (CLFA), avenue Olivier Messiaen, BP 535, F-72017 Le Mans CEDEX. – Forschungsschwerpunkte: Phonetik, Grammatik, Lexikologie, Terminologie.

VILLARD, Claudie, Docteur ès Lettres, Maître de Conférences. – Université de Metz, Département d'Allemand, F-57000 Metz. – Forschungsschwerpunkte: Kontrastive Übersetzung.

WAGNER, Horst, Dr., Akademischer Direktor. – Universität des Saarlandes, Fachrichtung 8.2 Romanistik, D-6600 Saarbrücken. – Forschungsschwerpunkte: Fachsprachen, Lexikologie und Lexikographie, maschinelle Sprachverarbeitung.

WIESE, Ingrid, Prof. Dr. – Universität Leipzig, Sektion Germanistik, Augustusplatz 9, O-7010 Leipzig. – Forschungsschwerpunkte: Lexikologie, Fachsprachenlinguistik.

WERKSTATTREIHE DEUTSCH ALS FREMDSPRACHE

Herausgegeben von
Rolf Ehnert (Bielefeld)
und
Hartmut Schröder (Vaasa)
Muneshige Hosaka (Mito)

In der Reihe erscheinen Arbeiten, die zwischen Theorie und Praxis, zwischen Grundlagenforschung und der didaktischen Verarbeitung ihrer Texte vermitteln. Dabei ist auch an Unterrichtsmaterialien gedacht. Die Grenze zu Themen aus muttersprachlichen und allgemein fremdsprachlichen Bereichen soll dabei möglichst weit gezogen werden.
Die Bände richten sich an Lehrende und Studierende des Faches Deutsch als Fremdsprache, und an Deutschlernende im In- und Ausland.

Band 1 Rolf Ehnert (Hrsg.): Einführung in das Studium des Faches Deutsch als Fremdsprache. 1982. 1989.

Band 2 Ewald Reuter: Kommunikation und Institution. Zur Ethnographie des schulischen Alltags. 1982.

Band 3 Jürgen Richter: Handlungsfiguren in kommunikativen Prozessen. Eine konstitutionsanalytische Untersuchung schulischer Kommunikation. 1982.

Band 4 Bodo Scheron/Ursula Scheron: Integration von Gastarbeiterkindern. Theoretische Grundlagen für eine Neuorientierung von Schulorganisation und Pädagogenausbildung für den (Deutsch-) Unterricht und für die außerschulische pädagogische Arbeit mit Ausländerkindern. 1982.

Band 5 Anneliese Sartori-Stein: Contrastive Grammar and Exercises English/German. An Exercise Book for Advanced Learners of German. 1983.

Band 6 Rudolf de Cillia/Renate Faistauer/Harald Hanzer/Alfred Knapp/Brigitte Ortner/Danièle Renon: Es darf gesprochen werden ... Acht Dossiers für den DaF-Unterricht mit Fortgeschrittenen. 1982.

Band 7 Helga Rosenfeld: Erklärungen und Begründungen. Sätze mit kausalem *aus* und *vor* - Eine Korpusanalyse. 1983.

Band 8 Mary Caroll; Rainer Dietrich; Günther Storch: Learner Language and Control. 1983.

Band 9 Brigitte Herlemann/Rüdiger Mellies: Bedeutung - Fremdsprachenerwerb - Interaktion. Fremdsprachenunterricht vor dem Hintergrund von Sprach-/Lernentwicklungsprozessen in Phylo- und Ontogenese. 1983.

Band 10 Mary Carroll: Cyclical Learning Processes in Second Language Production. 1984.

Band 11 Rudolf Bartsch: Das Passiv und die anderen agensabgewandten Strukturen in der geschriebenen Sprache des Deutschen und Finnischen. Eine konfrontative Analyse. 1985.

Band 12 Arbeitsgruppe Deutsch als Fremdsprache, Bielefeld: Als ausländischer Student an einer deutschen Hochschule. Unterrichtsvorschläge zur ersten Orientierung. 1983.

Band 13 Mustafa Sükrü Çakiroglu: Analyse türkischer Schulbücher der 5./6. Klasse mit Hinblick auf ihre Bedeutung für den Unterricht in der Bundesrepublik Deutschland. 1984.

Band 14 Çiçek Sivrikozoglu: ... nix unsere Vaterland. Zweitsprache Deutsch und soziale Integration. 1985.

Band 15 Jürgen Mangold: Fachsprache Mathematik und Deutsch als Fremdsprache. 1985.

Band 16 Michael E. Jungo/Rolf Ehnert: Frühe Zweisprachigkeit von Kindern fremdsprachiger Minderheiten. Eine kommentierte Auswahlbibliographie. 1985.

Band 17 Katrin Boeckel: Textkonstitution und Textbeurteilung; exemplarisch dargestellt an Aufsätzen aus dem DaF-Unterricht. 1986.

Band 18 Najm Haddad: Kultur und Sprache. Eine kontrastive Analyse als didaktisches Konzept am Beispiel des Deutschen und Arabischen. 1987.

Band 19 Liisa Tiittula: Wie kommt man zu Wort? Zum Sprecherwechsel im Finnischen unter fremdsprachendidaktischer Fragestellung. 1987.

Band 20 Hartmut Schröder: Aspekte einer Didaktik/Methodik des fachbezogenen Fremdsprachenunterrichts (Deutsch als Fremdsprache). 1988.

Band 21 Stephan Merten: Der Zusammenhang von sprachlicher und sozialer Integration, dargestellt am Beispiel von Vietnamflüchtlingen in der Bundesrepublik Deutschland. 1988.

Band 22 Rolf Ehnert/Norbert Hopster: Die emigrierte Kultur. Wie lernen wir von der neuen Ausländerkultur in der Bundesrepublik Deutschland? Ein Lese- und Arbeitsbuch I. 1988.

Band 23 Rolf Ehnert/Norbert Hopster: Die emigrierte Kultur. Wie lernen wir von der neuen Ausländerkultur in der Bundesrepublik Deutschland? Ein Lese- und Arbeitsbuch II. 1988.

Band 24 Ender Hepsöyler/Klaus Liebe-Harkort: Wörter und Begriffe - Lücken im Kindesalter = Verlust der Gleichberechtigung in Beruf und Gesellschaft. Auswertung eines Worttests bei türkischen Migrantenkindern in der Primarstufe - Vergleich mit nichtmigrierten Kindern: deutsche Schüler in der Bundesrepublik und türkische Schüler in der Türkei. 1988.

Band 25 Irma Hyvärinen: Zu finnischen und deutschen verbabhängigen Infinitiven. Eine valenz-theoretische kontrastive Analyse. Teil I: Theoretische Fundierung und Abgrenzung des Prädikats. 1989.

Band 26 Rolf Ehnert, Hartmut Schröder (Hrsg.): Das Fach Deutsch als Fremdsprache in den deutschsprachigen Ländern. 1990.

Band 27 Agustín Blanco-Roiz: Die Vokaldauer im Deutschen als linguistisches, orthographisches und didaktisches Problem unter besonderer Berücksichtigung des Erlernens von Deutsch als Fremdsprache. 1990.

Band 28 Taeko Takayama-Wichter: Japanische Deutschlerner und ihre Lernersprache im gesprochenen Deutsch. Untersuchungen zum Deutschen als Fremd- und Zweitsprache in den Bereichen Syntax und Pragmatik. 1990.

Band 29 Taeko Takayama-Wichter: Japanische Deutschlerner und ihre Lernersprache im gesprochenen Deutsch. Materialien. 1990.

Band 30 Marja Järventausta: Das Subjekt im Deutschen und im Finnischen. Seine Formen und semantischen Rollen. 1991.

Band 31 Andreas F. Kelletat: Aus der Wortschatztruhe des Richard Pietraß. Zu einigen Fragen linguistisch-literaturwissenschaftlicher Textanalyse am Beispiel von Gedichten. 1991.

Band 32 Jasna Makovec-Černe: Die Thema-Rhema-Gliederung in deutschen und slowenischen Texten. Die Thema-Rhema-Gliederung als Informationsgliederung eines Textes. Eine kontrastive Untersuchung. 1991.

Band 33 Ursula Nebe: Zur Progression von allgemeinsprachlichen Lesetexten im studienvorbereitenden Unterricht "Deutsch als Fremdsprache". 1991.

Band 34 Sylvia Eggert: Wortschatz ordnen – aber wie? Überlegungen zu Lexiksystematisierung und -differenzierung im Fremdsprachenunterricht Deutsch. 1991.

Band 35 Ender Hepsöyler/Klaus Liebe-Harkort: Muttersprache und Zweitsprache. Türkische Schulanfängerinnen und Schulanfänger in der Migration. Ein Vergleich. 1991.

Band 36 Heinz-Helmut Lüger: Sprachliche Routinen und Rituale. 1992.

Band 37 Krassimira Kotcheva: Probleme des literarischen Übersetzens aus textlinguistischer Sicht. Dargestellt am Beispiel bulgarischer Übersetzungen zu Prosatexten aus der deutschen Gegenwartsliteratur. 1992.

Band 38 Gerlinde Hardt-Mautner: Making Sense of the News. Eine kontrastiv-soziolinguistische Studie zur Verständlichkeit von Hörfunknachrichten. 1992.

Band 39 Klaus Ohnacker: Die Syntax der Fachsprache Wirtschaft im Unterricht Deutsch als Fremdsprache. 1992.

Band 40 Jarmo Korhonen (Hrsg.): Untersuchungen zur Phraseologie des Deutschen und anderer Sprachen: einzelsprachspezifisch – kontrastiv – vergleichend. Internationale Tagung in Turku 6.-7.9.1991. 1992.

Band 41 Karen Petersen: Zur Situation des Deutschen als Fremdsprache im multikulturellen Australien. Eine Bestandsaufnahme am Beispiel des Bundesstaates Victoria. 1993.

Band 42 Gerhard Budin: Wie (un)verständlich ist das Soziologendeutsch? Begriffliche und textuelle Strukturen in den Sozialwissenschaften. 1993.

Band 43 Liisa Salo-Lee: Self-Repairs in Learner Language. Evidence from German at Different Proficiency Levels. 1993.

Band 44 Sigmund Kvam: Substantivische Wortbildungen im Textmuster *Beraten im Deutschen und Norwegischen.* Eine Fallstudie am Beispiel geschriebener und gesprochener Fachtexte. 1993.

Band 45 Klaus Morgenroth (Hrsg.): Methoden der Fachsprachendidaktik und -analyse. Deutsche Wirtschafts- und Wissenschaftssprache. 1993.